高等院校“互联网+”系列精品教材

STC单片机技术与应用项目化教程

祁　伟 肖　蕾　刘克江　庄鑫财　韩新莹　主编

扫一扫看微课视频：本课程内容介绍

扫一扫看教学课件：本课程内容介绍

扫一扫下载本书教学课件

扫一扫下载本书测验题答案

電子工業出版社
Publishing House of Electronics Industry
北京·BEIJING

内容简介

本书以国产主流单片机 STC15W 系列为核心，以编者团队研发的塔式、可自由组合的 10×10 学习板为平台，采用 C51 编程语言，介绍单片机应用与开发技能。内容包括 7 个项目：认识单片机、借一盏灯点亮心中希望、沉着应对处理突发事件、珍惜时间奋斗青春、敢于亮剑展现自我、连接物联网、海纳百川共扬帆。以学生应知、应会为原则设计 21 个任务。本书通过课程思政、学习目标帮助学生塑造正确的世界观、人生观、价值观，坚持专业教育与价值塑造相统一；构建的慕课、线上测验、课堂讨论、实践课堂、分组任务、课堂挑战便于开展线上、线下混合式教学，便于进行个性化培养及开展交互性和可参与性教学活动。

本书为应用型本科和高职高专院校多个专业相应课程的教材，也可以作为开放大学、成人教育、自学考试、中职学校及培训班的教材，以及工程技术人员的参考教材。

本书配有免费的微课视频、教学课件、习题参考答案等资源，详见前言。

图书在版编目（CIP）数据

STC 单片机技术与应用项目化教程 / 祁伟等主编. —北京：电子工业出版社，2024.1
高等院校“互联网+”系列精品教材
ISBN 978-7-121-47168-1

Ⅰ. ①S… Ⅱ. ①祁… Ⅲ. ①单片微型计算机－高等学校－教材 Ⅳ. ①TP368.1

中国国家版本馆 CIP 数据核字（2024）第 014448 号

责任编辑：陈健德（E-mail:chenjd@phei.com.cn）
印　　刷：天津画中画印刷有限公司
装　　订：天津画中画印刷有限公司
出版发行：电子工业出版社
　　　　　北京市海淀区万寿路 173 信箱　邮编：100036
开　　本：787×1 092　1/16　印张：14.5　字数：371 千字
版　　次：2024 年 1 月第 1 版
印　　次：2025 年 1 月第 2 次印刷
定　　价：61.00 元

凡所购买电子工业出版社图书有缺损问题，请向购买书店调换。若书店售缺，请与本社发行部联系，联系及邮购电话：（010）88254888，88258888。

质量投诉请发邮件至 zlts@phei.com.cn，盗版侵权举报请发邮件至 dbqq@phei.com.cn。

本书咨询联系方式：chenjd@phei.com.cn。

单片机在社会各行各业中都得到了广泛应用，如家用电器、仪器仪表、医用设备、航空航天、智能化控制、智能互联等无处不见单片机的影子。对单片机的学习、开发与应用将造就一批计算机应用与智能化控制的工程师、行业设计人才。为使本书紧跟一流课程建设，凸显教材在课程中的重要性，更多地反映工程技术应用性、行业实用性及教学科学性，我们认真听取了广大师生及行业专家的意见和建议，结合单片机技术在行业的新应用成果，编写了本书，本书主要特点如下。

1．在认真梳理电气工程、测控、自动化、建筑电气、智能化控制等相关专业人才培养方案的基础上，按照如下知识目标、能力目标、情感态度及价值观 4 个维度来设计教材内容。

※ 知识目标
- 理解单片机在行业中的应用
- 理解单片机内涵与技术结构
- 学会设计、控制智能产品的大脑
- 及时了解智能产品的前沿发展

※ 能力目标
- 具备设计电子产品的基本能力
- 具备电子产品系统设计能力
- 具备元器件选型、设计能力
- 具备电子产品组装、调试能力

课程目标

※ 情感态度
- 树立良好的家国责任感、职业责任感
- 培育爱国主义坚定的弘扬者和实践者
- 弘扬中国精神、凝聚中国力量、创造中国技术

※ 价值观
- 培养电子工程师的一般思维
- 培养对牵涉面广、迁移性强、概括程度高的“核心”知识的建构能力

2．以我国单片机市场上主流的 STC15W 系列单片机（由宏晶科技公司研制）为载体，让学习者体验单片机的多种应用技术，包括单片机复位电路、晶振电路、片外并行扩展技术及单片机“唤醒”省电模式等。

3．以行业企业和社会生活中常见的应用实践为项目，包括 7 个项目：认识单片机、借一盏灯点亮心中希望、沉着应对处理突发事件、珍惜时间奋斗青春、敢于亮剑展现自我、连接物联网、海纳百川共扬帆。以学生应知、应会为原则设计 21 个任务。本课程建议 64 学时，理论与实践环节的比例为 3:2。

4．采用 Keil uVision5 开发环境，程序设计均用 C51 编程语言，所有任务均能从学习板或 Proteus 软件中进行仿真，实现所见即所得教学。考虑到汇编语言在底层开发过程中承担的任务，在用汇编语言能更准确描述硬件操作的地方加入了汇编语言指令，如间接寻址指令“MOVX @DPTR,A”和直接对硬件地址操作的数据传送指令“MOV 30H,#60”等。

5．为方便教师教学，本书安排了慕课、线上测验、课堂讨论、实践课堂、分组任务、课堂挑战、小知识、小提示、小经验等内容。其中“线上测验”侧重于理论知识的巩固；“课堂讨论”以学生为主体，培养学生解决问题的综合能力和批判性思维；“实践课堂”通过开展分组任务教学活动，指导学生协作探究，便于发挥学生的个性特点；“小知识、小提示”便于学生对前后知识的连贯理解；“小经验”来源于教学团队日积月累的项目设计与开发经验。

6．加强“Learning by Doing”（在实践中学习）力度。为解决在学习单片机时遇到的一

些困扰，教学团队完成了以下工作。

（1）开发了基于 STC15W4K32S4 的学习板，研发出塔式、可自由组合的 10×10 学习板，解决了以往所有电路集成在一块大板上时出现的硬件原理理解难、实践焊接问题多、出现问题查找难等问题。

（2）实现了焊接 STC15W4K32S4 学习板与 Proteus 仿真软件同步进行。考虑到学生需要打板、采购元器件、焊接制作学习板等，在课程开始时使用 Proteus 仿真软件进行教学，帮助学生即时看到实际的控制效果，享受成功愉悦，增强学习信心，直至完成学习板的焊接与调试，并顺利移植至学习板。

（3）实践是检验真理的唯一标准。书中设计的项目任务均是理论知识的具体实现，且能通过学习板与 Proteus 仿真软件实现所见即所得，让学生真实感受“实践是检验真理的唯一标准”，夯实理论基础的重要性及学会学习。

（4）学习单片机的最终目的是做产品开发 ——软件和硬件相结合形成完整的控制系统，所以，制作硬件也是学习单片机的一个必学内容。硬件设计包括电路原理设计和 PCB 设计。因硬件设计涉及其他课程的内容，本书已为学生绘制好双层 PCB，学生只需完成打板、采购元器件、焊接及调试工作，即可制作出满足本书项目任务开发训练的学习板。如果有某所学校已开设 PCB 设计课程，可以联系编者或出版社获取该 PCB 文件，用于指导学生完成课程设计与开发任务（该开发板已申请专利，仅可作为学生学习使用，不能用于商业用途）。

本书是省级一流课程“单片机原理与应用”课程团队、省级“电类主干课程思政”教学团队、省级特色专业“测控技术与仪器”团队成员共同努力的成果。“单片机原理与应用”课程负责人祁伟、“电类主干课程思政”教学团队负责人肖蕾、“测控技术与仪器”专业负责人唐德翠对本书编写进行总体规划与设计，并负责全书统稿工作。其中，祁伟、肖蕾撰写项目 1～4，刘克江撰写项目 6、项目 7 的任务 7.1，庄鑫财撰写项目 5、项目 7 的任务 7.2 和任务 7.3。全书的硬件设计、程序编写、系统调试等主要由庄鑫财、刘克江、韩新莹完成。广州思林杰科技股份有限公司技术专家周茂林参与教材内容架构和案例提供等工作；本书选用宏晶科技公司研制的 STC15 系列单片机作为控制核心；相关企业免费为学生加工制作 10×10 学习板，在此一并表示衷心的感谢！

本书为应用型本科和高职高专院校多个专业相应课程的教材，也可以作为开放大学、成人教育、自学考试、中职学校及培训班的教材，以及工程技术人员的参考教材。

由于编者水平有限，书中疏漏及不足之处在所难免，恳请读者和专家批评指正。

为了方便教师教学，本书还配有免费的教学课件、慕课资源、在线测试、分组任务、习题参考答案、程序代码等资源，请有此需要的教师扫一扫书中二维码阅览或登录华信教育资源网（http://www.hxedu.com.cn）免费注册后进行下载，如有问题，请在网站留言板留言或与电子工业出版社联系（E-mail:hxedu@phei.com.cn）。

扫一扫看文档：本课程教学大纲

扫一扫看本课程用实验板平面布局图

扫一扫看实用新型专利证书：一块基于 STC15 系列单片机的实验板

扫一扫看软件著作权登记证书：STC 单片机软件

编　者

目 录

项目 1 认识单片机

集成电路（Integrated Circuit，IC）采用半导体工艺，把一个具有特定功能的电路所需的晶体管、电阻、电容及这些元器件之间的连线互连在半导体晶片或介质基片上，并封装在一个管壳内，成为所需电路的微型结构。

单片机（Single Chip Microcomputer）是一种 IC 芯片，采用超大规模技术把具有数据处理能力（如算术运算、逻辑运算、数据传送、中断处理）的微处理器（CPU）、随机存取存储器（RAM）、只读存储器（ROM）、输入/输出电路（I/O 端口）、及定时器计数器、串行通信接口（SCI）、显示驱动电路（LCD 或 LED）、脉宽调制电路（PWM）、模拟多路转换器及 A/D 转换器等集成到单块芯片上，构成一个最小但完善的计算机系统。这些电路能在软件的控制下准确、迅速、高效地完成程序设计者事先规定的任务，可单独完成现代工业控制所要求的智能化控制功能，这是单片机最大的特征。

从 20 世纪 80 年代开始，由当时的 4 位、8 位单片机到如今的 64 位单片机，其工作频率发展到 300 MHz 甚至更高，且采用内部倍频技术。它可使系统总线工作在相对较低的频率上，而 CPU 速度可以通过倍频无限提升。从全球单片机的应用来看，目前应用最广的领域是汽车电子，其次是工业控制/医疗、计算机、消费电子等；而从中国单片机的应用来看，则以消费电子为主要应用领域，其次是计算机网络、汽车电子、IC 和工业控制等。

和计算机相比，单片机的微型化所具备的计算机基本结构更适合开发者，学习者按需进行功能扩展，为学习、应用和开发提供了便利条件，是智能化产品控制成本的最佳选择。

课程思政

中国制造与中国创造

中国的科技在实行工业化道路中引发了一个举世瞩目的话题——中国制造与中国创造（“Made in China” and “Design in China”）。

一个国家要成为强国，发展模式就不能一成不变，中国已经在传统制造业发展多年，拥

有良好的工业基础，但缺乏技术与创新。我们应当认识到中国企业从代工模式中跳出是当务之急，摆脱代工模式，变中国制造为中国创造是中国企业的发展之本。企业只有拥有核心技术，才能具有活力和战斗力，赢得广泛市场，并提升中国企业的国际声誉。

思想是无法借得的。一个国家只有拥有自己的原发思想，才能使自己真正强盛起来。所以，我们应努力将中国制造转换为中国创造。

学习目标

本项目主要从单片机的结构、发展及应用角度，叙述单片机的基础知识，使学生对单片机学习产生感性认识，以助于学生后续对各项目、任务的学习。希望通过本项目能达到如表 1.1 所示的学习目标。

表 1.1　学习目标

知 识 目 标	能 力 目 标	情感态度与价值观
了解单片机的外形、参数； 理解单片机内涵； 单片机最小系统构成	具备识别单片机封装及引脚分布的能力； 具备控制数据指针、程序指针、堆栈指针的能力； 会设计单片机最小系统； 会分析相关元器件在电路中的作用，会进行元器件选型	培养专业归属感； 强化职业荣誉感和责任担当

任务设计与实现

扫一扫看教学课件：单片机的外形、参数

任务 1.1　了解单片机的外形、参数

扫一扫看微课视频：单片机的外形、参数

1.1.1　单片机的外形、引脚、主要参数

1. 封装

看一个人，我们一般会看他的长相。同样，电子元器件也要看长相，或者说形状，只是说法不一样，我们把它们的长相称为“封装”（Package）。

封装是把 IC 装配为芯片最终产品的过程。简单来说，就是把 Foundry（在 IC 领域是指专门负责生产、制造芯片的厂家）生产出来的集成裸片（Die）放在一块能起承载作用的基板上，把引脚引出来，固定包装成为一个整体。它不仅起着保护芯片和增强导热性能的作用，而且是沟通芯片内部世界与外部电路的桥梁。

封装的主要作用：物理保护，防止空气中的杂质腐蚀芯片电路而造成电气性能下降；电气连接，封装的尺寸调整（间距变换）功能将芯片的极细引线间距调整为实装基板的尺寸间距，从而便于实装操作；标准规格化，封装设计使电子元器件的尺寸、形状、引脚数量、间距、长度等有标准规格，既便于加工，又便于与 PCB 相配合。

2. 单片机的封装

以 40 引脚单片机为例，常见的封装有塑料双列直插式封装（Plastic Dual In-Line Package，PDIP）；塑封引线芯片载体（Plastic Leaded Chip Carrier，PLCC），贴片、引脚向内侧折起；薄塑封四角扁平封装（Thin Quad Flat Package，TQFP），贴片、引脚向外侧伸展等，如图 1.1

所示。PDIP40、TQFP44 封装尺寸参数如表 1.2 和表 1.3 所示，封装尺寸标注如图 1.2 所示。学生应该学会依据芯片封装尺寸标注，查阅表 1.2 和表 1.3 所标识的参数，或者进行芯片实测，标识封装尺寸参数，完成相关电子产品的组装与设计。

（a）PDIP40

（b）PLCC44

（c）TQFP44

图 1.1　常见单片机封装

表 1.2　PDIP40 封装尺寸参数

符号	单位为英寸		
	最小	正常	最大
A	—	—	0.190
A1	0.015	—	0.020
A2	0.150	0.155	0.160
C	0.008	—	0.015
D	2.025	2.060	2.070
E	0.600 BSC		
E1	0.540	0.545	0.550
L	0.120	0.130	0.140
b1	0.015	—	0.021
b	0.045	—	−0.067
e_0	0.630	0.650	0.690
0	0	7	15
单位：英寸　1 英寸=1 000 米尔（mil）			

表 1.3　TQFP44 封装尺寸参数

符号	变化（所有尺寸均以 mm 为单位显示）		
	最小	正常	最大
A	—	—	1.60
A1	0.05	—	0.15
A2	1.35	1.40	1.45
c1	0.09	—	0.16
D	12.00		
D1	10.00		
E	12.00		
E1	10.00		
e	0.80		
b（w/o plating）	0.25	0.30	0.35
L	0.45	0.60	0.75
L1	1.00 REF		
θ°	0°	3.5°	7°

PDIP40 封装的 STC15W 系列单片机和 TQFP44 封装相比，除了没有 P4.0、P4.3、P4.6、P4.7 引脚，其他资源完全相同。

小知识：关于封装

衡量一个芯片封装技术先进与否的重要指标是芯片面积与封装面积之比，这个比值越接近 1 越好。

以 PDIP40 封装的单片机为例，其芯片面积/封装面积= 3×3/15.24×50=1∶86，离 1 相差很远。

不难看出，这种封装尺寸远比芯片大，说明封装效率很低，占了很多有效安装面积。

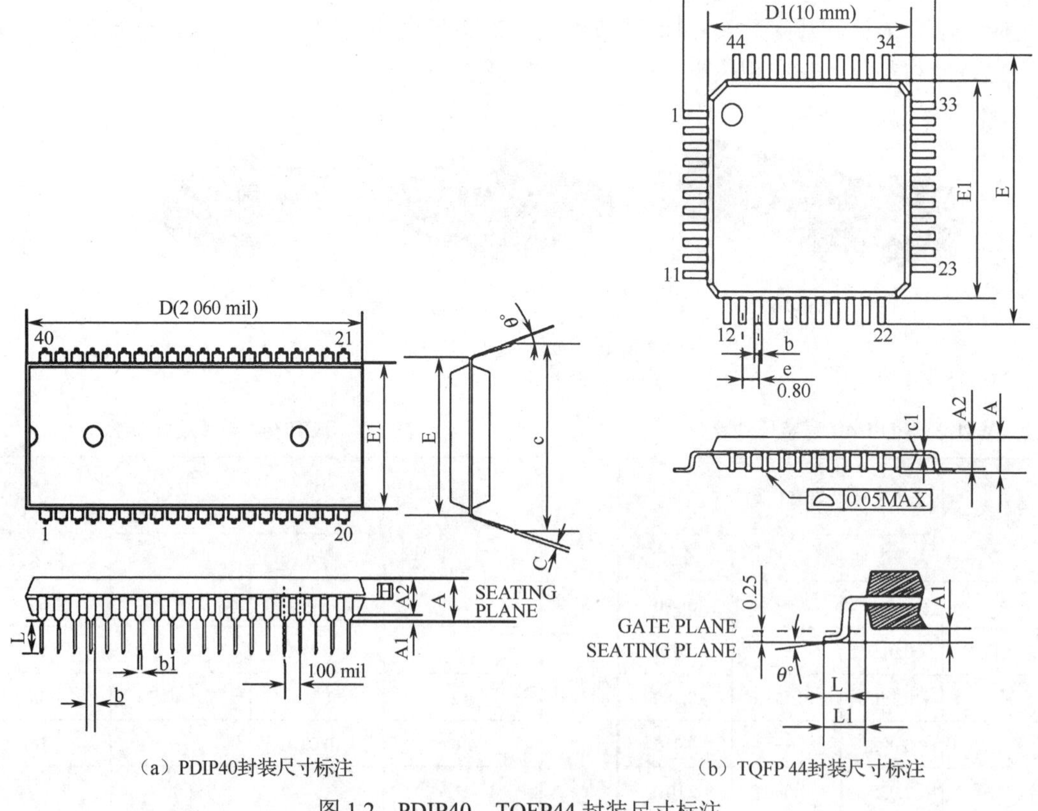

（a）PDIP40封装尺寸标注　　（b）TQFP 44封装尺寸标注

图 1.2　PDIP40、TQFP44 封装尺寸标注

3. STC15W 系列单片机 PDIP 封装引脚分布

PDIP 封装的 STC15W 系列单片机的引脚分布，如图 1.3 所示。把单片机印有型号（字）的一面朝上，单片机外壳正中央印有型号的一面是正面，正面的顶部中间位置有一个半月形的缺口，顶部左侧还有一个圆形或三角形的标记是单片机 1 脚，1 脚放在左手边，逆时针旋转，左侧依次为 2、3、4、…、20 脚，右侧为 21、22、23、…、40 脚。

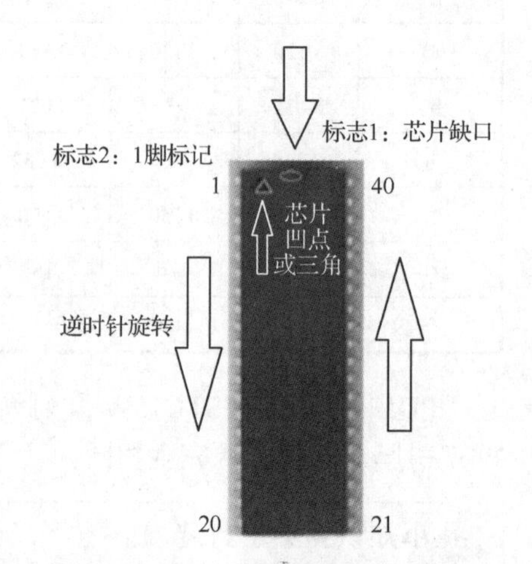

图 1.3　PDIP 封装的 STC15W 系列单片机的引脚分布

4. STC15W 系列单片机的引脚功能

STC 公司生产的单时钟/机器周期（1T）的单片机，简称 1T 8051 单片机，是新一代 8051 单片机，指令代码完全兼容传统 8051 单片机，但速度快 8～12 倍，有 5 个 16 位可重装载普通定时器/计数器，8 路 10 位 PWM（可再实现 8 个 D/A 转换器或 2 个定时器或 2 个外部中断）掉电唤醒专用定时器；5 个外部中断（INT0～INT4）；4 组高速异步串行通信接口（可同时使用）；1 组高速同步串行通信接口 SPI；8 路高速 10 位 A/D 转换器；1 组比较器；2 个数据指针 DPTR；外部数据总线等功能，如图 1.4 所示。

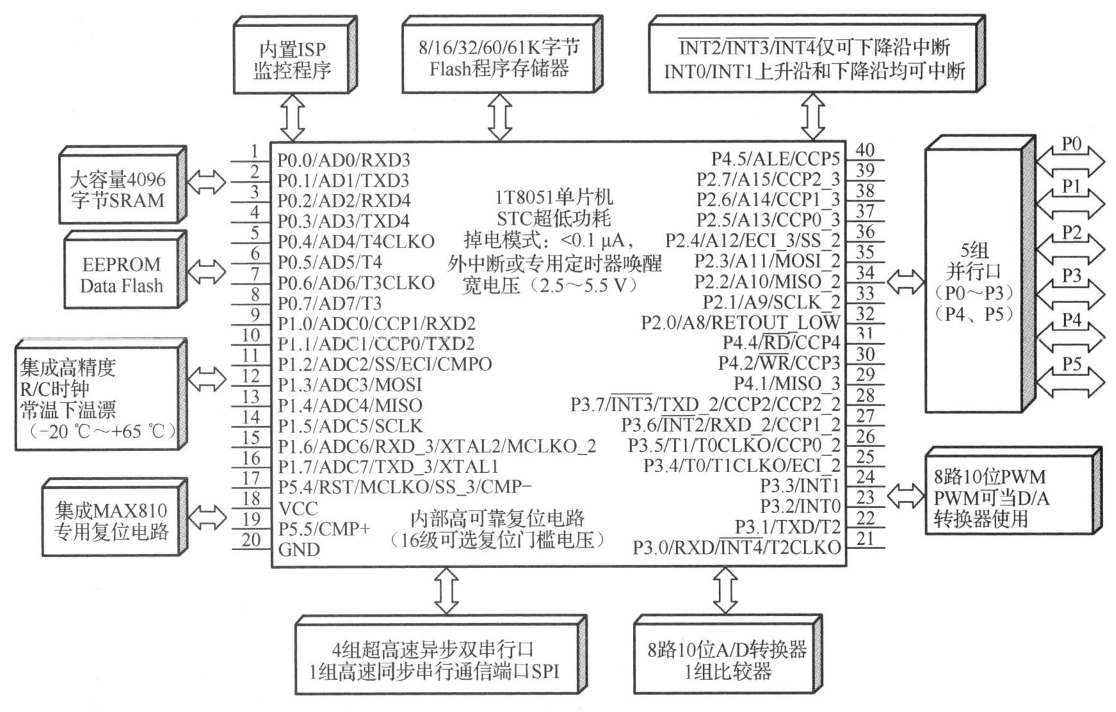

图 1.4　STC15W 系列单片机的引脚功能示意图

P5.4/RST/MCLKO 脚出厂时默认为 I/O 端口，如接入外部 RST 复位脚，在 STC-ISP 编程烧录时将其设置为 RST 复位脚（高电平复位）。STC15 系列单片机设计了内部高可靠复位电路，ISP 编程时有 16 级复位门槛电压可选，可彻底省掉外部复位电路。

1.1.2　STC15W 系列单片机引脚知识

扫一扫看文档：STC15W 4K32S4 单片机引脚知识测验题答案

填空题（每空 1 分，共 10 分）

1．STC 公司生产的单时钟/机器周期（1T）的单片机，简称________8051 单片机，指令代码完全兼容传统 8051 单片机，但速度快________倍。

2．STC15W 系列单片机工作振荡电路由________脚和________脚组成，也可由内部工作振荡电路提供工作脉冲。

3．STC15W 系列单片机数据总线 8 位在________口，地址总线 16 位，在________口及 P0 口。

4．STC15W 系列单片机复位信号是________脚，也可由内部提供复位信号，ISP 编程时有________级复位门槛电压可选。

5．STC15W 系列单片机有________路________位高速 A/D 转换口。

1.1.3　测量、查阅芯片数据

分组任务：学会测量、查阅芯片关键参数

测量 PDIP40 封装的单片机的长×宽尺寸及引脚横向、纵向间距，并提交准确尺寸。

注：尺寸标注可以采用图示、文字等方式。

参考答案：单片机的长×宽尺寸为 52.19 mm×15.24 mm，引脚横向间距为 15.24 mm，纵

向间距为 2.54 mm。

扫一扫看教学课件：单片机内部结构分析

任务 1.2 理解单片机内涵

扫一扫看微课视频：单片机内部结构分析

1.2.1 单片机内部结构分析

拥有中国本土独立自主知识产权的 STC15W 系列单片机几乎包含了数据采集和控制所需的所有单元模块，包括中央处理器（CPU）、程序存储器（Flash）、数据存储器（SRAM）、定时器/计数器、I/O 端口、高速 A/D 转换器、中断系统、看门狗、UART 超高速异步串行口、PWM（捕获/比较单元 CCP/PWM/PCA）、高速同步串行口 SPI 电源监控、内部高精度 R/C 时钟及高可靠复位电路等模块，可称得上是一个片上系统（System Chip 或 System on Chip）。其内部结构如图 1.5 所示。

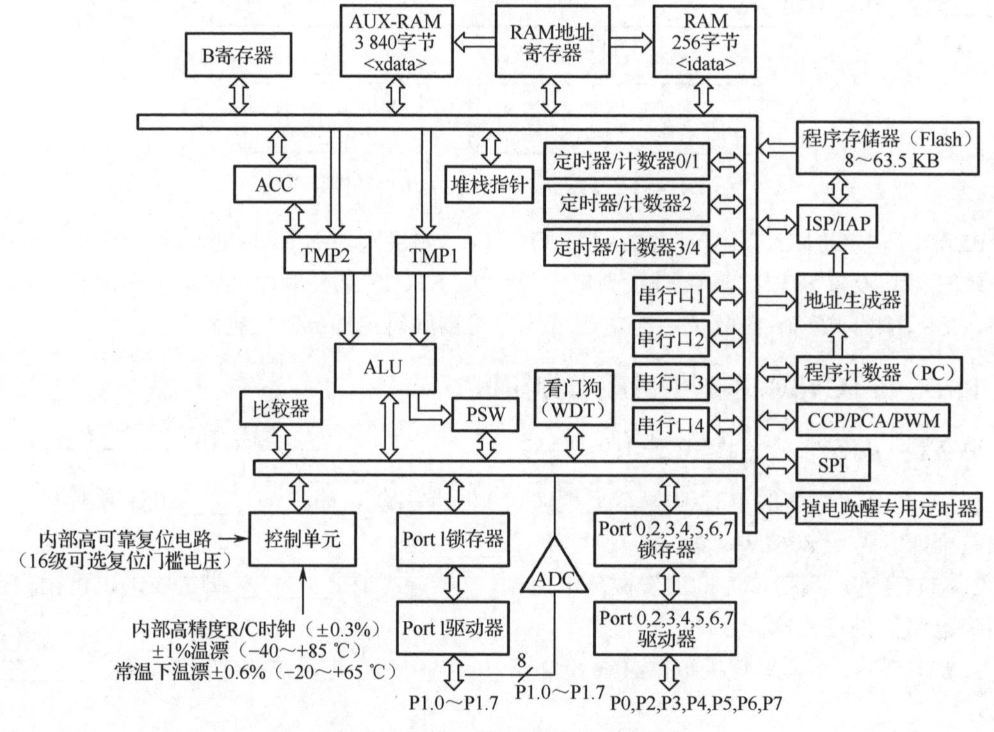

图 1.5 STC15W 系列单片机内部结构

1. 单片机内部功能单元分析

1）CPU

CPU 主要由运算器、控制器和布尔（位）处理器组成。它控制着总线的所有活动，实施计算并做出决策。CPU 操作由指令序列控制，指令有 3 种通用类型：数据传送指令、算术与逻辑运算指令及程序控制指令。CPU 的指令序列称为程序或软件。

（1）运算器：包括算术逻辑单元（Arithmetic Logic Unit，ALU）、累加器（Accumulator，ACC）、寄存器 B、程序状态字（Program Status Word，PSW）寄存器。

① ALU。ALU 是对数据进行算术运算和逻辑操作的执行部件，由加法器和其他逻辑电

路（移位电路和判断电路等）组成。在控制信号的作用下，完成算术加、减、乘、除和逻辑与、或、异或等运算，以及循环移位操作、位操作等功能。例如：

```
ADD A,#20H      ；ACC 内容与 16 进制数 20 相加，结果存在 ACC 中
ANL 30H,#10H    ；内部 RAM 的 30H 单元内容与 10H 相与，结果存在 30H 单元中
```

② ACC。在指令系统中，累加器在直接寻址时的助记符为 ACC。除此之外全部用助记符 A 表示。ACC 是 CPU 中工作最频繁的寄存器。在 CPU 运算时用于提供操作数和存放中间结果；在进行算术、逻辑操作时，ALU 的一个操作数一般来自 ACC；ALU 的运算结果大多要送到 ACC 中。ACC 经常充当传送、输入/输出过程的中转站。同时，单片机在内部结构上采取了对某部分指令将 ACC 旁路的措施，如通过直接地址或间接地址将内部、外部的任意地址中的数据送往寄存器，而不经过 ACC。例如：

```
MOV R1,#20H     ；将 20H 送往 R1 寄存器
MOV R2,30H      ；将内部 RAM 的 30H 单元数据送往 R2 寄存器
```

③ 寄存器 B。寄存器 B 通常与 ACC 配合使用，一般用于乘法、除法指令，除此之外，寄存器 B 作为中间结果或一般寄存器使用。例如：

```
MUL AB  ；ACC 与寄存器 B 中的 8 位数据相乘，积的高 8 位存在寄存器 B 中、低 8 位存在 ACC 中
DIV AB  ；ACC 中的被除数与寄存器 B 中的除数相除，商存在 ACC 中，余数存在寄存器 B 中
```

④ PSW 寄存器。PSW 寄存器用来存放程序运行过程中的一些状态。当程序进行加法、减法、十进制调整、带进位位逻辑左/右移位、对位操作时，通常会产生进位位、半进位位、溢出位等。有时程序的流向需要根据程序运行过程中的位状态执行，因此计算机的 CPU 内部设置了一个 PSW 寄存器，用来保存当前指令执行后的状态，以供程序查询和判断，PSW 寄存器各位定义如表 1.4 所示。

表 1.4　PSW 寄存器各位定义

D7	D6	D5	D4	D3	D2	D1	D0
CY	AC	F0	RS1	RS0	OV	X	P

CY（D7）：进（借）位标志。表示运算结果是否有进（借）位。当 CY=1 时，表示有进（借）位；当 CY=0 时，表示无进（借）位。同时该位用作布尔处理器的位处理。

AC（D6）：半进（借）位标志。当低 4 位 D3 向高 4 位 D4 进（借）位时，AC=1，否则 AC=0。在进行 BCD 加法运算，且 D3 向 D4 进位时，若自动置 AC=1，则执行十进制调整指令时，会根据 AC 的位状态决定进行加 6 或加 16 调整。

F0（D5）：用户使用位。在程序运行过程中，用户可以将一些有用的位标志寄存在这里，以备查询、判断并决定程序流向。例如：

```
JB  F0，ONE ；位标志 F0 为 1，程序转向标号为 ONE 的地址处
```

RS1（D4）、RS0（D3）：工作寄存器组选择。单片机内部 RAM 中有 4 组（每组 8 个 8 位 R0～R7，共 32 个）工作寄存器，通过对 RS1、RS0 编程设定来选择使用 4 组工作寄存器中的哪一组。工作寄存器组选择如表 1.5 所示。

表 1.5　工作寄存器组选择

RS1	RS0	选择工作寄存器组（内部 RAM 中的地址）
0	0	0 组（00H～07H）
0	1	1 组（08H～0FH）
1	0	2 组（10H～17H）
1	1	3 组（18H～1FH）

例如：

```
MOV  PSW，#08H   ；RS1=0、RS0=1，选择工作寄存器 1 组
MOV  R0，#68H    ；将十六进制数 68 送往工作寄存器 1 组 R0
MOV  R1，#50H    ；将十六进制数 50 送往工作寄存器 1 组 R1
```

OV（D2）：溢出标志位，当进行算术运算时，若运算结果发生溢出，则 OV=1；否则 OV=0。

X（D1）：无效位，未定义。

P（D0）：奇偶标志位，用来判断累加器 A 中有奇数个 1 还是偶数个 1。若有奇数个 1，则 P=1；否则 P=0。若（A）=18H=00011000B，则 P=0。奇偶标志位通常在进行数据通信时用来验证数据是否发送正确。在双机通信时，双方协议约定发送的数据为奇数个 1，接收方收到数据后可通过判断 P 是否为 1 来验证接收的数据是否正确。

（2）控制器。控制器是用来统一指挥和控制单片机工作的部件，包括程序计数器（PC）、指令寄存器（IR）、指令译码器、定时控制电路、堆栈指针（SP）、数据指针（DPTR）等。控制器是单片机的“神经中枢”。CPU 从程序存储器中取出指令，经总线送到指令寄存器处寄存，指令中的操作码分送到指令译码器中译码，通过定时控制电路发出控制信号，单片机中各有关部件协调工作完成各指令所规定的操作。

① PC（又称程序指针）：PC 是专用寄存器，指向 ROM 中将要执行指令的地址，它决定了程序执行的流向。上电工作或复位时，PC 指针指向程序存储器的 0000H 单元，即单片机复位后，PC=0000H。当程序顺序执行时，CPU 每取出指令的一个字节，PC 就自动加 1，指向下一个字节；当执行中断服务、子程序调用、转移、返回时，把要转向的地址送往 PC。

② SP：用于保护断点和现场的存储区称为堆栈，SP 指向堆栈空间要存取或保护的位置。堆栈地址可以是内部数据存储区低 128 字节的任意位置。复位时，SP 指向内部数据存储区 07H，即堆栈空间的栈底为 07H。SP 除了可以选用默认值 07H，还可以通过编程设定在内部 RAM 低 128 字节区域，如 MOV　SP, #45H（堆栈空间的栈底设为 45H）。STC15W 系列单片机的堆栈是朝着地址增大的方向生长的，即将数据压入堆栈后，SP 的值增大。编程设定堆栈空间时，要防止堆栈空间与内部数据存储区的数据冲突。

③ DPTR：STC15W 系列单片机有 2 个 16 位的数据指针 DPTR0 和 DPTR1，可通过表 1.6 设置辅助寄存器（AUXR1）中的 DPS（AUXR1.0）来选择具体使用哪一个数据指针。通常用于指向外部数据存储区 64 KB 范围内任意地址，以便对外部数据存储区进行读写操作。如果用户所使用的 STC15W 系列单片机无外部数据总线，那么该单片机只设计了一个 16 位的数据指针。例如：

```
MOV  AUXR1,#00H      ；使用数据指针 DPTR0
MOV  DPTR,#3200H     ；数据指针 DPTR 指向 3200H
MOVX @DPTR,A         ；间接寻址，把 ACC 中的内容写入外部 RAM 的 3200H 地址单元
```

表 1.6 辅助寄存器（AUXR1）各位定义

助记符	地址	7	6	5	4	3	2	1	0
AUXR1 P_SW1	A2H	S1_S1	S1_S0	CCP_S1	CCP_S0	SPI_S1	SPI_S0	0	DPS

DPS：DPTR 寄存器选择位。例如：

```
0: DPTR0 is selected    ; DPTR0 被选择
1: DPTR1 is selected    ; DPTR1 被选择
```

AUXR1 位于 A2H 单元，不可进行位操作，可通过赋值及加 1 指令进行设定。

④ 时钟发生器及定时控制电路：为 CPU 产生工作时钟，控制 CPU 实时工作。

（3）布尔处理器。布尔处理器是单片机的突出优点之一，单片机经常要处理真或假的逻辑问题，如果每次都用一个字节，就产生了浪费。布尔处理器可以直接对位变量进行逻辑与、或、异或、取反等操作。

单片机能进行位操作的有累加器 ACC、内部 RAM 位寻址区（字节地址 20H～2FH，位地址 00H～7FH，128 位）、字节地址能被 8 整除的特殊功能寄存器 SFR。

例 1：JNB ACC.0,TWO；ACC 的最低位为 0，程序转向标号为 TWO 的地址处。

例 2：PSW 字节地址 D0H，可以对 PSW 寄存器各位进行位操作。

CLR　PSW.3；将 PSW 寄存器中的 D3 清零，即 PSW.3=0。

例 3：P1 口地址为 90H，可以对 P1 口各位进行位操作。

SETB　P1.0；置位 P1.0，即 P1.0=1。

例 4：Cy，进位标志位，常写作 C。

JNC　rel；进位标志位为 0，程序转向标号为 rel 的地址处。

2）看门狗

看门狗，又叫 Watchdog Timer，从本质上来说就是一个定时器电路，一般有一个输入和一个输出，其中输入叫作“喂狗”，输出一般连接到另外一个部分的复位端，另外一个部分就是所要处理的部分，暂且称为 MCU。

在 MCU 正常工作的时候，每隔一段时间输出一个信号到“喂狗”端，给看门狗电路清零，如果在超过规定的时间不“喂狗”，看门狗定时超时，就会回给一个复位信号到达 MCU，使 MCU 复位，防止 MCU 死机。总的来说，看门狗电路的作用就是防止程序发生死循环，或者说程序跑飞。

3）串行口、定时器等在相关章节介绍

1.2.2　单片机内部结构知识

扫一扫看文档：单片机内部结构知识测验题答案

填空题（每空 1 分，共 10 分）

1. STC15W 系列单片机运算器包括________、累加器（ACC）、寄存器 B、________等部件。

2. STC15W 系列单片机控制器中的常用部件有________（PC）、________（SP）、数据指针（DPTR）、时钟发生器及定时控制逻辑电路等。

3．STC15W 系列单片机有________个 16 位的________DPRT0 和 DPTR1，这两个数据指针共用同一个地址，可通过设置辅助寄存器（AUXR1）中的 DPS（AUXR1.0）来选择具体使用哪一个数据指针。

4．用于保护断点和现场的存储区称为________。SP 用来存放堆栈地址，堆栈地址可以指向内部数据存储区 128 字节的任意位置。单片机复位时，SP 指向内部数据存储区_____H，即堆栈空间的栈底为 07H。

5．看门狗电路的作用就是防止程序发生________，或者说程序________。

1.2.3　寄存器中的数据运算与存放

扫一扫看文档：寄存器中的数据运算与存放测验题答案

分组任务：数据求和与存放

查看附录 B STC15W 系列单片机指令表，完成两数相加编程：18+25，将两数相加和送往工作寄存器 1 组 R0。

扫一扫看微课视频：单片机存储器配置及操作

1.2.4　单片机存储器配置及操作

存储器是存储二进制信息的数字电路器件，它实质上就是一组或多组具备数据输入/输出和存储功能的集成电路，用来存储程序和数据。对计算机来说，有了存储器，才有记忆功能，才能保证计算机正常工作。存储器的种类很多，按其用途可分为主存储器和辅助存储器，主存储器又称内存储器（简称内存），辅助存储器又称外存储器（简称外存）。外存通常是磁性介质或光盘，如硬盘、软盘、磁带、CD 等，能长期保存信息，并且不依赖电来保存信息；内存是指能与 CPU 直接进行数据交换的半导体存储器，只用于暂时存放当前正在使用（执行中）的程序和数据，一旦关闭电源或断电，其保存的程序和数据就会丢失。单片机的内存采用半导体存储器。

按照存储信息的不同，RAM 又分为静态 RAM（Static RAM，SRAM）和动态 RAM（Dynamic RAM，DRAM）。SRAM 存储电路以双稳态触发器为基础，其一位存储单元类似 D 锁存器。数据一经写入，只要不关闭电源，将一直保持有效。而 DRAM 存储电路以电容为基础，靠芯片内部电容电荷的有无表示信息，为防止由于电容漏电引起的信息丢失，需要在一定的时间间隔内对电容充电，这种充电的过程称为 DRAM 的刷新。

FLASH 存储器又称闪存，它结合了 ROM 和 RAM 的长处，不仅具备电可擦编程 ROM（EEPROM）的性能，还不会断电丢失数据，同时可以快速读取数据（NVRAM 的优势），U 盘和 MP3 用的就是这种存储器。在过去的 20 年里，嵌入式系统一直使用可擦编程 ROM（EPROM）作为它们的存储设备，然而，近年来闪存全面代替了 EPROM 在嵌入式系统中的地位，用于存储引导装载程序（Bootloader）及操作系统或程序代码，或者直接当硬盘使用。对闪存的操作一般是进行读、写和擦除。闪存的擦除必须是以 1KB 为单位对齐的地址，并指定哪一块被擦除，或者全部擦除。

EEPROM 是一种掉电后数据不丢失的存储芯片，可以在计算机或专用设备上擦除已有信息，重新编程，一般用在即插即用的场景。由于其频繁地反复编程，因此 EEPROM 的寿命是一个很重要的设计考虑参数。EEPROM 是一种特殊形式的闪存，是用户可更改的 ROM，其可通过高于普通电压的作用来擦除和重编程（重写）。

EEPROM 可分为若干扇区，每个扇区包含 512 字节，擦除操作是按扇区进行的。使用时，建议同一次修改的数据放在同一个扇区中不是同一次修改的数据放在不同的扇区中，不一定要用满。

STC15W 系列单片机的程序存储器和数据存储器不同于计算机的冯·诺依曼结构，采用的是哈佛结构，程序和数据空间各自独立编址体系结构。这种体系结构可以减轻程序运行时的访存瓶颈。如果程序和数据通过一条总线访问，那么取指和取数必会产生冲突，而这对大运算量的循环的执行效率是很不利的。哈佛结构能基本上解决取指和取数的冲突问题。STC15W 系列单片机存储器配置如图 1.6 所示。

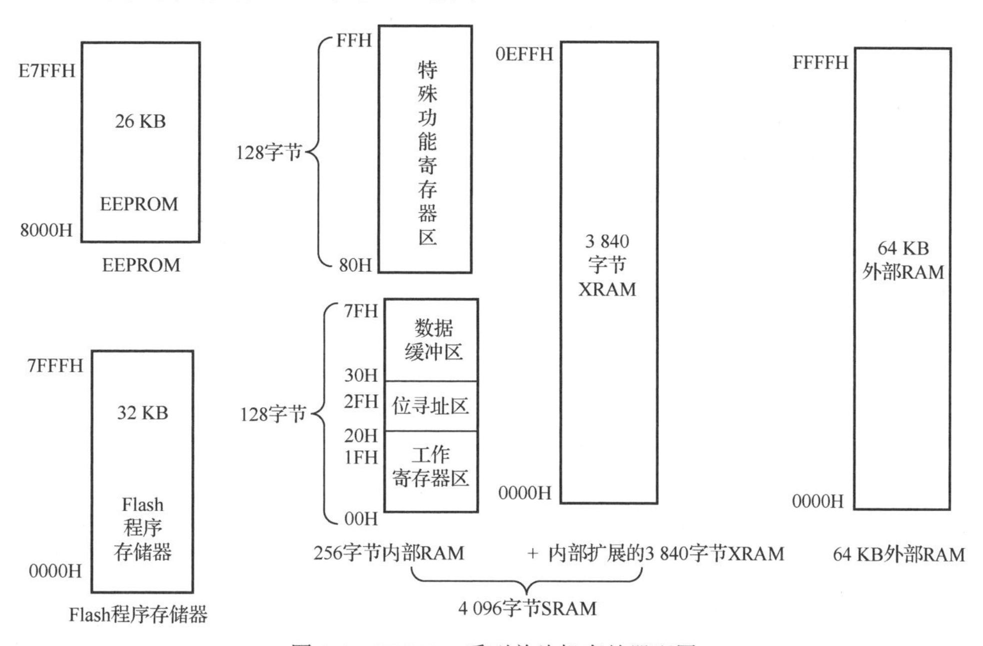

图 1.6　STC15W 系列单片机存储器配置

1）Flash 程序存储器

STC15W 系列单片机的所有程序存储器都是片上存储器，不能访问外部程序存储器，因为没有访问外部程序存储器的控制信号。STC15W 系列单片机内部集成了 32 KB 的 Flash 程序存储器，地址为 0000H～7FFFH。主要存放用户程序、数据和表格等信息。单片机复位后，PC 的内容为 0000H。

STC15W 系列单片机有 21 个中断源，CPU 响应中断时，自动转到相应的中断入口地址去执行程序。中断服务程序的入口地址存放在 Flash 程序存储器中。

0003H：外部中断 0 中断服务程序的入口地址；

000BH：定时器/计数器 0 中断服务程序的入口地址；

0013H：外部中断 1 中断服务程序的入口地址；

001BH：定时器/计数器 1 中断服务程序的入口地址；

0023H：串行口 1 中断服务程序的入口地址；

002BH：ADC 中断服务程序的入口地址；

0033H：低电压检测中断服务程序的入口地址；

003BH：PCA 中断服务程序的入口地址；

0043H：串行口 2 中断服务程序的入口地址；

004BH：SPI 中断服务程序的入口地址；

0053H：外部中断 2 中断服务程序的入口地址；

005BH：外部中断 3 中断服务程序的入口地址；

0063H：定时器/计数器 2 中断服务程序的入口地址；

0083H：外部中断 4 中断服务程序的入口地址；

008BH：串行口 3 中断服务程序的入口地址；

0093H：串行口 3 中断服务程序的入口地址；

009BH：定时器/计数器 T3 中断服务程序的入口地址；

00A3H：定时器/计数器 T4 中断服务程序的入口地址；

00ABH：比较器中断服务程序的入口地址；

00B3H：PWM 中断服务程序的入口地址；

00BBH：PWM 异常检测中断服务程序的入口地址。

2）EEPROM

STC15W 系列单片机内部集成了 26 KB 的 EEPROM，与程序空间是分开的，地址为 8000H～E7FFH，共 52 个扇区。EEPROM 可用于保存一些需要在应用过程中修改并且掉电不丢失的数据。EEPROM 擦写次数在 10 万次以上。

3）SRAM

STC15W 系列片内集成了 4 096 字节的 SRAM，包括常规的 256 字节 RAM 和内部扩展的 3840 字节 XRAM，可以作为 EEPROM 使用。内部扩展的 3840 字节地址为 0000H～0EFFH。

内部 RAM。这种存储器在断电时将丢失其存储内容，故主要用于存放运算的中间结果、现场检测的数据等。单片机内部 RAM 共有 256 个单元，分为 4 个区，地址为 00H～FFH。低 128 字节地址空间为 00H～7FH，可以读写数据。高 128 字节地址空间为 80H～FFH，用来存放单片机的特殊功能寄存器。

① 工作寄存器区（00H～1FH），共 32 字节。每组 8 个工作寄存器 R7～R0，共分为 4 组（见表 1.5）。选择哪一组工作寄存器由 PSW 寄存器中的 D4（RS1）、D3（RS0）设置。

② 位寻址区（20H～2FH），共 16 字节。每字节的每位均分配有位地址，16 字节共 128 位，位地址为 00H～7FH。通常可将程序中的一些状态标志设置在位寻址区。表 1.7 所示为位寻址区及对应的各位地址。这 16 字节也可按字节寻址，但要防止与使用的位标志冲突。

表 1.7　位寻址区及对应的各位地址

字节地址	位地址							
	D7	D6	D5	D4	D3	D2	D1	D0
2FH	7FH	7EH	7DH	7CH	7BH	7AH	79H	78H
2EH	77H	76H	75H	74H	73H	72H	71H	70H
2DH	6FH	6EH	6DH	6CH	6BH	6AH	69H	68H
2CH	67H	66H	65H	64H	63H	62H	61H	60H
2BH	5FH	5EH	5DH	5CH	5BH	5AH	59H	58H
2AH	57H	56H	55H	54H	53H	52H	51H	50H
29H	4FH	4EH	4DH	4CH	4BH	4AH	49H	48H

续表

字节地址	位地址							
	D7	D6	D5	D4	D3	D2	D1	D0
28H	47H	46H	45H	44H	43H	42H	41H	40H
27H	3FH	3EH	3DH	3CH	3BH	3AH	39H	38H
26H	37H	36H	35H	34H	33H	32H	31H	30H
25H	2FH	2EH	2DH	2CH	2BH	2AH	29H	28H
24H	27H	26H	25H	24H	23H	22H	21H	20H
23H	1FH	1EH	1DH	1CH	1BH	1AH	19H	18H
22H	17H	16H	15H	14H	13H	12H	11H	10H
21H	0FH	0EH	0DH	0CH	0BH	0AH	09H	08H
20H	07H	06H	05H	04H	03H	02H	01H	00H

③ 数据缓冲区（30H～7FH），共 80 字节。程序工作时，一些数据的读写可在该区中进行。堆栈也可以编程安排在该区，如 MOV SP,60H（栈底为 60H）。

单片机内部扩展了 3840 字节 XRAM，访问内部扩展 RAM 的方法和传统 8051 单片机访问外部扩展 RAM 的方法相同。例如：

```
MOV    R0,#40H       ; (R0)=40H
MOV    DPTR,#0400H   ; (DPTR)=0400H
MOV    @R0,A         ; 间接寻址，累加器 A 中的内容写入内部 RAM 的 40H 单元
MOVX   @DPTR,A       ; 间接寻址，累加器 A 中的内容写入内部 RAM 的 0400H 单元
```

编程者设计程序时注意指令的正确使用是不会发生数据读错、写错现象的。指令的具体使用见附录 B STC15W 系列单片机指令表及后续项目学习中的应用。

④ 特殊功能寄存器区（80H～FFH）是一个具有特殊功能的 RAM 区，用来对内部各功能模块进行管理、控制、监视，主要完成单片机的特殊功能操作，如单片机的定时器/计数器（TL0/TH0、TL1/TH1）、I/O 锁存器 P0～P5、串行口数据缓冲器 SBUF 等，见附录 D。CPU 访问特殊功能寄存器区只能用间接寻址方式。特殊功能寄存器功能及应用见后续项目学习。

STC15W 系列单片机中的特殊功能寄存器数量由传统 8051 单片机的 21 个增加至 100 多个，具体看 STC15W 系列单片机型号。附录 D 是 STC15W 系列单片机特殊功能寄存器。

小知识：存储单位介绍

（1）位（bit）：二进制的一位，也叫作 1 bit，是二进制数中的一个数位，即“0”或“1”。位是计算机内部数据存储的最小单位，是最基本的存储单元。计算机内部数据是用二进制存储及发送/接收数据的。

（2）字节（Byte）：简写为大写字母 B。1 字节代表 8 bit。

1 Byte = 8 bit;　　　　KB（千字节）：1 KB =1 024 Byte

注意：1 KB 并不是 1 000 字节，因为计算机只认识二进制，所以在这里的 KB 是 2^{10}，也就是 1 024 字节。

1.2.5 单片机存储器知识

填空题（每空 1 分，共 10 分）

1．STC15W 系列单片机存储器在物理结构上分为________个空间，Flash 程序存储地址为 0000H～________ H。

2．STC15W 系列单片机内部 RAM 分为__________个区，扩展的 RAM 地址为 0000H～________ H。

3．STC15W 系列单片机内部工作寄存器区地址为________ H～________ H。

4．STC15W 系列单片机内部位寻址区地址为________ H～________ H。

5．STC15W 系列单片机特殊功能寄存器区地址为________ H～________ H。

1.2.6 数据存储区数据存放操作

扫一扫看文档：数据存储区数据存放操作测验题答案

分组任务：如何将数据存放至内部、外部一页（pdata 256 字节）、外部 64 KB 数据存储区

查看附录 B STC15W 系列单片机指令表，完成编程：将累加器 A 中的十进制数 18 送往①内部数据存储区 30H 单元；②外部数据存储区 0030H 单元；③外部数据存储区 3000H 单元。

任务 1.3 单片机最小系统构成

1.3.1 STC15W 系列单片机复位信号设计

复位（Reset）功能按其英文原意是重新设置的意思，也就是从头开始执行程序，或者重新从头执行程序（Restart）。复位是单片机的一项重要操作内容，其目标是确保单片机运行过程有一个良好的开端，或者说有一个良好的状态。

P5.4/RST 既可作为普通 I/O 端口，又可作为复位引脚。每次上电时，单片机会自动判断上一次用户是将 P5.4/RST 设置成普通 I/O 端口还是复位引脚。如果上一次用户将 P5.4/RST 设置成普通 I/O 端口，那么单片机会将 P5.4/RST 上电后的模式设置成准双向口/弱上拉模式；如果上一次用户将 P5.4/RST 设置成复位引脚，那么上电后，P5.4/RST 仍为复位引脚。

STC15W 系列单片机有 7 种复位方式：外部 RST 引脚复位、单片机系统软件复位、掉电复位/上电复位、MAX810 专用复位电路复位、内部低压检测复位、看门狗复位及程序地址非法复位。

1）外部 RST 引脚复位

当 P5.4 口产生至少 24 个时钟加 20 μs 高电平后，单片机会进入复位状态，将 RST 引脚拉回低电平后，单片机结束复位状态并将特殊功能寄存器 IAP_CONTR 中的 SWBS/IAP_CONTR.6 置 1，同时从系统 IAP 监控程序区启动。外部 RST 引脚复位是热启动复位中的硬复位。上电复位电路如图 1.7 所示。

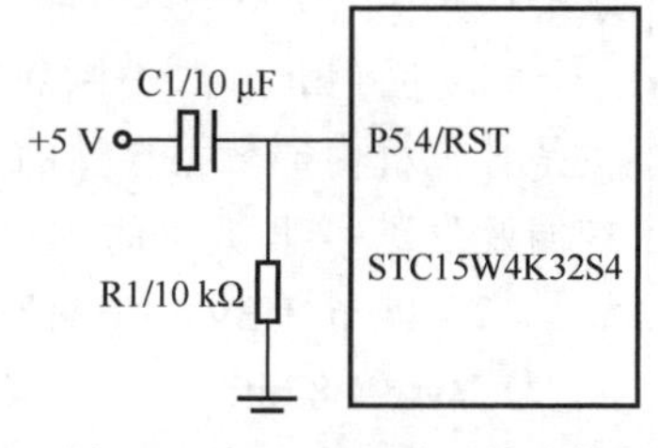

图 1.7 STC15W 系列单片机上电复位电路

2）单片机系统软件复位

应用程序在运行过程中，有时会有特殊需求，需要实现单片机系统软件复位（热启动复位中的软复位），STC15W 系列单片机增加了 IAP_CONTR 特殊功能寄存器，实现了系统软件复位功能。通过设定特殊功能寄存器中的 2 位 SWBS/SWRST 就可以实现复位，如表 1.8 所示。

表 1.8 IAP_CONTR：ISP/IAP 控制寄存器

名称	地址	Bit7	Bit6	Bit5	Bit4	Bit3	Bit2	Bit1	Bit0
IAP_CONTR	C7H	IAPEN	SWBS	SWRST	CMD_FAIL		WT2	WT1	WT0

IAPEN：ISP/IAP 功能允许位。

IAPEN=0 表示禁止 IAP 读/写/擦除 Data Flash/EEPROM；IAPEN=1 表示允许 IAP 读/写/擦除 Data Flash/EEPROM。

SWBS：软件选择复位后从用户应用程序区（IAP 区）启动（IAPEN=0）还是从系统 ISP 监控程序区启动（IAPEN=1），要与 SWRST 直接配合才可以实现。

SWRST：SWRST=0 表示不操作；SWRST=1 表示软件控制产生复位，单片机自动复位。

CMD_FAIL：如果 IAP 地址（由 IAP 地址寄存器 IAP_ADDRH 和 IAP_ADDRL 的值决定）指向了非法地址或无效地址，且送了 ISP/IAP 命令，并对 IAP_TRIG 送 5Ah/A5h 触发失败，那么 CMD_FAIL 为 1，需要由软件清零。

例 1．从 IAP 区软件复位并切换到 IAP 区开始执行程序：

```
MOV IAP_CONTR, #00100000B ;SWBS = 0(选择 IAP 区), SWRST = 1(软复位)
```

例 2．从 IAP 区软件复位并切换到系统 IAP 监控程序区开始执行程序：

```
MOV IAP_CONTR, #01100000B ;SWBS= 1(选择 IAP 区), SWRST = 1(软复位)
```

注意：本复位是整个系统复位，所有的特殊功能寄存器都会复位到初始值，I/O 端口也会初始化。

3）掉电复位/上电复位

当电源电压 VCC 低于掉电复位/上电复位检测门槛电压时，所有的逻辑电路都会复位。当内部电压 VCC 上升至上电复位检测门槛电压以上后，延迟 32 768 个时钟，掉电复位/上电复位结束。复位结束后，单片机将特殊功能寄存器 IAP_CONTR 中的 SWBS/IAP_ CONTR.6 置 1，同时从系统 IAP 监控程序区启动。掉电复位/上电复位是冷启动复位。

对于 5 V 单片机，它的掉电复位/上电复位检测门槛电压为 3.2 V；对于 3.3 V 单片机，它的掉电复位/上电复位检测门槛电压为 1.8 V。

4）MAX810 专用复位电路复位

STC15W 系列单片机内部集成了 MAX810 专用复位电路。若 MAX810 专用复位电路在 STC-ISP 编程器中被允许，则掉电复位/上电复位后将产生约 180 ms 的复位延时，复位被解除。复位解除后，单片机将特殊功能寄存器 IAP_CONTR 中的 SWBS/IAP_CONTR.6 置 1，同时从系统 IAP 监控程序区中启动。MAX810 专用复位电路复位是冷启动复位。

5）内部低压检测复位

除了掉电复位/上电复位检测门槛电压，STC15W 系列单片机还有一组更可靠的内部低压检测（LVD）门槛电压。当电源电压 VCC 低于内部低压检测门槛电压时，可产生复位（前提是在 STC-IAP 编程/烧录用户程序时，允许低压检测复位（禁止低压中断），即将内部低压检测门槛电压设置为复位门槛电压）。复位结束后，不影响特殊功能寄存器 IAP_CONTR 中的 SWBS/IAP_CONTR.6 的值，单片机根据复位前 SWBS/IAP_CONTR.6 的值选择是从 IAP 区启动，还是从系统 IAP 监控程序区启动。如果复位前 SWBS/IAP_CONTR.6 的值为 0，那么单片机从 IAP 启动。反之，如果复位前 SWBS/IAP_CONTR.6 的值为 1，那么单片机从系统 IAP 监控程序区启动。内部低压检测复位是热启动复位中的硬复位。

STC15W 系列单片机内置了 8 级可选内部低压检测门槛电压。表 1.9 列出了在不同温度下 STC15W 系列 5 V 单片机的内部低压检测门槛电压。

表 1.9　不同温度下 STC15W 系列 5 V 单片机的内部低压检测门槛电压

-40 ℃	25 ℃	85 ℃
4.74	4.64	4.6
4.41	4.32	4.27
4.14	4.95	4.00
3.9	3.82	3.77
3.69	3.61	3.56
3.51	3.43	3.38
3.36	3.28	3.23
3.21	3.14	3.09

如果使用的是 STC15W 系列 5V 单片机，根据单片机的实际工作频率在 STC-ISP 编程器中选择表 1.9 所列出的内部低压检测门槛电压作为复位门槛电压。例如，在常温下，工作频率是 20 MHz 以上时，可以选择 4.32 V 作为复位门槛电压；工作频率是 12 MHz 以下时，可以选择 3.82 V 作为复位门槛电压，如图 1.8 所示。

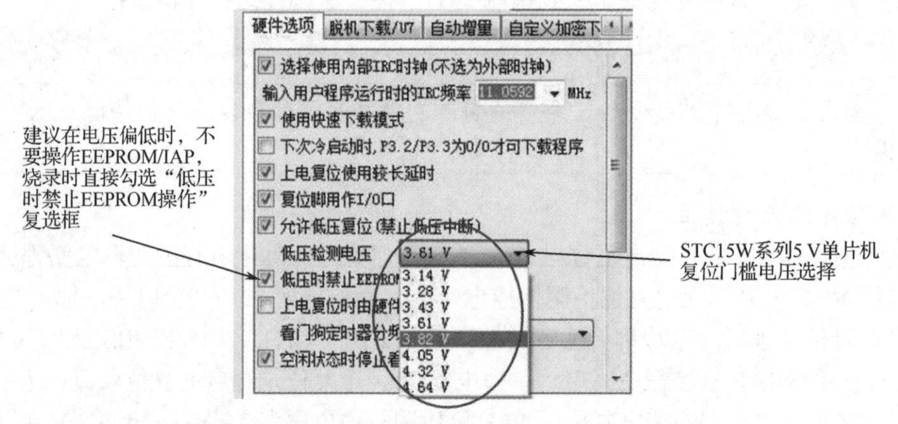

图 1.8　STC15W 系列 5 V 单片机复位门槛电压选择

如果在 STC-IAP 编程/烧录用户程序时，不将低压检测设置为低压检测复位，那么在程序中可将低压检测设置为低压检测中断。当电源电压 VCC 低于内部低压检测门槛电压时，低压检测中断申请标志位（LVDF/PCON.5）就会被硬件置位。如果低压检测中断允许位（ELVD/IE.6）被设置为 1，那么低压检测中断申请标志位就能产生一个低压检测中断。

在正常工作和空闲模式时，如果电源电压 VCC 低于内部低压检测门槛电压，那么低压检测中断申请标志位自动置 1，与低压检测中断是否被允许无关。即在电源电压 VCC 低于内部低压检测门槛电压时，不管有没有允许低压检测中断，低压检测中断申请标志位都自动置

1。该位要求用软件清零，清零后，若电源电压 VCC 低于内部低压检测门槛电压，则该位又被自动置 1。

在进入掉电工作状态前，若低压检测电路不被允许产生低压检测中断，则在进入掉电后，该低压检测电路不工作，以降低功耗；若被允许产生低压检测中断，编程中断允许位 ELVD/IE.6=1，当低压检测中断申请标志位 LVDF/PCON.5=1 时，产生低压检测中断，则在进入掉电模式后，该低压检测电路继续工作，在电源电压 VCC 低于内部低压检测门槛电压后，可将单片机从掉电模式状态唤醒。

与低压检测相关的寄存器有电源控制寄存器（PCON）、中断允许寄存器（IE）、中断优先级寄存器（IP），各位定义如表 1.10 所示。各位设置见相关项目内容。

表 1.10　与低压检测相关的寄存器各位定义

名称	地址	bit7	bit6	bit5	bit4	bit3	bit2	bit1	bit0
PCON	87H	SMOD	SMOD0	LVDF	POF	GF1	GF0	PD	IDL

与低压检测相关的位如下。

LVDF：低压检测标志位，同时是低压检测中断申请标志位。

PD：掉电模式控制位。

IDL：空闲模式控制位。

ELVD：低压检测中断允许位，ELVD=0 时，禁止低压检测中断；ELVD=1 时，允许低压检测中断（见图 3.5）。

PLVD：低压检测中断优先级控制位，PLVD=0 时，低压检测中断为低优先级；PLVD=1 时，低压检测中断为高优先级（见图 3.6）。

6）看门狗复位

在工业控制/汽车电子/航空航天等需要高可靠性的系统中，为了防止“系统在异常情况下受到干扰，单位机/CPU 程序跑飞，导致系统长时间异常工作”，引进了看门狗，看门狗复位是热启动复位中的软复位。如果单位机/CPU 不在规定的时间（看门狗溢出时间）内按要求访问看门狗，就认为单位机/CPU 处于异常状态，看门狗就会强迫单位机/CPU 复位，使系统重新从头开始执行用户程序。看门狗复位结束后，不影响特殊功能寄存器 IAP_CONTR 中 SWBS/IAP_CONTR.6 的值。看门狗复位功能由特殊功能寄存器 WDT_CONTR 设置，如表 1.11 所示。

表 1.11　20 MHz、12 MHz、11.059 2 MHz 工作时钟不同预分频时的看门狗溢出时间

PS2	PS1	PS0	预分频	看门狗溢出时间 @20 MHz	看门狗溢出时间 @12 MHz	看门狗溢出时间 @11.059 2 MHz
0	0	0	2	39.3 ms	65.5 ms	71.1 ms
0	0	1	4	78.6 ms	131.0 ms	142.2 ms
0	1	0	8	157.3 ms	262.1 ms	284.4 ms
0	1	1	16	314.6 ms	524.2 ms	568.8 ms
1	0	0	32	629.1 ms	1.048 5 s	1.137 7 s
1	0	1	64	1.25 s	2.097 1 s	2.275 5 s

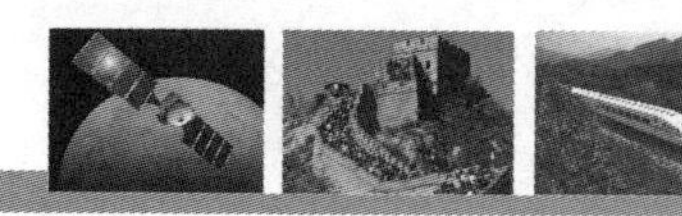

续表

PS2	PS1	PS0	预分频	看门狗溢出时间 @20 MHz	看门狗溢出时间 @12 MHz	看门狗溢出时间 @11.059 2 MHz
1	1	0	128	2.5 s	4.194 3 s	4.551 1 s
1	1	1	256	2.5 s	8.388 6 s	9.102 2 s

WDT_FLAG：看门狗溢出标志位，当溢出时，该位由硬件置 1，可由软件将其清零。

EN_WDT：看门狗允许位，当设置为 1 时，看门狗启动。

CLR_WDT：看门狗清零位，当设置为 1 时，看门狗将重新计数，硬件将自动清零此位。

IDLE_WDT：看门狗“IDLE ”模式位，当设置为 1 时，看门狗定时器在“空闲模式”计数；当该位清零时，看门狗定时器在“空闲模式”时不计数。以上各位详见附录 D 的 WDT-CONTR 寄存器。

PS2、PS1、PS0：看门狗定时器预分频值。

看门狗溢出时间计算如下：

$$T_{\text{看门狗溢出}}=(12\times \text{Pre-scale}\times 32\,768)/\text{Oscillator frequency}$$

式中，Pre-scale 为系统预分频；Oscillator frequency 为工作时钟。

若选用 12 MHz 工作时钟，主频是晶振频率的 1/2，则看门狗每 65.5 ms 溢出一次。

STC-ISP 编程器中的看门狗设置如图 1.9 所示。

图 1.9 STC-ISP 编程器中的看门狗设置

7）程序地址非法复位

如果 PC 指向的地址超过了有效程序空间的大小，就会引起程序地址非法复位。程序地址非法复位结束后，不影响特殊功能寄存器 IAP_CONTR 中的 SWBS/IAP_CONTR.6 的值。单片机将根据复位前 SWBS/IAP_CONTR.6 的值选择是从 IAP 区启动，还是从系统 IAP 监控程序区启动。如果复位前 SWBS/IAP_CONTR.6 的值为 0，那么单片机从 IAP 区启动；反之，如果复位前 SWBS/IAP_CONTR.6 的值为 1，那么单片机从系统 IAP 监控程序区启动。程序地址非法复位是热启动复位中的软复位。

1.3.2 单片机复位信号知识

填空题（每空 1 分，共 10 分）

1．STC15W 系列单片机 P5.4/RST 既可作为普通________，又可作为________引脚。

2．STC15W 系列单片机有________种复位方式：外部 RST 引脚复位、软件复位、掉电复位/上电复位、内部________复位、MAX810 专用复位电路复位、看门狗复位及程序地址非法复位。

3．当电源电压 VCC 低于内部________ 门槛电压时，可产生________ （前提是在 STC-IAP 编程/烧录用户程序时，允许低压检测复位（禁止低压中断），即将内部低压检测门槛电压设置为复位门槛电压）。

4．应用程序在运行过程中，有时会有特殊需求，需要实现单片机系统________ （热启动复位中的软复位），当 IAP_CONTR=0x20 从 IAP 区________ 并切换到 IAP 区时，开始执行程序。

5．复位是整个系统复位，所有的特殊功能寄存器都会复位到________ 值，I/O 端口也会________ 。

扫一扫看微课视频：时钟电路及地址锁存允许信号设计

1.3.3　时钟电路及地址锁存允许信号设计

时钟电路就是振荡电路，给单片机提供工作脉冲，单片机必须在这个脉冲的控制下才能进行各种操作。

STC15W 系列单片机部分型号有 2 个时钟源，外部时钟（外部输入的时钟或外部晶振产生的时钟）和内部高精度 R/C（IRC）时钟，如 STC15W 系列、STC15F2K60S2 等；而 STC15F100W、STC15W201S 只有内部高精度 R/C 时钟，不能接外部时钟。

1）外部时钟电路设计

单片机内部有一个由反向放大器构成的振荡电路，XTAL1 P1.7（16 脚）为振荡电路的输入端，XTAL2 P1.6（15 脚）为振荡电路的输出端，为单片机提供工作脉冲。单片机的外部时钟可以用内部振荡及外部振荡 2 种方式。

（1）内部振荡方式。利用内部振荡电路，在 XTAL1 和 XTAL2 引脚上外接电容和石英晶体组成并联谐振电路，以产生工作脉冲，电路设计如图 1.10（a）所示。晶体频率一般选 4～48 MHz。电容为 20～50 pF，通常选 47 pF，电容的大小影响振荡电路振荡的稳定性和起振的快速性。为了保证振荡的稳定性，在设计 PCB 时，电容和石英晶体应尽量靠近单片机的 XTAL1 及 XTAL2 引脚。

（2）外部振荡方式。将外部振荡电路产生的时钟信号加到 XTAL2 引脚上，XTAL1 引脚接地。外部振荡方式常用于多片单片机同时工作，以便多片单片机同步，电路设计如图 1.10（b）所示。

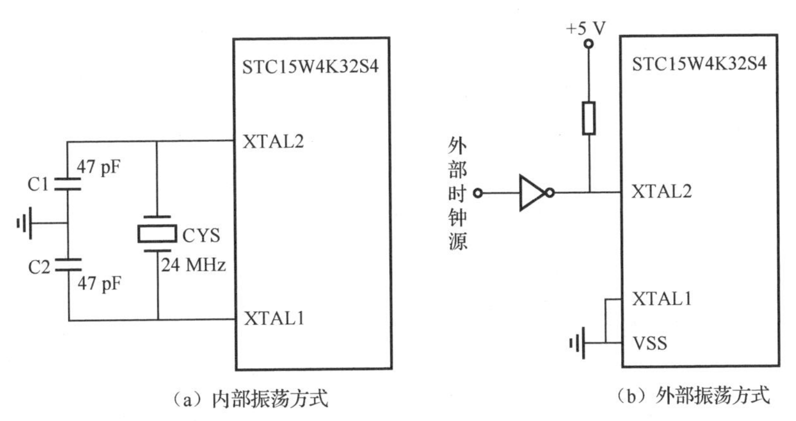

图 1.10　STC15W 系列单片机外部时钟电路

单片机接入时钟信号后产生的工作时序如图 1.11 所示。

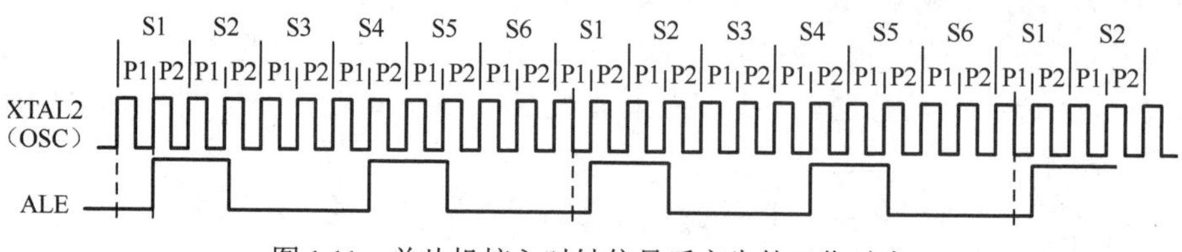

图 1.11　单片机接入时钟信号后产生的工作时序

STC15W 系列单片机所有 I/O 端口上电复位后均为准双向口/弱上拉模式，但是由于 P1.7 和 P1.6 口承担时钟信号功能，因此上电复位后不一定是准双向口/弱上拉模式。当 P1.7 和 P1.6 口作为外接晶体或时钟电路的 XTAL1 和 XTAL2 引脚使用时，P1.7/XTAL1 和 P1.6/XTAL2 上电复位后是高阻输入模式。

每次上电复位时，单片机对 P1.7/XTAL1 和 P1.6/XTAL2 的工作模式都按如下步骤进行设置。

首先，单片机短时间（几十个时钟）内会将 P1.7/XTAL1 和 P1.6/XTAL2 设置成高阻输入模式。

然后，单片机会自动判断上一次用户烧录程序时是将 P1.7/XTAL1 和 P1.6/XTAL2 设置成普通 I/O 端口还是时钟电路。

如果上一次用户烧录程序时将 P1.7/XTAL1 和 P1.6/XTAL2 设置成普通 I/O 端口，那么单片机会将 P1.7/XTAL1 和 P1.6/XTAL2 上电复位后设置成准双向口/弱上拉模式。

如果上一次用户烧录程序时将 P1.7/XTAL1 和 P1.6/XTAL2 设置成时钟电路，那么单片机会将 P1.7/XTAL1 和 P1.6/XTAL2 上电复位后设置为高阻输入模式。

2）内部时钟电路设计

STC15W 系列单片机的内部时钟为 5～35 MHz（5.529 6 MHz/11.059 2 MHz/22.118 4 MHz/33.177 6 MHz），工作频率为 5～35 MHz，相当于普通 8051 单片机的 60～420 MHz。利用系统编程（In-System Programming，ISP）工具对 STC15W 系列单片机下载用户程序时，可以勾选“选择使用内部 IRC 时钟（不选为外部时钟）”复选框，如图 1.12 所示。

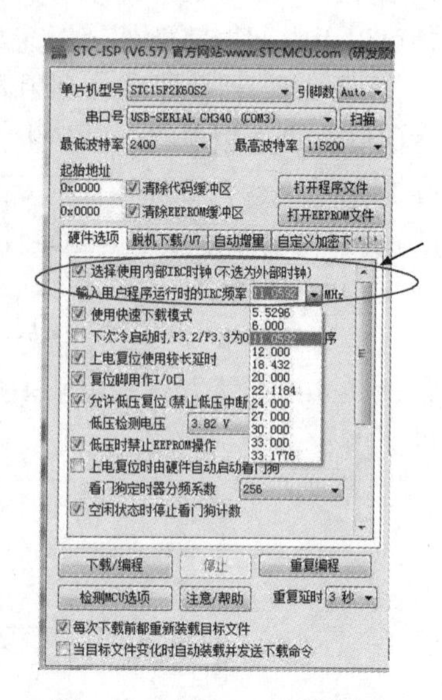

图 1.12　内部 IRC 时钟选择

3）主时钟分频

主时钟可以是内部 IRC 时钟，也可以是外部输入的时钟或外部晶振产生的时钟。如果希望降低系统功耗，利用时钟分频控制寄存器 CLK_DIV（PCON2）对时钟进行分频，从而使单片机在较低频率下工作。内部 IRC 时钟结构如图 1.13 所示。时钟分频可以通过时钟分频控制寄存器进行设置，如表 1.12 所示。

4）地址锁存信号设计（与 P4.5 口复用）

当访问外部存储器或外部扩展的并行 I/O 端口时，地址锁存信号（ALE）用于锁存地址的低 8 位。标准 8051 单片机的 ALE 引脚对系统时钟进行 6 分频输出，可对外提供时钟。

当 8051 单片机时钟频率较高时，ALE 引脚是一个干扰源。STC15W 系列单片机禁止 ALE 引脚对系统时钟进行 6 分频输出，彻底清除此干扰源，有利于系统的抗干扰设计。如果设计中需要单片机输出时钟，可以利用 STC15W 系列单片机的可编程时钟输出引脚对外输出时钟。

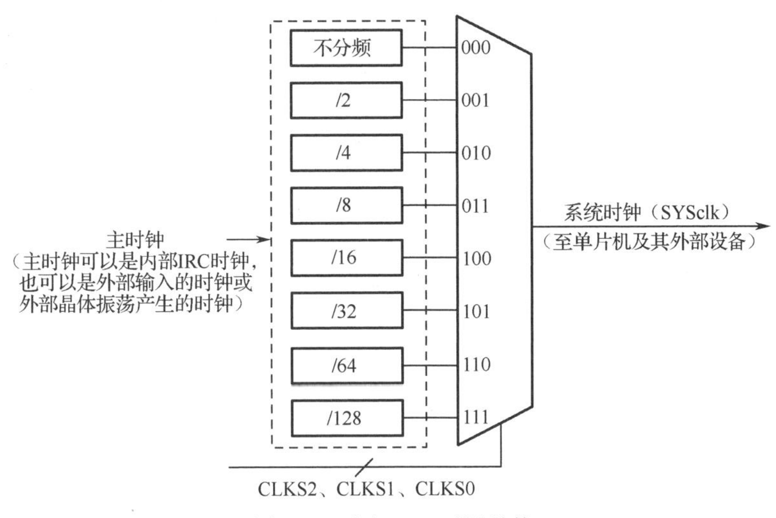

图 1.13 内部 IRC 时钟结构

表 1.12 时钟分频控制寄存器 CLK_DIV（PCON2）

名称	地址	bit7	bit6	bit5	bit4	bit3	bit2	bit1	bit0
CLK_DIV（PCON2）	97H	MCKO_S1	MCKO_S0	ADRJ	Tx_Rx	MCLKO_2	CLKS2	CLKS1	CLKS0
系统时钟选择位各位定义									
CLKS2	CLKS1	CLKS0	系统时钟是指对主时钟进行分频后供给 CPU、串行口、SPI、定时器、CCP/PWM/PCA、ADC 的实际工作时钟						
0	0	0	主时钟频率/1，不分频						
0	0	1	主时钟频率/2						
0	1	0	主时钟频率/4						
0	1	1	主时钟频率/8						
1	0	0	主时钟频率/16						
1	0	1	主时钟频率/32						
1	1	0	主时钟频率/64						
1	1	1	主时钟频率/128						

40 引脚 STC15W 系列单片机输出 ALE，用间接寻址 MOVX 指令访问外部扩展器件时，锁存 P0 口输出的低 8 位地址。例如：

```
MOV DPTR,#3006H
MOVX @DPTR,A; 将累加器 A 的内容写入外部数据存储单元 3006H
```

间接寻址在执行上述指令时，P0 口首先发出地址低 8 位信息 06H，在 ALE 有效期间（高电平），将 P0 口发出地址低 8 位信息锁存在地址锁存器输出端，通过 P0 口将累加器 A 的内容写入外部数据存储单元 3006H，ALE 锁存地址低 8 位信息示意图如图 1.14 所示。

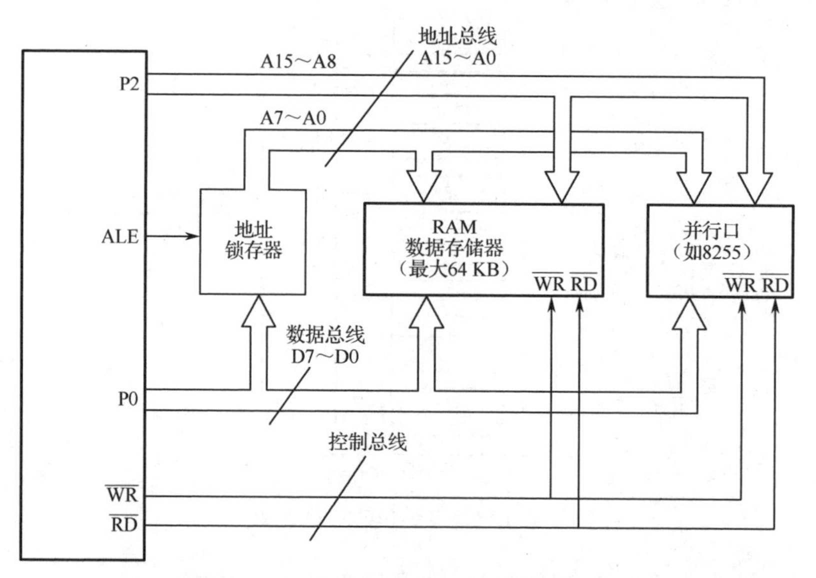

图 1.14　ALE 锁存地址低 8 位信息示意图

1.3.4　单片机时钟源知识

填空题（每空 1 分，共 10 分）

1．STC15W 系列单片机有 2 个时钟源：________和________。

2．STC15W 系列单片机的所有 I/O 端口上电复位后均为准________模式，但 P1.7/XTAL1 和 P1.6/XTAL2 承担外部时钟电路功能时，上电复位后是________。

3．STC15W 系列单片机内部时钟工作频率范围为________ MHz，相当于普通 8051 单片机的________ MHz。

4．可以通过主时钟_______降低系统功耗，利用时钟分频控制寄存器________（PCON2）对时钟进行分频。

5．如果主时钟频率是 24 MHz，那么当设定___________=010 时，CPU 的时钟频率为________ MHz。

1.3.5　单片机最小系统构成

分组任务：绘制单片机最小系统

绘制单片机复位电路、时钟电路原理图，标出相关参数并说明其作用。

单片机最小系统就是指在尽可能少的外部电路条件下，能使单片机独立工作的系统。STC15W 系列单片机集成了 32 KB 的程序存储器、26 KB 的 EEPROM、4 096 字节的 RAM、高可靠复位电路和高精度 R/C 振荡器，在一般情况下，不需要外部复位电路和外部晶振。只需接上电源，并在 VCC 和 GND 之间接上滤波电容 C1 和 C2，即可去除电源线噪声，提高抗干扰能力。

外部复位电路、时钟电路构成的单片机最小系统如图 1.15 所示。

内部高可靠复位电路和高精度 R/C 振荡器构成的单片机最小系统如图 1.16 所示。

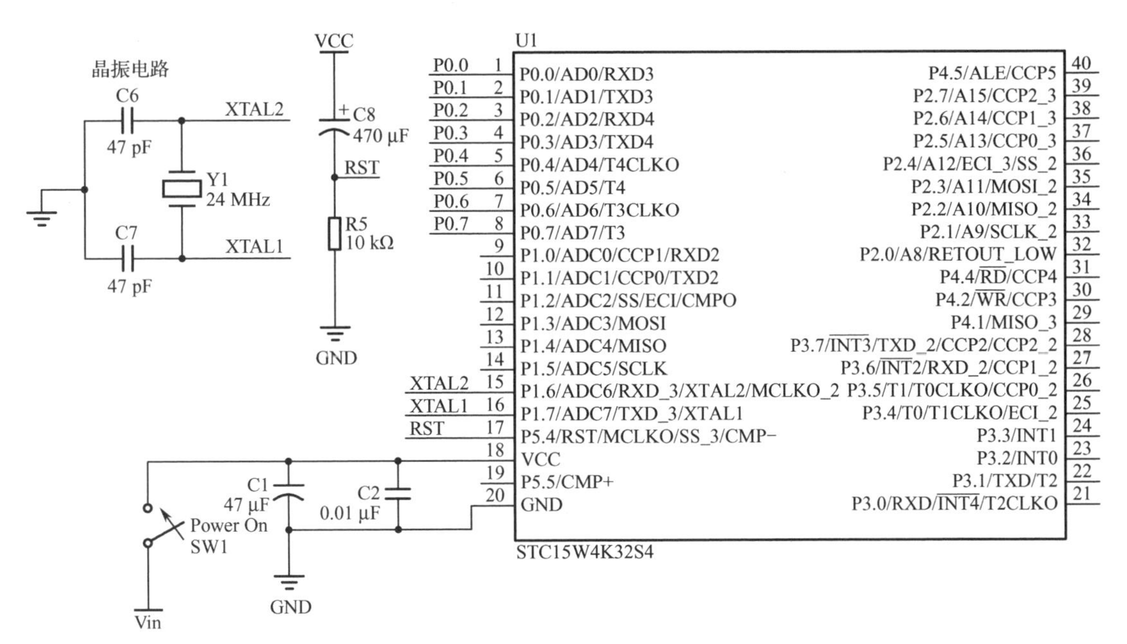

图 1.15 外部复位电路、时钟电路构成的单片机最小系统

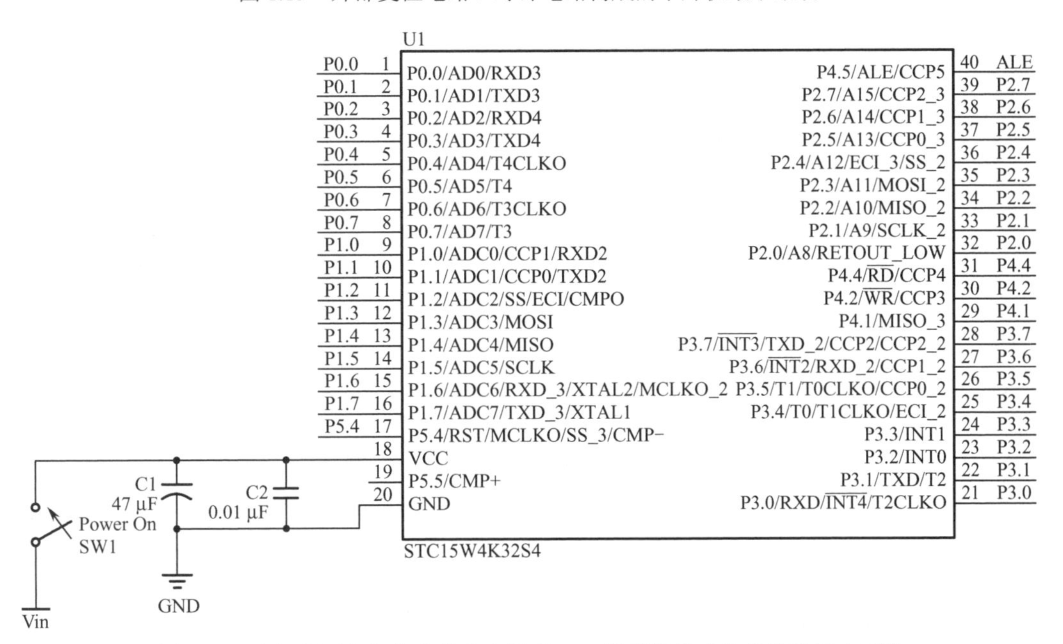

图 1.16 内部高可靠复位电路和高精度 R/C 振荡器构成的单片机最小系统

在 RXD 和 TXD 引脚上选用 USB 转串行口芯片 PL-2303SA，构成 ISP 下载典型应用电路，实现 STC15W 系列单片机在线编程与下载，如图 1.17（a）所示。

也可以在 RXD 和 TXD 引脚上连接 RS232 和 TTL 的转换电路，连接计算机，通过下载工具将用户程序下载到单片机中。RS232 和 TTL 的转换电路如图 1.17（b）所示。

还可以在 RXD 和 TXD 引脚上选用 USB 转串行口芯片 CH340C，构成 ISP 下载应用电路，实现 STC 单片机在线编程，如图 1.17（c）所示。

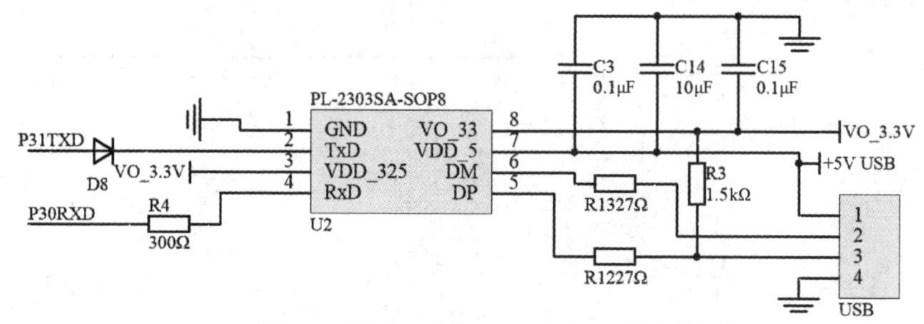

(a) USB转串行口芯片PL-2303SAISP下载应用电路

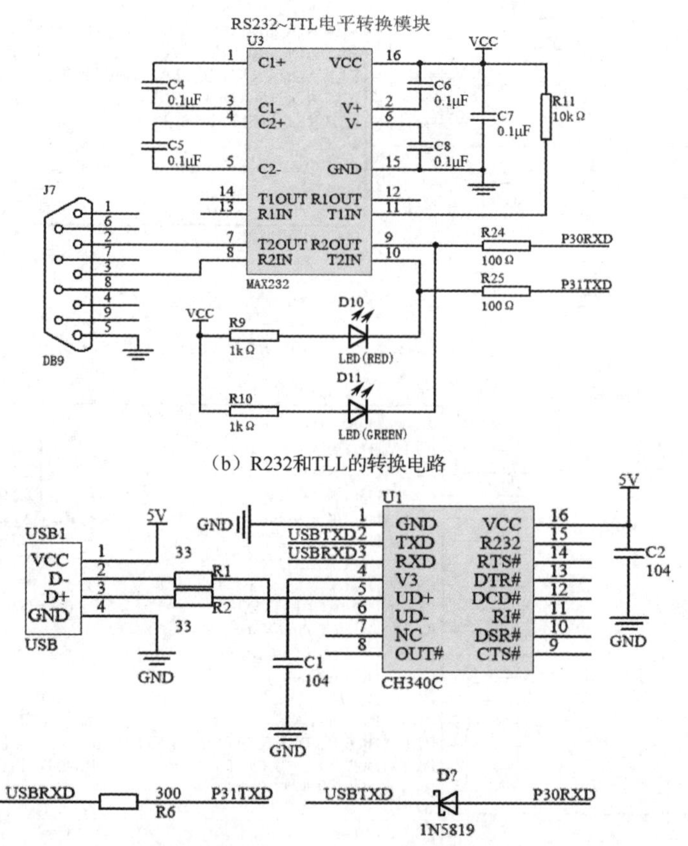

(b) R232和TLL的转换电路

(c) USB转串行口芯片CH340C下载应用电路

图 1.17 ISP 下载典型应用电路

1.3.6 课堂挑战：理解 STC15W 系列单片机结构

思考、回答问题，加深理解 STC15W 系列单片机结构、组成，为后续学习夯实基础。

1．STC15W 系列单片机中的 ACC、PSW、PC、DPTR、SP 主要用来完成什么任务？

2．PDIP40 封装的 STC15W 系列单片机有多少个 8 位并行 I/O 端口，有多少个串行口？地址总线、数据总线各有几位？可以扩展的外部数据存储器空间是多大？

3．STC15W 系列单片机的存储器空间是如何划分的？各自的地址空间是多少？程序存储器空间用于存放什么内容？如何存放？数据存储空间用于存放什么内容？如何存放？

4．绘制 STC15W 系列单片机最小系统。

项目2 借一盏灯点亮心中希望

扫一扫看拓展知识文档：单片机应用系统开发流程

扫一扫看拓展知识文档：算法实现——流程图设计

计算机的输入/输出端口（Input/Output Interface，I/O 端口）是计算机系统中不可缺少的重要组成部分，没有它，计算机只是聪明的“瞎子和哑巴”，既不知道我们要它做什么，又不知道如何把计算机的结果反映出来。为了方便将计算机与各种外部设备连接起来，并且避免计算机陷入与各种外部设备打交道的沉重负担之中，我们需要一个信息交换的中间环节，这个计算机与外部设备之间的交接界面称作 I/O 端口。I/O 端口加上在它基础上编制的 I/O 程序，就构成 I/O 技术。

主板上的 CPU 加上 RAM 才是真正意义上的“脑”，它们具备“记忆”和“思考”的能力，但仅有记忆和思考是不够的，计算机中的 CPU 通过 I/O 端口和外部设备进行沟通。

计算机与外部设备间传送 3 种信息：数据信息、状态信息和控制信息。3 种信息的性质不同，必须加以区分。因此，在 I/O 端口内部，用寄存器存放信息，并赋以不同的地址，即端口地址，以便确定当前传送的信息是哪一类信息。所以，一个外部设备所对应的接口电路可能需要分配几个端口地址。

一般，I/O 接口电路应有以下功能。

（1）数据缓冲：因外部设备的工作速度与微计算机速度不同，所以在数据传送过程中常常需要等待，这就要求在 I/O 接口电路中设置缓冲器，用于暂存数据。例如，74HC245 就是典型的 CMOS 型三态缓冲门电路。

（2）信号变换：计算机使用的是数字信号，有些外部设备需要或提供模拟信号，二者需要通过接口进行变换。计算机通信时，信号常以串行方式进行传输，而计算机内部的信息是以并行方式传输的，这时，I/O 端口必须具有将并行数据转换成串行数据或将串行数据转换成并行数据的功能，如 74LS595、74LS164。

（3）电平转换：计算机的 I/O 信号大都是 RS-232 电平（逻辑 1 电压范围为-3～-15 V，逻辑 0 电压范围为+3～+15 V），而单片机的 I/O 信号是 TTL 电平（逻辑 1 电压范围为≥2 V，逻辑 0 电压范围为≤0.8 V），接口电路要完成电平转换工作。例如，美信（MAXIM）公司的

MAX232 是专为 RS-232 标准串行口设计的单电源电平转换芯片。

（4）传输控制命令和状态信息：计算机与外部设备传输数据时，通常要了解外部设备的工作状态，如外部设备忙、闲，是否有故障等。同时计算机要对外部设备的工作进行控制，这就存在控制命令和状态信息的传输问题，这也由 I/O 接口电路完成。CPU 寻址的是端口，而不是笼统的外部设备。图 2.1 所示为 I/O 端口的基本结构示意图。

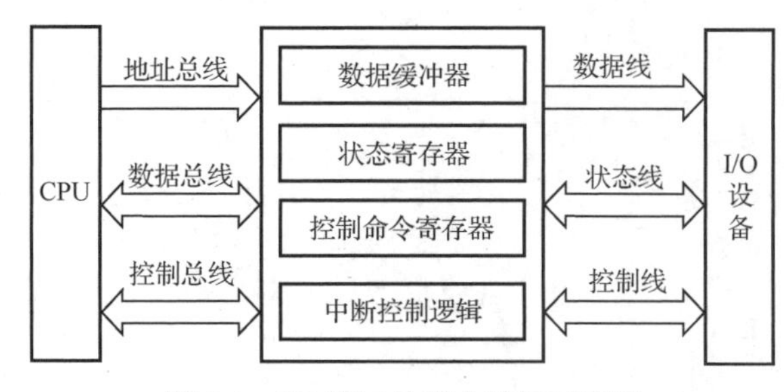

图 2.1　I/O 端口的基本结构示意图

课程思政

灯的演变史

中国现存最早的火把灯具出于战国，在《楚辞・招魂》中有“兰膏明烛，华镫错些”的记录，说明战国时已出现“镫”这个名称了。

古人把“镫”称为灯，应是字义的假借。豆，是商周时期的一种饪食器，用于盛放腌菜、肉酱等，也是古代的礼器，多用青铜、陶瓦所制。而陶豆是目前所能见到的最早的灯具。

在电灯问世以前，人们普遍使用的照明工具是煤油灯或煤气灯。这种灯燃烧煤油或煤气，因此，有浓烈的黑烟和刺鼻的臭味，并且要经常添加燃料、擦洗灯罩，很不方便。

最早使用的电灯是白炽灯，但早在白炽灯诞生之前，英国人汉弗莱・戴维用 2 000 节电池和 2 根碳棒制成了弧光灯，但这种弧光灯亮度太强、产热太多且不耐用，一般场所根本无法使用。

1854 年，移民美国的德国钟表匠亨利・戈培尔用一根放在真空玻璃瓶里的碳化竹丝，制成了首个有实际效用的电灯，持续亮了 400 个小时，不过他并没有及时申请专利。

1874 年，加拿大的 2 名电气技师申请了一项电灯专利：在玻璃泡之下充入氮气，以通电的碳杆发光，但他们没有足够财力继续完善这项发明，于是在 1875 年把专利卖给了爱迪生。爱迪生购入专利后尝试改良灯丝，终于在 1880 年制造出能持续亮 1 200 个小时的碳化竹丝灯。不过，美国专利局判爱迪生的碳丝白炽灯发明落于人后，专利无效。打了多年的官司后，亨利・戈培尔赢得专利，最后爱迪生从戈培尔贫困的遗孀手上买下专利。

20 世纪初期，碳化灯丝被钨丝取代，钨丝白炽灯沿用至今。

1938 年，荧光灯诞生。1998 年，白光 LED 灯诞生。

当今，霓虹灯的运用已经遍布人们生活的各个方面。利用单片机控制器、I/O 接口电路，可以控制霓虹灯按一定的规律不断地改变状态，不仅可以获得良好的观赏效果，还可以利用霓虹灯的图案设计点亮我们筑梦的世界。

学习目标

本章利用单片机 I/O 端口设计霓虹灯电路，编程控制霓虹灯工作，使学生对单片机 I/O 端口应用感知理论到实践的有机联系，以加深“实践是检验真理的唯一标准”认知，为后续课程的学习思路奠定基础。希望通过本项目能达到如表 2.1 所示的学习目标。

表 2.1　学习目标

知 识 目 标	能 力 目 标	情感态度与价值观目标
绘制霓虹灯原理图； 控制霓虹灯； 创意设计：用小小 LED“灯”点亮心中希望	会使用 Proteus 仿真软件绘制单片机最小系统； 会设计、编程控制独立按键； 会使用 Keil uVision 编程软件控制外部设备工作； 会使用基本 I/O 端口	用点亮的“灯”探索科技奥秘； 为中国创造努力学习

任务设计与实现

任务 2.1　绘制霓虹灯原理图

扫一扫看微课视频：Proteus 仿真应用

2.1.1　Proteus 仿真应用

本项目使用 Proteus 仿真开发环境、C51 集成开发环境 Keil uVision5 及与教材配套的学习板进行相关知识学习。

1. Proteus 仿真开发环境简介

Proteus 仿真适用于项目的前期验证及不具备真实硬件工具的场合。用户可在 Proteus 中绘制原理图，编辑、编译、调试代码，并直观地看到仿真结果。

Proteus 是英国 Labcenter 公司研发的嵌入式系统仿真开发软件，基于 ProSPICE 混合模型仿真器和完整的嵌入式系统软/硬件仿真设计平台，如图 2.2 所示。

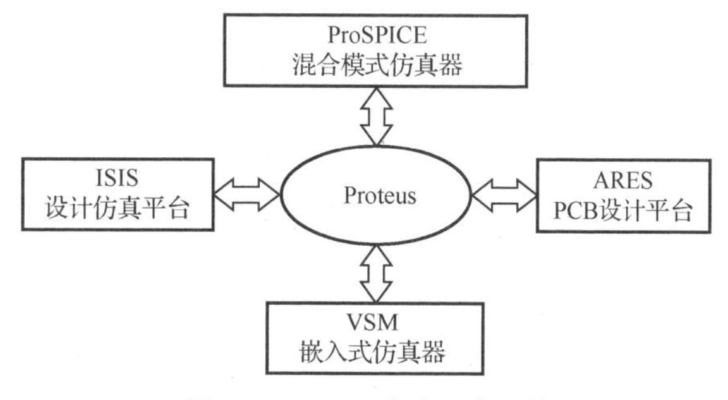

图 2.2　Proteus 仿真开发环境

Proteus 的主要应用程序如下。

ISIS：智能原理图输入系统，系统设计与仿真的基本平台。

ARES：高级布线编辑软件，PCB 设计平台。

目前 Proteus 仿真模型达到 35000 多种，Labcenter 公司还在持续不断地添加。其中，CPU 模型有 ARM7、8051/8052、AVR、HC11、PIC、8086、MSP430。同时，模型库中包含 LED/LCD 显示、键盘、按钮、开关、常用电动机等大量通用外部设备。

单片机系统仿真是 Proteus VSM（虚拟系统模型）的主要特色。从原理图设计、单片机编程、系统仿真到 PCB 设计一气呵成，完成单片机系统的设计，如图 2.3 所示。

2. 开发板下载调试平台

开发板下载调试平台适用于真实的硬件设计、调试。

（1）需要通过串行口或 USB 与计算机相连，如图 2.4 所示。

（2）需要集成开发环境支持选用的单片机。

（3）需要下载工具，将编写的程序下载到真实的 STC15W 系列单片机闪存中。

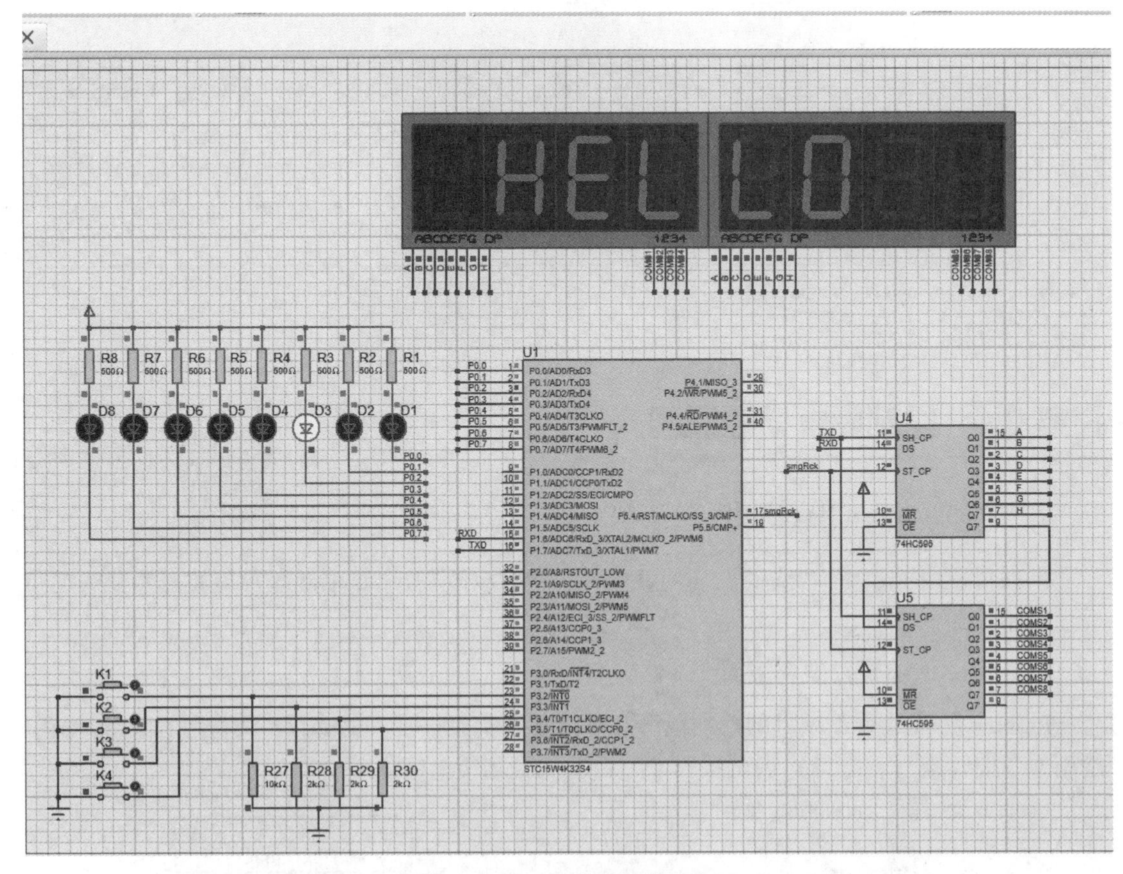

图 2.3　Proteus 仿真开发平台

图 2.4　开发板下载调试平台

3. 绘制霓虹灯原理图

在项目 1 中我们学习了单片机最小系统的构成，现在学习如何使用 Proteus 绘制霓虹灯原理图，如图 2.5 所示。

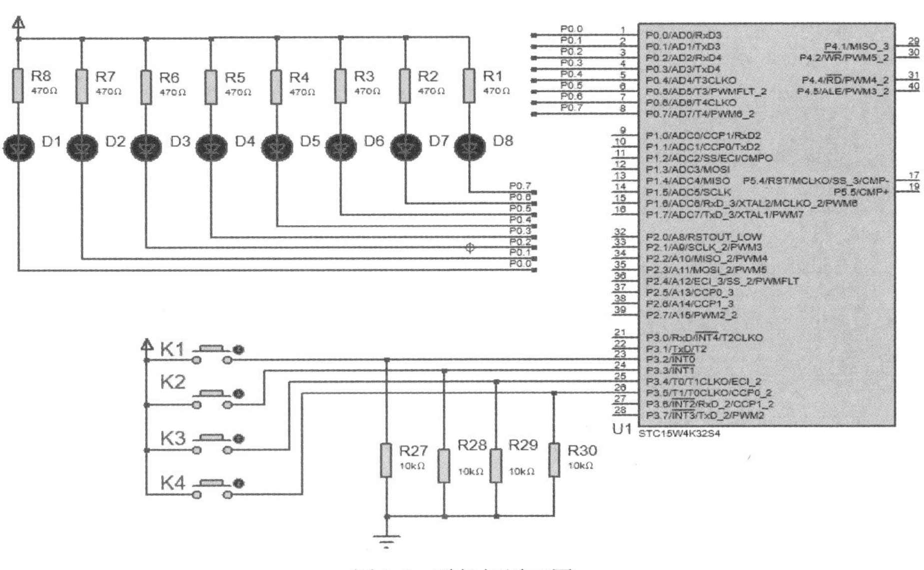

图 2.5　霓虹灯原理图

（1）安装 Proteus8 仿真开发软件。Proteus8 的安装需要到官方网站下载对应版本的安装包，双击安装包后根据安装引导便可以成功安装。为了方便学生共享 Proteus 绘制的原理图，Proteus 仿真开发软件建议安装 Proteus Professional v8.12 SPO 版本。

（2）运行 Proteus 仿真开发环境。Proteus 安装成功后可以通过双击桌面快捷方式打开软件。

（3）进入 Proteus 仿真开发环境运行界面，如图 2.6 所示。在最新版本 Proteus8.12 中，除了增加了更多的器件，Proteus 还做了比较大的改动，包括更美观的界面和人性化操作。

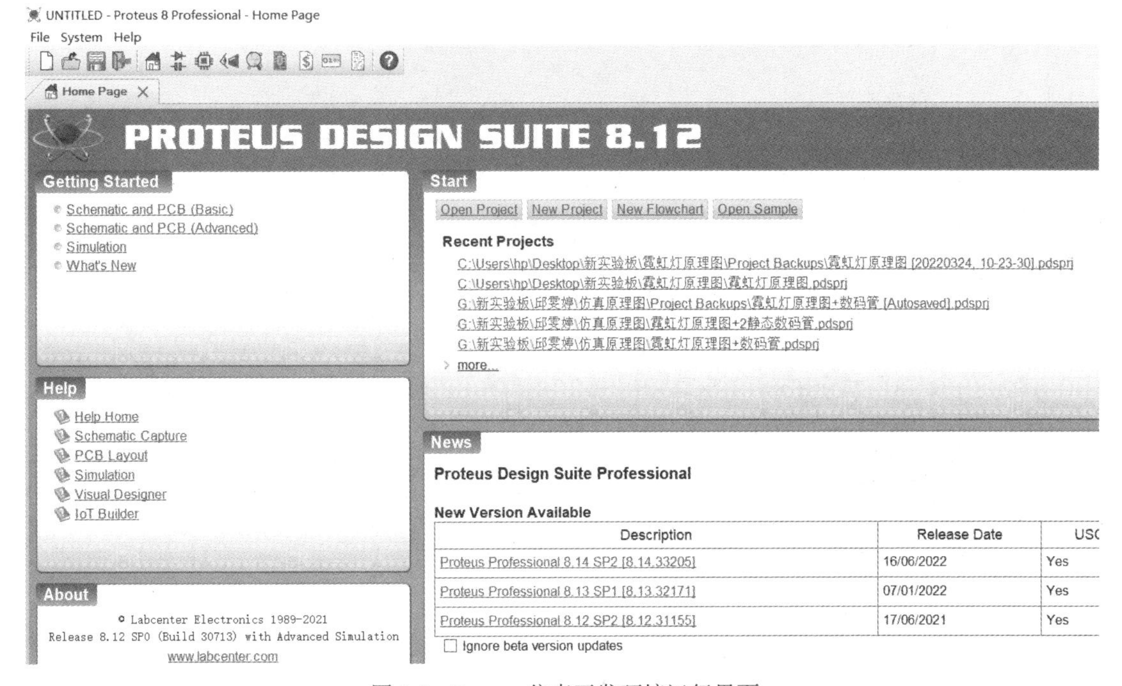

图 2.6　Proteus 仿真开发环境运行界面

（4）创建工程文件。在 Proteus 仿真开发环境运行界面，单击“新建工程”按钮，或者执行“File”→“New”命令，打开“新建工程”对话框，进入新建工程步骤，根据实际情况，填入工程名称“Proj01”并保存在 D 盘（学生可自己选择工程文件存放路径），如图 2.7 所示。

New Project Wizard ? ×
Project Name
Name Proj01.pdsprj
Path F:\单片机\原理图 Browse
New Project From Development Board Blank Project

（a）

New Project Wizard ? ×
Do not create a schematic.
Create a schematic from the selected template.
Design Templates
DEFAULT
Landscape A0
Landscape A1
Landscape A2

（b）

New Project Wizard ? ×
Do not create a PCB layout.
Create a PCB layout from the selected template.
Layout Templates
Arduino MEGA 2560 rev3
Arduino UNO rev3
DEFAULT

（c）

New Project Wizard ? ×
No Firmware Project
Create Firmware Project
Create Flowchart Project
Family
Controller
Compiler Compilers...
Create Quick Start Files
Create Peripherals

（d）

New Project Wizard ? ×
Summary
Saving As: F:\单片机\原理图\Proj01.pdsprj
✓ Schematic
Layout
Firmware
Details
Schematic template: C:\ProgramData\Labcenter Electronics\Proteus 8 Professional\Templates\DEFAULT.DTF
No PCB layout
No Firmware Project

（e）

图 2.7　创建工程文件

成功创建工程文件之后，进入绘制原理图界面，从左到右分别是软件提供的工具栏、元器件设备列表栏和绘图区域，如图 2.8 所示。

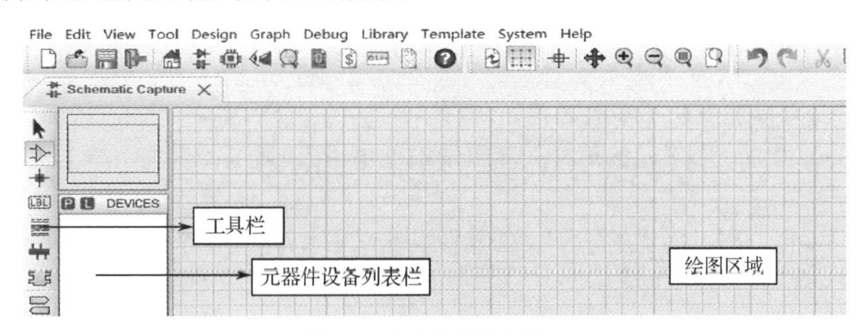

图 2.8　绘制原理图界面

（5）调入元器件及原理图绘制。从 Proteus 的器件库中查找绘制霓虹灯原理图的所有元器件并添加到元器件设备列表栏，以便后续放置对应的元器件和连接导线。首先选中左边工具栏中的指针或元器件模式，然后单击元器件设备列表栏上方的按钮进入“元器件查找”对话框，如图 2.9 所示。

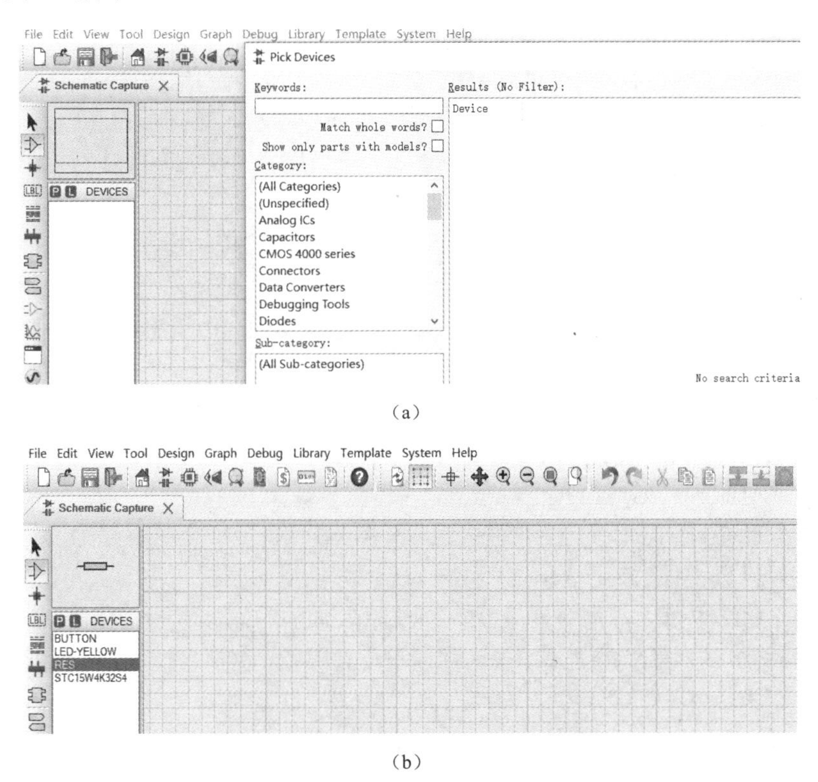

（a）

（b）

图 2.9　调入元器件及原理图绘制

在元器件查找界面，输入元器件名称，在元器件设备列表栏中便会出现查找到 Proteus 软件提供的元器件，单击列表栏中的元器件可以在右边预览框中看到具体的引脚信息和封装尺寸等。需要找到的元器件有 STC15W 系列单片机（可以替代 STC 其他型号单片机）、电阻 RES、LED-YELLOW 和按键 BUTTON 等。找到对应的元器件之后，双击将其添加到元器件设备列表栏，全部元器件被找到之后，关闭元器件查找界面，回到绘制原理图界面。根据霓虹

灯原理图所需元器件，放置元器件到绘图区域并连接导线。绘制完成的原理图如图 2.5 所示。

4. 霓虹灯电路分析

观看绘制好的霓虹灯原理图，分析电阻在电路中的作用及参数选择。

1）上/下拉电阻的作用及参数选择

上拉电阻：将一个不确定的信号（高电平或低电平），通过一个电阻与电源 VCC 相连，固定在高电平。

下拉电阻：将一个不确定的信号（高电平或低电平），通过一个电阻与地 GND 相连，固定在低电平。

上/下拉电阻的作用：一般说法是上拉电阻用于增大电流，下拉电阻用于吸收电流。

限流电阻是指电阻串联于电路中，用于限制所在支路电流的大小，以防电流过大烧坏所串联的元器件。限流电阻也能起分压作用。

（1）如果是驱动 LED，那么限流电阻用 1 kΩ 左右的就行，通常选用 1 kΩ。如果希望亮度大一些，可减小电阻，但是不要小于 300 Ω，否则电流太大；如果希望亮度小一些，可增大电阻，以亮度合适为准，一般来说，超过 3 kΩ 以上时，亮度就很弱了，但是对于超高亮度的 LED，有时候电阻为 10 kΩ 时，亮度也够用。

（2）对于驱动光耦合器，如果是高电位有效，即耦合器输入端接端口和地之间，那么和驱动 LED 的情况是一样的；如果是低电位有效，即耦合器输入端接端口和电源之间，那么除了要串联一个 1～4.7 kΩ 的电阻，上拉电阻可以选得比较大，100～500 kΩ 都行，当然用 10 kΩ 的也可以，但是考虑到省电问题，选大一点比较好。

（3）驱动晶体管分为 PNP 管和 NPN 管两种情况：对于 NPN 管，高电平有效，因此上拉电阻选 2～20 kΩ，具体的要看晶体管的集电极接的是什么负载，对于 LED 类负载，由于发光电流很小，因此上拉电阻可以选 20 kΩ；对于继电器负载，由于集电极电流大，因此上拉电阻最好不要大于 4.7 kΩ，可以选用 2 kΩ。对于 PNP 管，低电平有效，上拉电阻选用 100 kΩ 以上即可，且晶体管的基极必须串联一个 1～10 kΩ 的电阻，其大小要看晶体管集电极的负载。对于 LED 类负载，由于发光电流很小，因此基极串联的电阻可以选用 20 kΩ；对于继电器负载，由于集电极电流大，因此基极电阻最好不要大于 4.7 kΩ。

（4）对于驱动 TTL 电路，上拉电阻选用 1～10 kΩ，电阻太大拉不起来。对于 CMOS 电路，上拉电阻可以选得很大，一般不小于 20 kΩ，通常用 100 kΩ。实际上对于 CMOS 电路，上拉电阻选用 1 MΩ 也可以，但是要注意，当电阻太大的时候，容易产生干扰，尤其是 PCB 的线条很长的时候，这种干扰更严重，在这种情况下，上拉电阻不宜过大，一般要小于 100 kΩ，有时候甚至小于 10 kΩ。

2）限流电阻参数选择

限流电阻=（电源电压−LED 正向稳定电压）/工作电流

若单片机工作电压为 5 V，则属于 TTL 电平。二极管工作电流一般为 10 mA 左右。

$$限流电阻=(5-0.7)/10\times10^{-3}=430\ \Omega$$

通常计算时，LED 正向稳定电压忽略不计，依据市场上的标称阻值，常规选取 470 Ω。

3）霓虹灯控制电路分析

（1）发光二极管 D1～D8 阴极与 P0 口相连，输出驱动二极管发光，其工作模式为准双向口/弱上拉模式。可编程设定 P0M1=0、P0M0=0。发光二极管阳极经过限流电阻 R1～R8 与电源+5V 相接，用灌电流驱动发光二极管。限流电阻选用 300～500 Ω。根据发光二极管的工作性质及电路连接方式，只需编程 P0 口相应的位输出低电平，发光二极管即可发光。

（2）K1～K4 接 P3.2、P3.3、P3.4、P3.5 口，做输入端口使用。电阻 R27、R27、R29、R30 为下拉电阻，将 P3.2、P3.3、P3.4、P3.5 口拉成低电平。无键按下时，P3.2～P3.5 口为低电平，哪一个键被按下，P3.2～P3.5 口的相应位就变为高电平，按键值与 P3 口对应值如表 2.2 所示。

表 2.2 按键值与 P3 口对应值

按键值	P3.7	P3.6	P3.5	P3.4	P3.3	P3.2	P3.1	P3.0
无键被按下（P3==C3H）	1	1	0	0	0	0	1	1
K1 键被按下（P3==C7H）	1	1	0	0	0	1	1	1
K2 键被按下（P3==CBH）	1	1	0	0	1	0	1	1
K3 键被按下（P3==D3H）	1	1	0	1	0	0	1	1
K4 键被按下（P3==E3H）	1	1	1	0	0	0	1	1

2.1.2 霓虹灯原理图分析

扫一扫看文档：霓虹灯电路原理图分析测验题答案

选择题（每题 2 分，共 10 分）

1. 将一个不确定的信号（高电平或低电平），通过一个电阻与电源 VCC 相连，固定在高电平，这个电阻称为________。

A. 上拉电阻　　B. 下拉电阻　　C. 限流电阻　　D. 标准电阻

2. 将一个不确定的信号（高电平或低电平），通过一个电阻与地 GND 相连，固定在低电平，这个电阻称为________。

A. 上拉电阻　　B. 下拉电阻　　C. 限流电阻　　D. 标准电阻

3. 观看霓虹灯原理图，电路中 R27～R30 是________，用来控制按下按键后 P3.2～P3.5 口固定在低电平。

A. 上拉电阻　　B. 下拉电阻　　C. 限流电阻　　D. 标准电阻

4. 用于限制所在支路电流大小的电阻称为________，限流电阻是指电阻串联于电路中，以防电流过大烧坏所串联的元器件。限流电阻也能起分压作用。

A. 上拉电阻　　B. 下拉电阻　　C. 限流电阻　　D. 标准电阻

5. 观看霓虹灯原理图，电路中 R1～R8 是________，通常计算时，LED 正向稳定电压忽略不计，依据市场上的标称阻值，常规选取 330～500 Ω。

A. 上拉电阻　　B. 下拉电阻　　C. 限流电阻　　D. 标准电阻

2.1.3 基本 I/O 端口应用

扫一扫看教学课件：基本 IO 端口应用（键盘设计与控制）

扫一扫看微课视频：基本 IO 端口应用（键盘设计与控制）

分组任务：键盘设计与控制

I/O 设备是数据处理系统的关键外部设备之一，可以和计算机本体进行交互使用，如键盘、写字板、麦克风、音响、显示器等。因此 I/O 设备起到在人与机器之间进行联系的作用。

输出设备（Output Device）把计算或处理的结果或中间结果以人能识别的各种形式（如

数字、符号、字母等）表示出来。常见的输出设备有显示器、打印机、绘图仪、影像输出系统、语音输出系统、磁记录设备等。图 2.5 中的 LED 是输出设备，通过光亮的形式向外界展示。

输入设备（Input Device）把数据、指令及某些标志信息等输送到计算机中，最常用的输入设备是按键。

1. 键盘接口设计

键盘是一组按钮式开关的集合，为了控制系统的运行状态、向系统中输入数据，一般都设置键盘。目前，单片机系统所用键盘有两种：编码键盘和非编码键盘。

编码键盘：每个按键都有固定编码。

非编码键盘：仅由行（独立按键）或行列（矩阵键盘）排成矩阵形式，按键的作用仅是实现简单的接点接通或断开，按键的去抖、键码的产生、串键等均由软件完成，由于非编码键盘经济实用，在单片机应用系统中得到了广泛应用。

1）独立按键

独立按键直接由 I/O 端口构成单个按键电路，其特点是每个按键单独占用一个 I/O 端口，每个按键的工作不会影响其他 I/O 端口的状态。独立按键电路配置灵活、软件结构简单，但每个按键必须占用一个 I/O 端口，占用硬件资源多，适用于较少按键设备。独立按键电路如图 2.10 所示。K1～K4 通过 P3.2～P3.5 口构成 4 个独立按键。在实际应用中，经常使用独立按键，通过单键加 1 完成参数设定工作，随着单片机在应用系统中体积的减小，独立按键得到了广泛应用。

2）矩阵键盘

矩阵键盘又称行列式键盘。例如，4×4 矩阵键盘是用 4 根 I/O 口线作为行线，4 根 I/O 口线作为列线组成的键盘。在行线和列线的每个交叉点上，都设置一个按键。使用 8 根 I/O 口线，可以构成 16 个按键（4×4）。矩阵键盘能够有效提高单片机系统中 I/O 端口的利用率。

当需要多个按键的时候，做成独立按键会占用大量 I/O 端口，这里我们引入矩阵键盘，如图 2.11 所示，使用 P1 口设计 4×4 矩阵键盘，共 16 个按键。键盘的行线和列线分别接在 P1 口的 P1.4～P1.7 及 P1.0～P1.3 上，按键设置在交叉点上。行线和列线分别连接到按键开关的两端。每条行线和列线在交叉点处不直接连通，而是通过一个按键加以连接。矩阵键盘扫描可以通过 2 种方法实现。

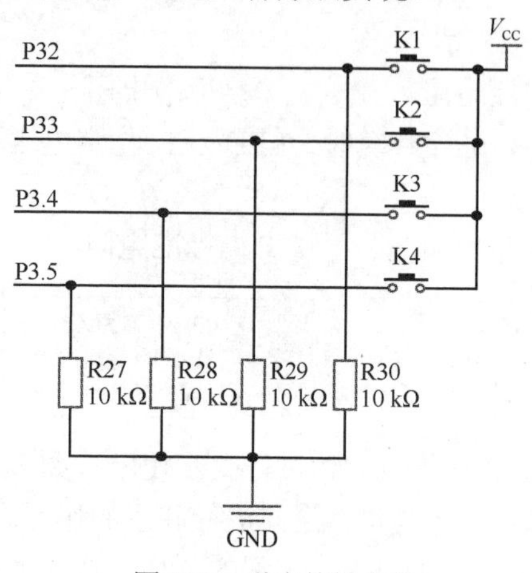

图 2.10　独立按键电路

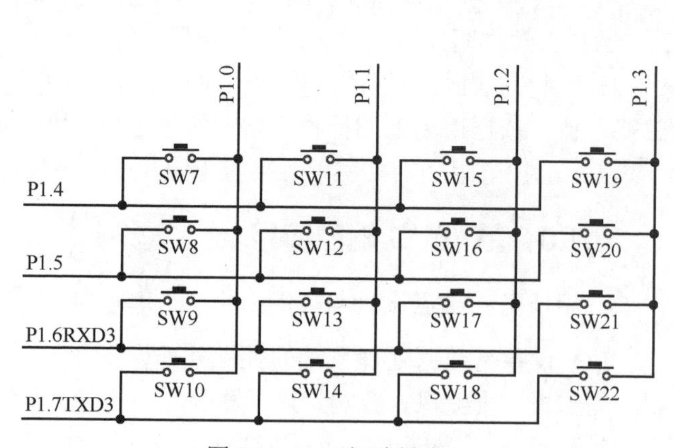

图 2.11　4×4 矩阵键盘

方法1：逐行扫描。P1口高4位P1.4～P1.7轮流输出低电平对矩阵键盘进行逐行扫描，当低4位P1.0～P1.3接收（输入）到的数据不全为1的时候，说明有按键被按下，通过P1口低4位接收到的数据判断是哪一个按键被按下。

方法2：行列扫描。通过P1口高4位输出低电平，P1口低4位输出高电平，当低4位接收到的数据不全为1时，说明有按键被按下，通过接收到的数据判断是哪一列有按键被按下；反过来，高4位输出高电平，低4位输出低电平，通过高4位接收到的数据判断是哪一行有按键被按下，就能确定是哪一个按键被按下。

2. 键盘的工作方式及按键处理

1）键盘的工作方式

键盘的工作方式一般有程序扫描方式和中断扫描方式。程序扫描方式就是CPU每隔一段时间，调用键盘扫描子程序，查看是否有按键被按下，若有，则读取按键值，转去执行按键功能子程序。显然，这种方式要做到无遗漏地读取按键值，如果CPU要处理的事情过多，那么每次调用键盘扫描子程序的时间不能太长，且需要在处理当中多次调用该子程序。

程序扫描方式要求CPU定时扫描键盘，才能及时响应键入的命令或数据。而在应用系统中，并不是经常有按键被按下，导致CPU经常处于空扫描状态。为了提高CPU的利用率，可采用中断扫描方式，即只有在有按键被按下时，才向CPU发出中断申请。CPU响应中断申请后，转向中断服务程序——扫描键盘，求得按键值，观看项目3中P3.2～P3.3口构成的中断扫描方式按键K1和K2。

2）按键处理

（1）按键的抖动及去抖。键盘上的按键大部分是机械式的，机械触点在闭合及断开的瞬间，由于弹性作用的影响，均有抖动过程，从而使电压信号出现抖动，如图2.12所示。抖动时间的长短与按键机械特性有关，一般为5～10 ms。

按键的闭合时间由操作人员的按键动作决定，一般为十分之几秒至几秒，为了保证CPU对按键的一次闭合仅做一次键处理，必须去抖。通常去抖的措施有软/硬件方法。在硬件上采取的措施是在按键的输出端加RS触发器或单稳态电路构成去抖电路，如图2.13所示；在软件上采取按键延时措施，即在检测到有按键被按下时，先执行一个5～10 ms的延时程序，再确认该按键的电平是否仍然保持闭合状态，若仍然保持闭合状态，则确认该按键处于闭合状态，从而去抖，本书采用软件延时实现按键去抖。

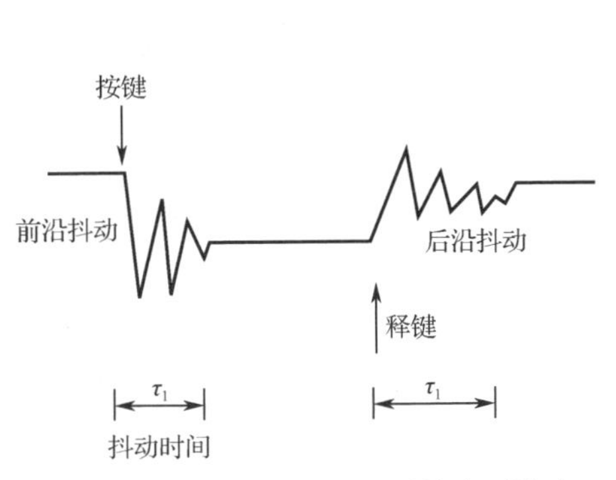

图2.12　按键闭合及断开时的电压波动

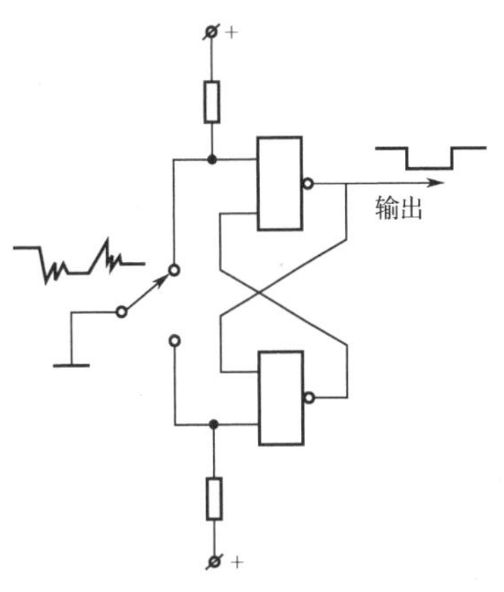

图2.13　去抖电路

（2）串键处理。串键指在有多个按键同时被按下时如何确定输入键值。常用双键锁定及 *N* 键锁定解决。

双键锁定的实现方法：一种是用软件进行扫描，检测出最后释放的按键被认为是所需的按键，并读取键码，常用于软件扫描键盘并译码的场合；另一种是用硬件确保在第一个按键被释放之前，即使第二个按键闭合也不能产生选通信号。这可由内部的延时机构实现，只要第一个按键被按下，该机构就被锁住。

N 键锁定的实现方法：只考虑按下一个按键的情况，在第一个按键被按下或最后一个按键被释放之后产生代码，其他按键不予理睬。这种方法最简单，也最常用，缺点是工作速度较慢。

3. 键盘的操作步骤分析

（1）识键。判断是否有按键被按下（键入）。

首先读取 P3 口的值，若不是 C3H（P3!=0XC3），则可以判断有按键被按下，需要进一步译键，按键扫描程序流程图如图 2.14 所示。

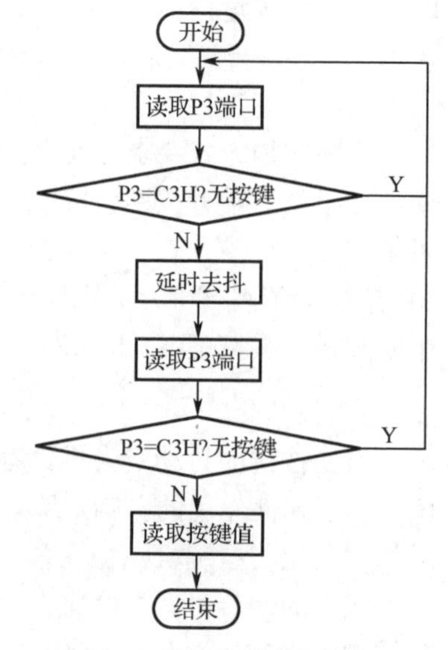

图 2.14　按键扫描程序流程图

（2）译键。在有按键被按下的情况下，进一步识别是哪一个按键，以便进一步处理。

① P3==0XC7 or P3.2==1，K1 被按下；

② P3==0XCB or P3.3==1，K2 被按下；

③ P3==0XD3 or P3.4==1，K3 被按下；

④ P3==0XE3 or P3.5==1，K4 被按下。

（3）按键定义分析。CPU 从键盘中得到键码后究竟执行什么样的操作，完全取决于键盘解释程序（或称为按键定义）。按键通常包括数字键及功能键。功能键又分为单功能键及字符串功能键（多功能键）。按键定义分析是指根据识别的结果，明确相应的按键定义。若是数字键，则应得出输出的数值；若是功能键，则应知道具体的操作要求。

例如，任务 2.2 中的 K1～K4 均为功能键，且按下相应按键后执行 8 个二极管循环左移发光（流水灯）、8 个二极管明暗相间闪烁、8 个二极管前 4 个与后 4 个轮流发光、退出 3 种亮灯模式、全亮功能操作。

2.1.4　绘制霓虹灯原理图并测试电路

扫一扫下载霓虹灯原理仿真图

分组任务

（1）使用 Proteus 仿真绘制霓虹灯原理图，如图 2.5 所示。

（2）霓虹灯电路测试。如果选用真实的、焊接好的学习板，就可以通过静态即不通电测试相关电阻；通过动态即通电测试相关电压完成硬件测试。

使用 Proteus 仿真开发环境绘制的霓虹灯原理图同样可以仿真通电测试原理图绘制是否正确。

① 启动 Keil uVision5 并创建工程项目 ledPro.uvproj。

② 编写一个不执行任何操作的程序 main.c：

```
    void main()
    {
        for(;;)
        {

        }
    }
```

③ 编译生成目标文件 ledPro.hex 并仿真装入单片机程序存储器（工程创建、文件编写参看 2.2.1 节 C51 集成开发环境与霓虹灯控制）。

④ 单击“运行”按钮，可以观察霓虹灯原理图元器件两端的电平状态。例如，P0～P5 口内部有上拉电阻，均呈现红色圆点，表示高电平；P3.2～P3.5 口通过下拉电阻与按键 K1～K4 相连，呈现蓝色圆点，表示低电平。按键另一端接+5 V，呈现红色圆点。发光二极管 D1～D8 阴极与 P0 口相连，呈现红色圆点，其阳极经限流电阻接+5 V，同样呈现红色圆点。其余元器件可依据电路连接分析其端口状态是否正常，如图 2.15 所示。

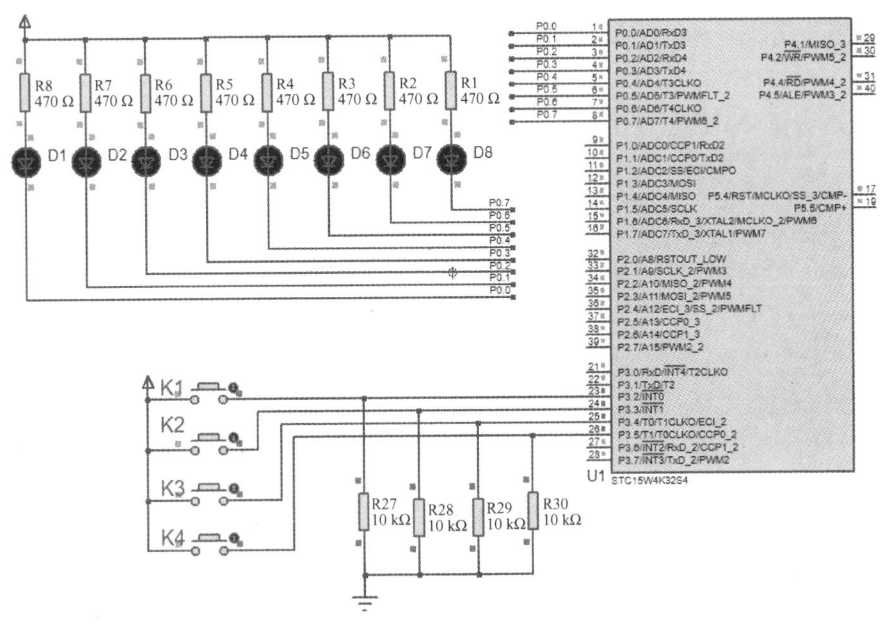

图 2.15　仿真测试电路各端口状态

⑤ 若各元器件端口状态正常，则说明原理图绘制正确，否则，查找出错误点予以修改，直到状态正常。

任务 2.2　控制霓虹灯

2.2.1　C51 集成开发环境与霓虹灯控制

扫一扫看微课视频：C51 集成开发环境介绍

1. C51 集成开发环境 Keil uVision5 介绍

C 语言是一种高级语言，它可以很好地操作底层的硬件接口。在 C 语言的基础上，单片机的端口或特殊功能寄存器定义成头文件，以#include<reg51.h>加载，便可以直接编写，这

就是单片机 C 语言，简称 C51。Keil uVision 5 是美国 Keil Software 公司出品的 51 系列兼容单片机 C 语言软件开发系统。与汇编语言相比，C 语言在功能、结构性、可读性、可维护性上有明显的优势。它包含工程管理、源代码编辑、编译设置、下载调试与模拟仿真等一系列功能，可以将编写的程序编译生成目标文件，并下载至单片机 ROM 中，同时帮助开发人员进行模拟调试，以验证程序的结果，或者找到编程过程中存在的问题。目前，Keil uVision 已发展到 Keil uVision5 版本。

C51 工具包可以完成编辑、编译、连接、调试、仿真等整个开发流程。开发人员可用 IDE 本身或其他编辑器编辑 C 或汇编源文件，分别由 C51 及 C51 编译器编译生成目标文件(.obj)。目标文件可由 LIB51 创建生成库文件，也可以与库文件一起经 L51 连接定位生成绝对目标文件(.abs)。abs 文件由 OH51 转换成标准的 hex 文件，以供调试器 dScope51 或 tScope51 使用，进行源代码级调试，也可以使用仿真器直接对目标板进行调试，或者直接写入程序存储器。

（1）安装 Keil uVision5 开发环境（请查阅相关安装说明）。

需要到官网中下载对应版本的安装包进行安装，根据向导步骤便可以成功安装。

（2）运行 Keil uVision5。

安装成功后双击打开软件，可以看到最上一行是基本工具栏，所有功能都可以在基本工具栏中打开；左边是工程文件状态栏，创建工程、编写项目文件等在工程文件状态栏中可以看到；下边是编译调试信息输出栏，用于显示编写、编译产生的相关信息；中间是程序编写工作区，如图 2.16 所示。

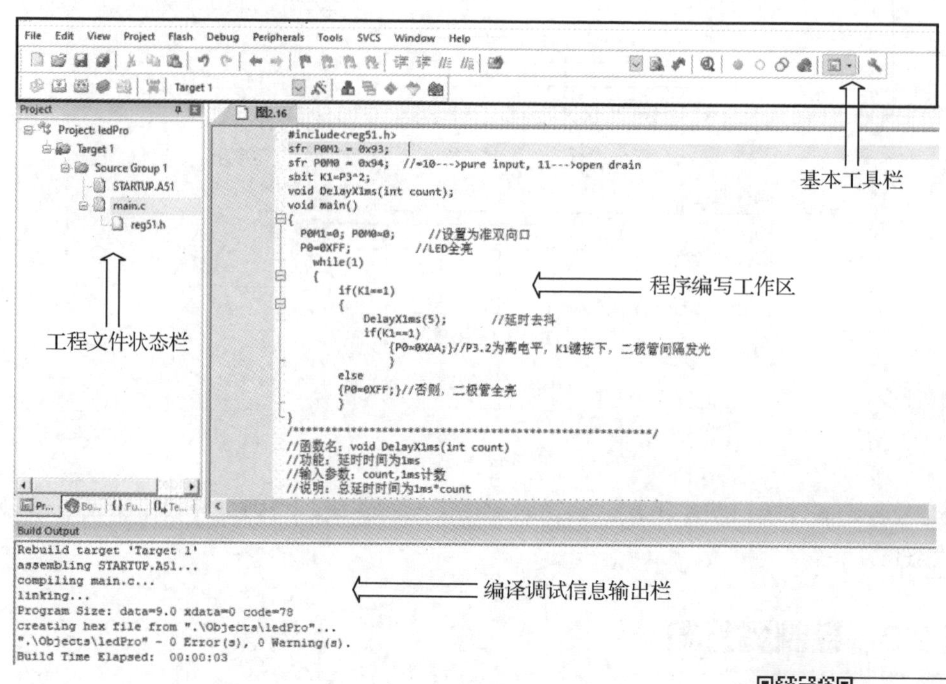

图 2.16 Keil uVision5 运行界面

扫一扫看微课视频：霓虹灯控制程序编写

2. 霓虹灯控制程序编写

以编程控制开机时二极管 D1～D8 发光，按下 K1 时二极管 D1～D8 间隔发光为例，讲解 Keil uVision 5 工程项目创建、程序编写、编译、下载及运行过程。

通过读 P3 口的值［见图 2.17(a)］或判断 P3.2 口的状态［见图 2.17(b)］判断 K1 是否被按下，流程图如图 2.17 所示。

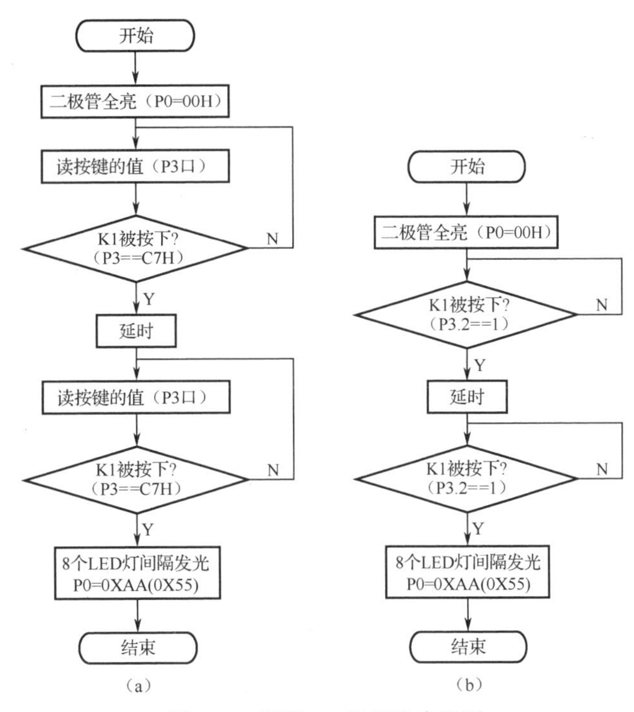

图 2.17　判断 K1 按键值流程图

1）创建霓虹灯控制工程项目

（1）创建一个新的工程。执行“Project”→“NewProject”命令，打开“工程新建”对话框。选择“创建工程举例”文件夹，给工程命名为“ledProj”，并单击“保存”按钮。

（2）芯片型号选择界面。CPU 型号选择界面如图 2.18 所示，找到与 8051 单片机相兼容的型号，如 Atmel/80C32E、AT89C51、AT89C51RD2 或 SST/SST89x52RD、SST89x52RD2 等。这里选择 AT89C51，单击“OK”按钮之后，软件会询问是否拷贝启动文件到工程，单击“OK”按钮，这时就成功创建了一个新的项目工程。

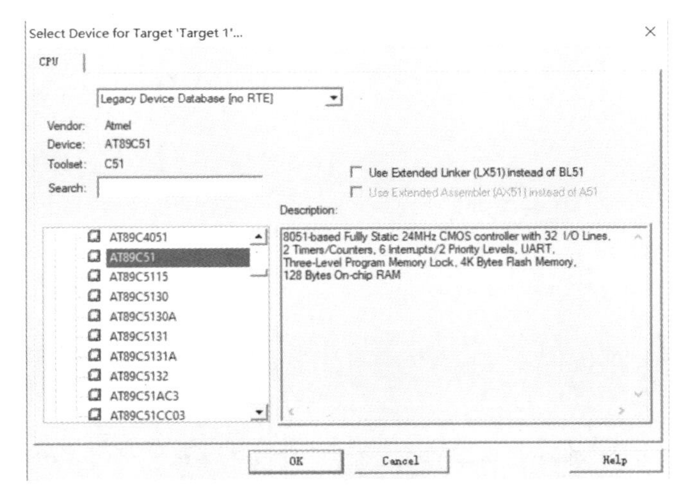

图 2.18　CPU 型号选择界面

2）新建项目文件

新建的项目工程没有 C 代码文件，我们需要自行创建一个空的 C 代码文件。执行“File”→“New”命令，创建一个新文件，保存到创建的 ledProj 工程目录下，并命名为 main.c。

3）添加项目文件至工程项目

在工程文件状态栏中右击“Source Group1”，选择“Add　Existing Files to Group 'Source Group 1'”选项，打开文件搜索框，找到创建的 main.c 文件，添加到 ledProj 工程中，如图 2.19 所示。

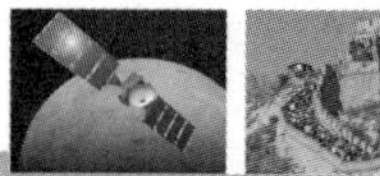

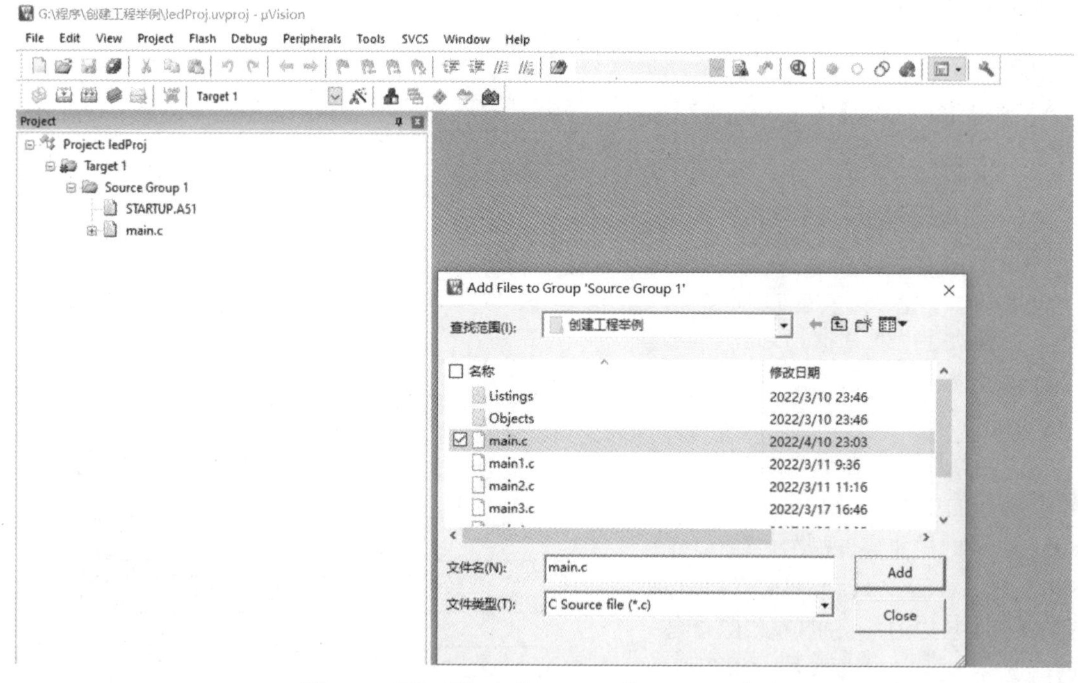

图 2.19　添加项目文件 main.C 到 ledProj 工程中

4）编写程序 main.c

```
 #include <reg51.h>
sfr P0M1 = 0x93;    //P0M1.n,P0M0.n =00--->Standard, 01--->push-pull
sfr P0M0 = 0x94;    //  =10--->pure input,  11--->open drain
sbit K1=P3^2;
void DelayX1ms(int count);
void main()
{
    P0M1 = 0;   P0M0 = 0;             //设置为准双向口
    P0 = 0X00;                        //二极管全亮
    while(1)
    {
        if(K1==1)                     //P3.2 为高电平，K1 被按下
        {
            DelayX1ms(5);             //延时去抖
          if(K1==1)
          {P0 = 0XAA;}                //二极管间隔发光
        }
        else
        {P0 = 0X00;}                  //否则，二极管全亮
    }
}
/*************************************************************/
//函数名：void DelayX1ms(uint count)
//功能：延时时间为 1ms
//输入参数：count，1ms 计数
```

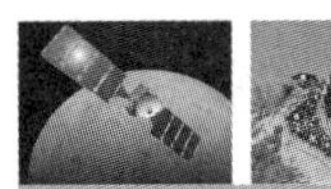

```
//说明：总延时时间为1 ms*count
/*********************************************************/
void DelayX1ms(uint count)      //crystal=12 MHz
{
    uint j;
    while(count--!=0)
    {
        for(j=0;j<72;j++);
    }
}
```

小知识：reg51.h 头文件

reg51.h头文件主要用于声明传统8051单片机21个特殊功能寄存器地址或可位寻址的特殊功能寄存器的位地址。例如，sfr P0=0x90，声明特殊功能寄存器P0在单片机内部数据存储区中的地址为0x90；sfr IE=0xA8，sbit EA=0xAF，声明特殊功能寄存器IE在单片机内部数据存储区中的地址为0xA8，EA位地址为0xAF。

注意：reg51.h头文件中的特殊功能寄存器及位均是大写。

小知识：特殊功能寄存器定义与使用

P0M1、P0M0是STC15W系列单片机中P0口模式配置寄存器0、1，不属于传统8051单片机的特殊功能寄存器，位于STC15W系列单片机内部数据存储区0x93、0x94地址空间，加载reg51.h头文件时，需要定义sfr P0M1=0x93，sfr P0M0=0x94，才可编程设定霓虹灯原理图中P0口工作模式为准双向口/弱上拉模式，P0M1=0，P0M0=0。P3口的P3.2通过下拉电阻与按键K1相连，可位寻址，编程sbit K1=P3^2。

小提示：CPU读程序存储器内容时，程序指针始终是PC+1→PC。在实际应用中，有程序存储空间没有被使用，为防止PC+1→PC指针进入程序存储空间的空闲区域，使用无限循环控制，以保证程序指针在有效空间运行。

```
void main( )
{
    do                 或    while(1)          或    for(; ;)
    {                         {                      {
        ;                         ;                      ;
    }while(1);                }                      }
}
```

小知识：经验验证，如果选用12 MHz晶振，循环语句for(j=0;j<72;j++)执行时间约为1 ms（具体时间计算要将循环语句反汇编）。DelayX1ms总延时时间为1 ms×count（count最大取值为65 536）。

```
void DelayX1ms(uint count)        //crystal=12 MHz
{
```

```
        uint j;
    while(count--!=0)
    {
        for(j=0;j<72;j++);
    }
}
```

小知识：sfr、sbit 使用

sfr 表示特殊功能寄存器，sbit 是字节可位寻址。它们并非标准 C 语言的关键字，是 Keil uVision 5 为能直接访问 8051 单片机中特殊功能寄存器或字节中的位而设置的专用数据类型。

3. 目标文件创建及 Proteus 仿真

1）目标文件创建

程序编写完成之后，下一步是编译。在编译之前，需要通过设置工程属性使软件编译后生成工程二进制文件，该二进制文件就是我们可以直接烧录到单片机中运行的最终目标文件。具体操作是，右击工程文件状态栏中的“Target1”，选择“Options for Target 'Target 1'”选项，进入“工程属性”对话框，选择“Output”选项卡，勾选“Create HEX File”复选框，单击“OK”按钮，如图 2.20 所示。设置完成后，通过右击工程文件状态栏中的“Target1”，选择“Build Target”选项，进行工程编译。若没有出现错误提示，则说明编译成功，可以在工程目录下看到生成了对应的 hex 文件。

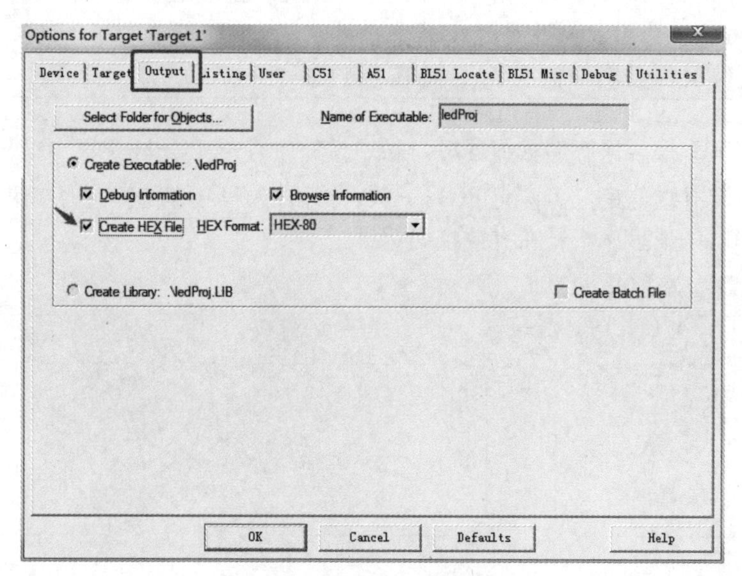

图 2.20　输出生成目标文件

2）Proteus 仿真

在 Proteus 界面，双击单片机，打开“编辑元件”对话框，如图 2.21 所示。在“Program File”中浏览查找到生成的目标文件 ledProj.hex，单击“OK”按钮便可成功将目标文件仿真装入程序存储器，下一步单击 Proteus 左下角的“运行”按钮，启动仿真。可以看到单片机 P0 引脚输出低电平，点亮了 8 个二极管，如图 2.22 所示；按下 K1，8 个二极管间隔发光。

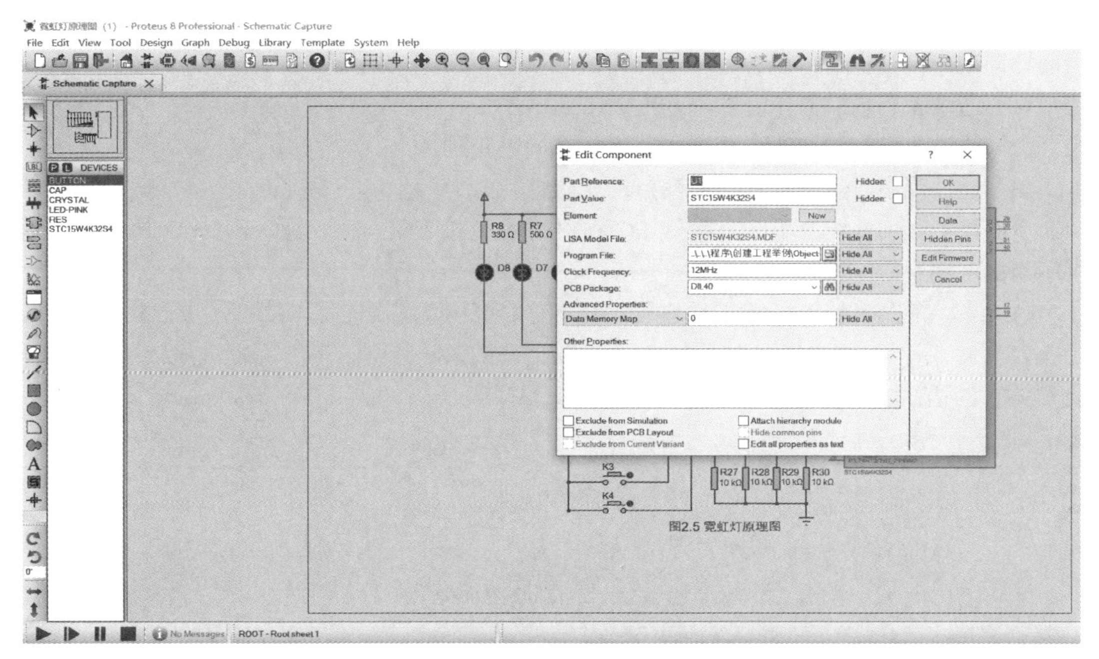

图 2.21　装载运行霓虹灯工作程序

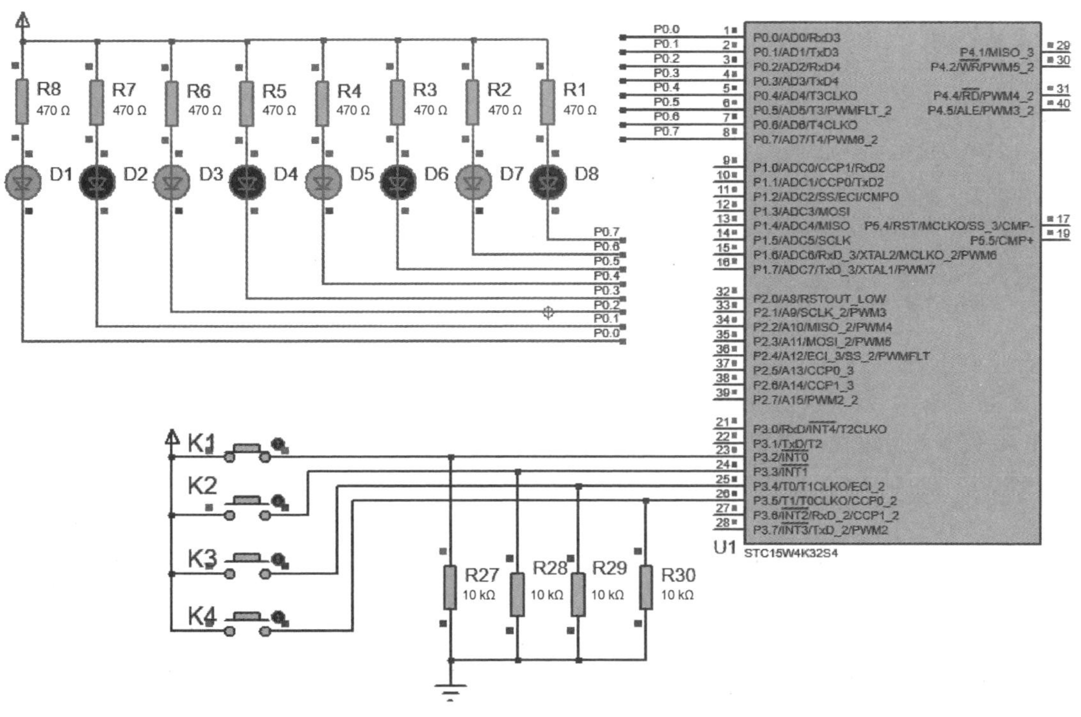

图 2.22　霓虹灯显示效果

4. 模拟调试与效果验证

编写好单片机的程序后可以使用 Keil uVision 5 模拟调试执行结果。这里使用的是模拟调试，并没有在真实硬件上进行调试，这对于需要操作硬件的程序是有限制的，但对于大部分程序依然是比较有效的调试方法。

当程序运行没有出现正确的结果时，我们可以使用 Keil uVision 5 自带的模拟调试功能单步运行调试，检查程序错误。这种模拟调试可以观察以下效果及参数。

（1）通过相关端口操作测试输入/输出的正确性。

（2）通过单步、设置断点测试程序运行方向的正确性。

（3）通过观察对话框查看相关变量的正确性。

下面我们详细介绍开机时二极管 D1～D8 发光，按下 K1 时二极管 D1～D8 间隔发光的程序调试过程。

（1）编写完程序后单击按钮进行编译，有时会出现 C 语言程序编写中的语法错误，如图 2.23（a）所示，这类错误主要是违反了 C 语言的语法规则，需要编程人员依据错误提示及 C 语言的语法规则更正错误，直至出现图 2.23（b）所示的界面。

```
Build Output
compiling main.c...
main.c(16): error C141: syntax error near 'if', expected ';'
main.c - 1 Error(s), 0 Warning(s).
```

（a）Translate 有错误界面提示

```
Build Output
compiling main.c...
main.c - 0 Error(s), 0 Warning(s).
```

（b）Translate 无错误界面提示

图 2.23　Translate 界面提示

小经验： C 语言编写程序后，使用 Translate 编译时，如果出现语法错误，要按错误提示进行相关修改，每修改一个错误就 Translate 一次，有时出现的许多错误提示可能是一个错误造成的。

（2）单击按钮，创建目标文件，同样按错误提示修改直至出现图 2.24 所示的界面，表示已经生成可以执行的二进制文件 IO_LED.hex（又称目标文件）。

```
Build Output
Program Size: data=9.0 xdata=0 code=73
creating hex file from ".\Objects\IO_LED"...
".\Objects\IO_LED" - 0 Error(s), 0 Warning(s).
Build Time Elapsed:  00:00:01
```

图 2.24　Rebuild 创建成功界面显示

（3）单击按钮，出现图 2.25 所示的模拟调试界面，表示当前即将运行的指令，单击按钮，可以单步观看指令执行结果。

```
7  void DelayX1ms(int count);
8  void main()
9  {
10   P0M1=0; P0M0=0;     //设置为准双向口
11   P0=0X00;            //二极管全亮
12   while(1)
13   {
14     if(K1==1)
15     {
16       DelayX1ms(5);    //延时去抖
17       if(K1==1)
18         {P0=0XAA;}//P3.2为高电平，K1被按下，二极管间隔发光
19       }
```

图 2.25　模拟调试界面

（4）当单步运行到图 2.26（1）时，需要打开单片机端口［见图 2.26（2）］，单击 P3.2～P3.5 口，将高电平改写成低电平，表示下拉电阻将 P3.2～P3.5 口拉成低电平，如图 2.26（3）所示。

（5）勾选 P3.2，表示有按键被按下，可以看到 P0 口从 11111111→10101010，即执行了 P0 = 0XAA 操作，如图 2.26（4）所示。

（6）单击 P3.2 口使其变为低电平，表示无按键被按下，可以看到 P0 口从 10101010→00000000，如图 2.26（5）所示。

（7）依据这种调试思路基本可以看到与端口、中断相关的程序运行状态。

（8）如果程序运行状态不对，需要考虑 C 语言语句使用过程中的理解、应用错误。

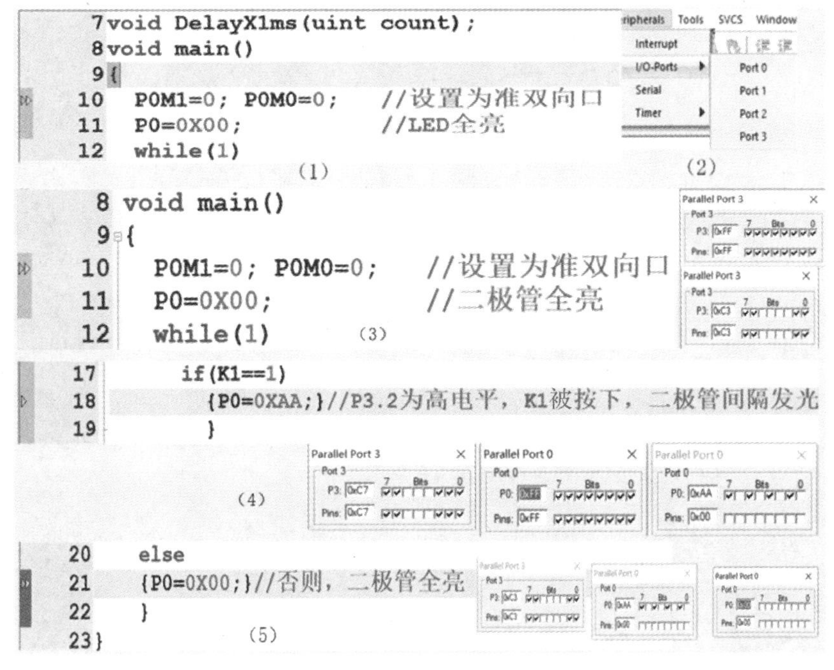

图 2.26　模拟调试过程

2.2.2　独立按键结构与应用

扫一扫看教学课件：独立按键结构与应用

扫一扫看微课视频：独立按键结构与应用

主题讨论：独立按键设计与控制

观看霓虹灯原理图，P3 口的 P3.2～P3.4 构成独立按键 K1～K4。可以通过读 P3 口的值及判断 P3.2～P3.5 的位状态判断是否有按键被按下。程序流程图如图 2.27 所示。

（1）创建工程项目 KeyBoard_scan.uvproj 并选择单片机型号。

（2）新建文件 KeyBoard_scan.c。

扫一扫看文档：独立按键结构与应用代码

（3）添加 KeyBoard_scan.c 文件到工程项目中。

（4）程序编写：

```
#include <reg51.h>
sfr P0M1 = 0x93;    //P0M1.n,P0M0.n =00--->Standard, 01--->push-pull
sfr P0M = 0x94;     //     =10--->pure input,  11--->open drain
sbit K1=P3^2;       //K1 与 P3.2 相连
```

```
sbit K2=P3^3;         //K2与P3.3 相连
sbit K3=P3^4;         //K3与P3.4 相连
sbit K4=P3^5;         //K4与P3.5 相连
int Key;
int key_scanf()       //按键扫描，返回Key键值1、2、3、4
{
    if(P3!=0XC3)
    {
        DelayX1ms(10);        //延时消抖
        if (K1 == 1)
            {Key = 1;}
            else if(K2 == 1)
                {Key = 2;}
            else if(K3 == 1)
                {Key = 3;}
            else if (K4 == 1)
                {Key = 4;}
            return  Key;
            }
}
void display()                //led显示函数
{
    switch(Key)
    {
        case 1: P0 = 0x00;break;
        case 2: P0 = 0xFF;break;
        case 3: P0 = 0x00;break;
        case 4: P0 = 0xFF;break;
    }
}
void DelayX1ms(int count)   //crystal=12 MHz
{
  …                           //查阅相关函数
    }
void display()                //LED显示函数
{
    switch(Key)
    {
        case 1: P0 = 0x00;break;
        case 2: P0 = 0xFF;break;
        case 3: P0 = 0x00;break;
        case 4: P0 = 0xFF;break;
    }
}
void DelayX1ms(int count)   //crystal=12 MHz
{
  …                           //查阅相关函数
    }
```

```
void main ()
{
    P0M1 = 0; P0M0 = 0;          //准双向口
   while(1)
    {
      key_scanf ();
       display();
       }
}
```

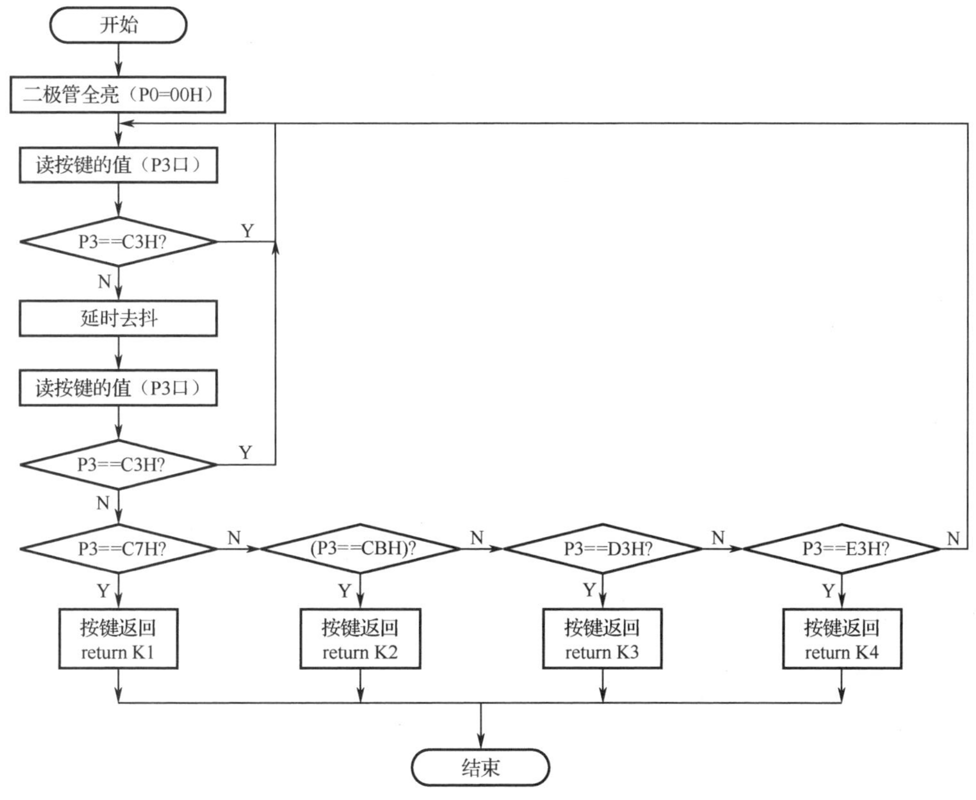

图 2.27　读 P3 口按键值流程图

（5）按键程序测试：为了测试独立按键程序是否响应，在 KeyBoard_scan.c 文件中加入点亮、熄灭霓虹灯 display( )函数，便于使用 Proteus 仿真观看按键执行效果。

① 生成目标文件 KeyBoard_scan.hex。

② 仿真装入霓虹灯程序存储空间。

③ 单击 Proteus 仿真“运行”按钮。

④ 分别按下 K1、K2、K3、K4 观看按键执行效果。

小提示：按键值获取函数 int key_scanf( )可以通过读取 P3 口的值，判断哪一个按键被按下，也可以通过 P3.2～P3.5 相关位的状态判断按键。流程图如图 2.28 所示。

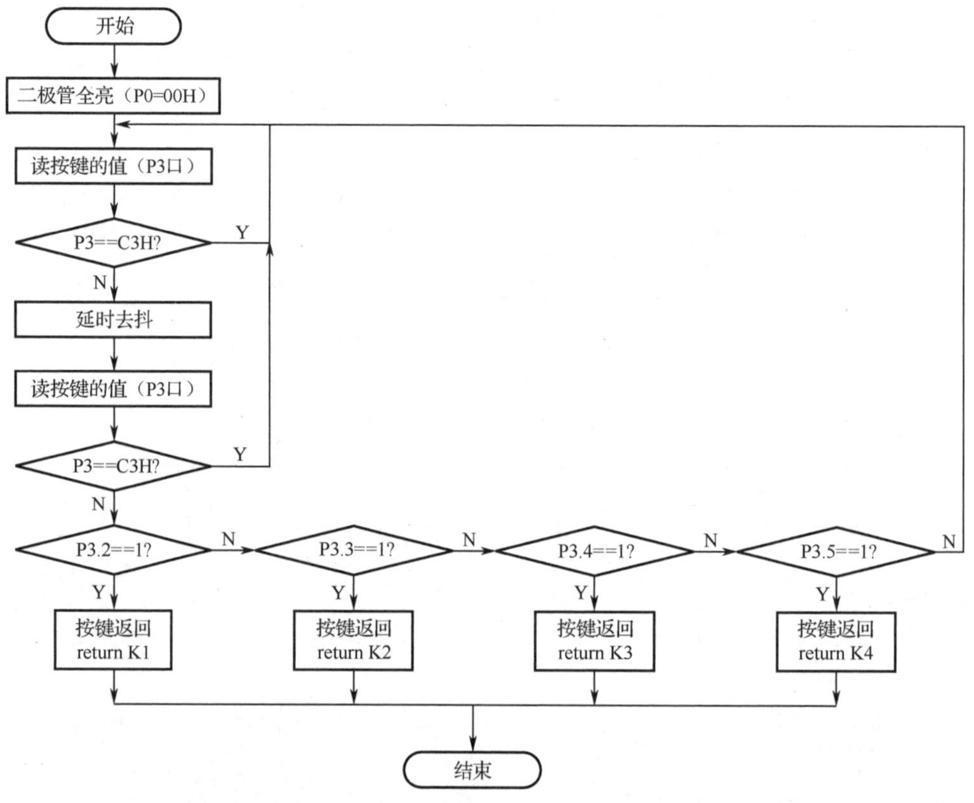

图 2.28 判断 P3.2～P3.5 位状态流程图

2.2.3 霓虹灯控制程序分析

扫一扫看教学课件：霓虹灯控制电路分析与编程

扫一扫看文档：霓虹灯控制程序分析测验题答案

填空题（每空 1 分，共 10 分）

1．观看软件延时程序。

```
void DelayX1ms(int count)            //crystal=12 MHz
{
  int j;
  while(count--!=0)
  {
    for(j=0;j<72;j++);
  }
}
```

软件延时函数中 count 的取值范围是________，函数的最大延时时间是________。

2. P3 口的 P3.3 通过下拉电阻与按键 K2 相连，应编程 sbit　K2=________，K2 被按下时，P3.3==________。

3．观看霓虹灯原理图，如果没有按键被按下，那么 P3==0X________；K4 被按下时，P3==0X________。

4．TTL 电平信号规定，+5 V 等价于逻辑“________”，0 V 等价于逻辑“________”（采用二进制来表示数据时）。这样的数据通信及电平规定方式，被称为 TTL（晶体管-晶体管逻辑电平）信号系统。

5. 观看霓虹灯原理图，如果控制二极管 D1～D4 亮，D5～D8 灭，那么应编程 P0=0X________；如果控制二极管 D1～D8 全灭，那么应编程 P0=0X________。

2.2.4　控制霓虹灯

扫一扫看文档：控制霓虹灯代码

1. 分组任务

观看霓虹灯原理图，编程控制霓虹灯实现 3 种亮灯模式。

（1）按下 K1，8 个二极管循环左移发光（流水灯）。

（2）按下 K2，8 个二极管明暗相间闪烁。

（3）按下 K3，8 个二极管前 4 个与后 4 个轮流发光。

（4）按下 K4，退出 3 种亮灯模式，全亮。

（5）学习使用 C51 集成开发环境 Keil uVision5 模拟调试。

2. 各功能函数设计思路及代码编写

观看霓虹灯原理图，P0 口做输出，外接 8 个二极管；P3.2～P3.5 口做输入，外接 4 个按键，P0 口为准双向口。

依据 C 语言学习基础及我们对霓虹灯原理图的理解，分别编写二极管循环左移发光（流水灯）函数 void led_left()、二极管明暗相间闪烁函数 void Lightshade()、二极管前 4 个与后 4 个轮流发光函数 void Baata()、按键值获取函数 int key_scanf()，并通过主函数调用，控制霓虹灯实现 3 种亮灯模式。

（1）二极管循环左移发光（流水灯）函数 void led_left()：

```
void led_left()//二极管循环左移发光
{
    while(1)
    {
        P0=0X7F;if(P3==0XE3) break;//01111111
        DelayX1ms(1000);//延时 1000ms
        P0=0XBF;if(P3==0XE3) break;//10111111
        DelayX1ms(1000);
        P0=0XDF;if(P3==0XE3) break;//11011111
        DelayX1ms(1000);
        P0=0XEF;if(P3==0XE3) break;//11101111
        DelayX1ms(1000);
        P0=0XF7;if(P3==0XE3) break;//11110111
        DelayX1ms(1000);
        P0=0XFB;if(P3==0XE3) break;//11111011
        DelayX1ms(1000);
        P0=0XFD;if(P3==0XE3) break;//11111101
        DelayX1ms(1000);
        P0=0XFE;if(P3==0XE3) break;//11111110
        DelayX1ms(1000);
        }
}
```

小提示：观察函数 void led_left( )，P0=0X7F→Delay(1000)→P0=0XBF→Delay(1000)…达到左移目的，简单明了，但占用程序空间，可以通过左移指令及左移函数完成该功能。

小经验：根据人眼视觉暂留现象，二极管亮→灭→亮需要 25 ms 以上时间，这里我们使用软件设计函数 DelayX1ms( )，延时 1 s。

为了保证霓虹灯始终保持左移效果，函数中加了无限循环语句 while(1){ }，此时需要使用按键干预，跳出无限循环。

（2）二极管明暗相间闪烁函数 void Lightshade():

```
void Lightshade()                //二极管明暗相间闪烁
{
    while(1)
    {
        P0=0XAA;                 //10101010
        DelayX1ms(1000);
        P0=~P0;                  //01010101
        DelayX1ms(1000);
        if(P3==0XE3) break;
    }
}
```

（3）二极管前 4 个与后 4 个轮流发光函数 void Baata():

```
void Baata()                     //二极管前 4 个后 4 个轮流发光
{
     while(1)
    {
        P0=0XF0;if(P3==0XE3) break;
        DelayX1ms(1000);
        P0=0X0F;if(P3==0XE3) break;
        DelayX1ms(1000);
         }
}
```

（4）按键值获取函数 int key_scanf():

```
int key_scanf()             //按键扫描，返回 Key 按键值
{
    见独立按键设计
}
```

小提示：按键值获取函数需要返回具体按键值，函数数据类型不能定义成 void。例如，定义返回值为整形 int key_scanf(){}，也可以定义为字符型 char key_scanf(){}。函数的数据类型定义与返回值相关。

3. 主程序设计流程

霓虹灯控制主程序流程图如图 2.29 所示。首先，点亮所有二极管，然后判断按键，并依

据任务要求执行相应功能。

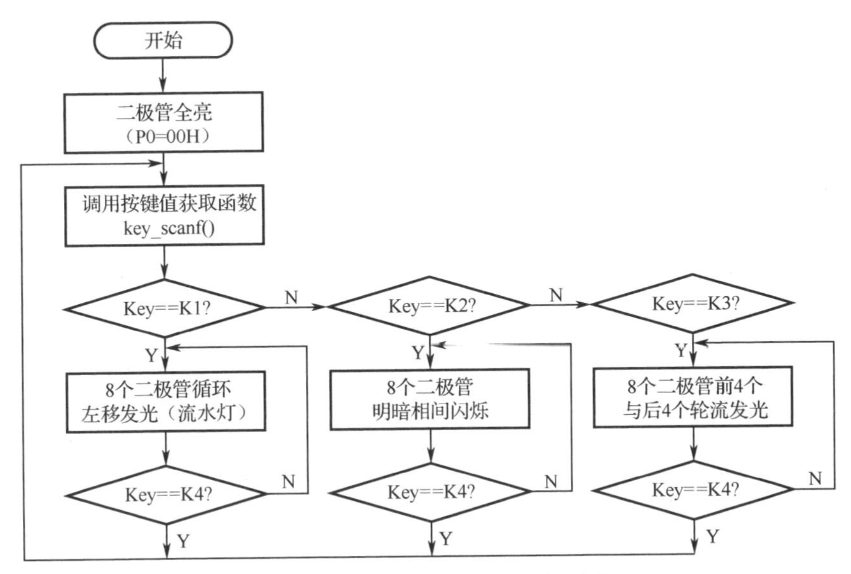

图 2.29　霓虹灯控制主程序流程图

4. 工程创建及程序设计

（1）创建工程项目 IO_LED.uvproj 并保存到 IO_LED 文件夹中。

（2）新建文件另存至 IO_LED 文件夹并命名为 IO_LED_byte.C。

（3）编写输入代码：

```
#include<reg51.h>
sbit K1=P3^2;//K1
sbit K2=P3^3;//K2
sbit K3=P3^4;//K3
sbit K4=P3^5;//K4
#define uchar unsigned char//无符号字符型
#define uint unsigned int  //无符号整型
uchar data Key;              //定义无符号变量 Key，存放在单片机内部数据存储区中
//以下为函数声明
void led_left() ;                      //二极管循环左移发光
void Lightshade();                     //二极管明暗相间闪烁
void Baata();                          //二极管前 4 个与后 4 个轮流发光
void DelayX1ms(uint count);            //延时函数
int key_scanf();                       //按键值获取返回 K1、K2、K3、K4
void main()
{
        do
        {
            P0=0X00;
            key_scanf();
            if(Key==1){led_left();}
            if(Key==2){Lightshade();}
            if(Key==3){Baata();}
```

```
            }while(1);
    }
    int key_scanf()
    {
        输入按键值获取详细指令
      }
    void led_left()
    {
      输入二极管循环左移发光详细指令
        }
    void Lightshade()
    {
        输入二极管明暗相间闪烁详细指令
        }
    void Baata()
    {
        输入二极管前 4 个与后 4 个轮流发光详细指令
        }
    void DelayX1ms(uint count);     //延时函数
    {
        输入延时函数详细指令
    }
```

小经验：#define 宏定义

优点一，方便程序修改。可用宏代替一个在程序中经常使用的常量，当常量改变时，不用对整个程序进行修改，只需修改宏定义的字符串即可。

优点二，当常量比较长时，可以用较短、有意义的标识符来编写程序，方便简洁。

```
#define uchar unsigned char        //无符号字符型
#define uint unsigned int          //无符号整型
```

小提示： 程序设计时，通常将主程序布局在最前面，主程序中调用的函数需要在主程序之前声明，且只需声明函数名称、函数类型及形参类型，不需要写出整个函数体。具体函数体放在主函数后面。

5. 目标文件创建及调试

（1）单击按钮，进行 C 语言语法错误检查。

（2）单击按钮，创建目标文件，生成可以执行的二进制文件 IO_LED.hex（又称目标文件）。

（3）调试。

① 通过 C51 集成开发环境 Keil uVision5 进行模拟程序调试，观察按下 K1～K4 时二极管的亮灯效果。

② 将生成的目标文件 IO_LED.hex 下载至 Proteus 绘制的霓虹灯原理图中的单片机 ROM 中，在 Proteus 仿真界面观看按下 K1～K4 时二极管的亮灯效果。

6. **仿真运行**

分别用函数 Pattern_1( )、Pattern__cror_( )替代函数 led_left()，仿真观看运行结果。

（1）程序（左移指令）：

```
void Pattern_1()              //模式一：流水灯，左移，从 P0.7 到 P0.0，时间间隔 1 s
{
    while(1)
    {
        uchar a;
        P0=0X7F;
        for(a=0;a<8;a++)
        {
           if(P3==0XE3) break;        //检测 K4 是否被按下
           P0=~(0X80>>a);             //每次右移 a 位后取反赋值给 P0
           DelayX1ms(1000);
                }
            if(P3==0XE3) break;       //检测 K4 是否被按下
        }
}
```

（2）程序（左移函数）：

```
#include <reg51.h>
#include <intrins.h>
#define led P0
void Pattern__cror_()              //左移函数，从 P0.7 到 P0.0，时间间隔 1 s
{
    char i;
    led=0x7f;
    for(i=8;i>=1;i--)
    {
        DelayX1ms(1000);
        led=_cror_(led,1);
    }
}
```

小提示： _crol_ 字符循环左移、_cror_ 字符循环右移在<intrins.h>文件中定义，所以要加入#include<intrins.h>。

任务 2.3　创意设计：用小小 LED“灯”点亮心中希望

我们每个人都需要鼓励，鼓励就像一盏明灯，可以点亮心中希望。让我们学会点亮小小 LED“灯”，去探索单片机应用技术的奥秘，发现更多有趣、有用的知识，提高我们的专业素养吧！

扫一扫看教学课件：程序设计算法与调试

扫一扫看微课视频：程序设计算法与调试

扫一扫看微课视频：模块化程序设计

2.3.1 模块化程序设计

模块化是指解决一个复杂问题时，自顶向下逐层把系统划分成若干模块的过程。每个模块完成一个特定的子功能，所有的模块按某种方式组装起来，成为一个整体，完成整个系统所要求的功能。模块化编程可以将复杂任务分解为若干子任务，重复使用的程序段，对其进行独立设计，可以重复执行，节省程序存放空间，如图 2.30 所示。

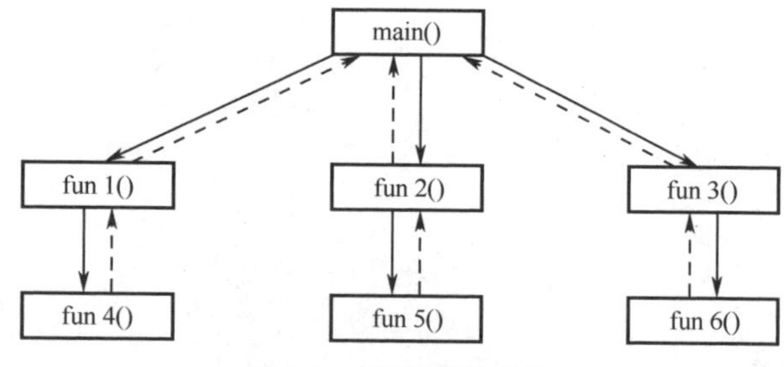

图 2.30　程序模块结构

1. C 语言模块化程序设计

（1）模块是一个.c 文件和一个.h 文件的结合，头文件（.h）中包括对于该模块接口函数、变量的声明。

（2）模块一般至少由一个 main.c、fun.c、fun.h 文件组成。程序功能较多时，可将 fun.c 文件再划分。

（3）模块提供给其他模块调用的外部函数及数据需要在头文件中以 extern 关键字声明。

（4）模块内的函数和全局变量需要在.c 文件开头以 static 关键字声明。

（5）永远不要在头文件中定义变量。

（6）定义变量和声明变量的区别在于定义会产生内存分配的操作，是汇编阶段的概念；而声明只是告诉包含该声明的模块在连接阶段从其他模块中寻找外部函数和变量。

2. 模块化程序设计举例

现在，我们将 3 种亮灯模式程序改写成模块化程序。

（1）新建文件夹 Proj_led_glisten，创建工程 Proj_led_glisten。

（2）创建主函数 main.c。

（3）创建头文件 fun.h。

（4）可以将 3 种亮灯函数及按键值获取函数集成在一起命名为 fun.c，fun.c 可以依据需要再划分。

```
main.c
#include <reg51.h>
#include"fun.h"
void main()
{
   do
   {
     key_scanf ();
      P0=0X00;
      switch(Key)
      {
       case 1:led_left();break;      //K1，二极管循环左移发光(流水灯)
       case 2:Lightshade();break;   //K2，二极管明暗相间闪烁
       case 3:Baata();break;        //K3，二极管前 4 个与后 4 个轮流发光
```

```
        case 4:break;                    //K4，退出亮灯模式;
            }
        }while(1);
}
```

fun.h：

```
#ifndef FUN_H
#define FUN_H                  //后面的 FUN_H 只是个名字，习惯上会取跟文件名相同的名字
                               //如 _FUN_H_ 或 FUN_H  或 _FUN_H 等都行
#define uchar unsigned char
#define uint unsigned int
sbit K1=P3^2;
sbit K2=P3^3;
sbit K3=P3^4;
sbit K4=P3^5;
extern uchar data Key ;
void DelayX1ms(uint count);        //延时函数
void led_left();                   //二极管循环左移发光(流水灯)函数
void Lightshade();                 //二极管明暗相间闪烁函数
void Baata();                      //二极管前 4 个与后 4 个轮流发光函数
int key_scanf ();                  //按键值获取函数
#endif
```

fun.c：

```
#include <reg51.h>
#include"fun.h"
void led_left()                    //模式一：流水灯，从 P0.7 到 P0.0，时间间隔 1 s
{
    P0=0XFE;
    while(1)
    {
        …
    }
}
void Lightshade()                  //按下 K1，二极管循环左移发光（流水灯）
{
    while(1)
    {
        …
        }
}
void Baata()                       //按下 K2，二极管明暗相间闪烁
{
    …
   }
int key_scanf ()                   //按键扫描，返回 Key 按键值
{
```

```
        …
    }
void DelayX1ms(uint count)      //crystal=12 MHz
{
    …
}
```

小提示： 书中函数名相同的函数，其功能、指令相同。只要引用，可到书中有详细指令的位置拷贝、输入。

（5）模块化设计界面如图 2.31 所示。

（6）编译、下载程序运行可以看到相同的二极管亮灯效果。

```
Project
Project: Proj_led_glisten
  Target 1
    Source Group 1
      STARTUP.A51
      main.c
        fun1.h
        reg51.h
      fun.c
        fun1.h
        reg51.h

fun.c  main.c  fun1.h
1  #include <reg51.h>
2  #include"fun1.h"
3  void main()
4  {
5    do
6    {
7      key_scanf();
8      P0=0X00;
9      switch(Key)
10     {
11       case 1:led_left();break;      //K1,二极管循环左移发光(流水灯)
12       case 2:Lightshade();break;    //K2,二极管明暗相间闪烁
13       case 3:Baata();break;         //K3,二极管前4个与后4个轮流发光
14       case 4:break;                 //K4,退出亮灯模式;
15     }
16   }while(1);
17 }

Build Output
    SYMBOL:  KEY
    MODULE:  .\Objects\fun.obj (FUN)
    ADDRESS: 0845H
Program Size: data=10.0 xdata=0 code=248
creating hex file from ".\Objects\Proj_led_glisten"...
".\Objects\Proj_led_glisten" - 0 Error(s), 8 Warning(s).
Build Time Elapsed:  00:00:05
```

图 2.31　模块化设计界面

2.3.2　模块化编程方法

扫一扫看教学课件：模块化编程方法

分组任务：观看霓虹灯原理图

（1）将 2.2.4 节设计的 3 种亮灯模式程序修改成模块化程序，要求二极管循环左移发光使用左移函数，调用按键值获取程序。

（2）用其余的单片机端口，设计你心中的霓虹灯并点亮它。

参考程序：2.3.1 节的模块化程序设计举例。

扫一扫看教学课件：矩阵键盘设计

2.3.3　矩阵键盘设计

扫一扫看文档：矩阵键盘设计代码

主题讨论：矩阵键盘控制

与独立按键相比，矩阵键盘相同数量端口的键盘数量多出了一倍，而且线数越多，区别越明显。项目设计需要较多的键盘功能时可以采用矩阵键盘。

1. 矩阵键盘获取流程

观看如图 2.11 所示的 4×4 矩阵键盘。P1.4～P1.7 做行输出，P1.0～P1.3 做列输入。确定

矩阵键盘上哪一个按键被按下采用“行扫描法”，又称逐行（或列）扫描查询法，程序设计流程图如图 2.32 所示。

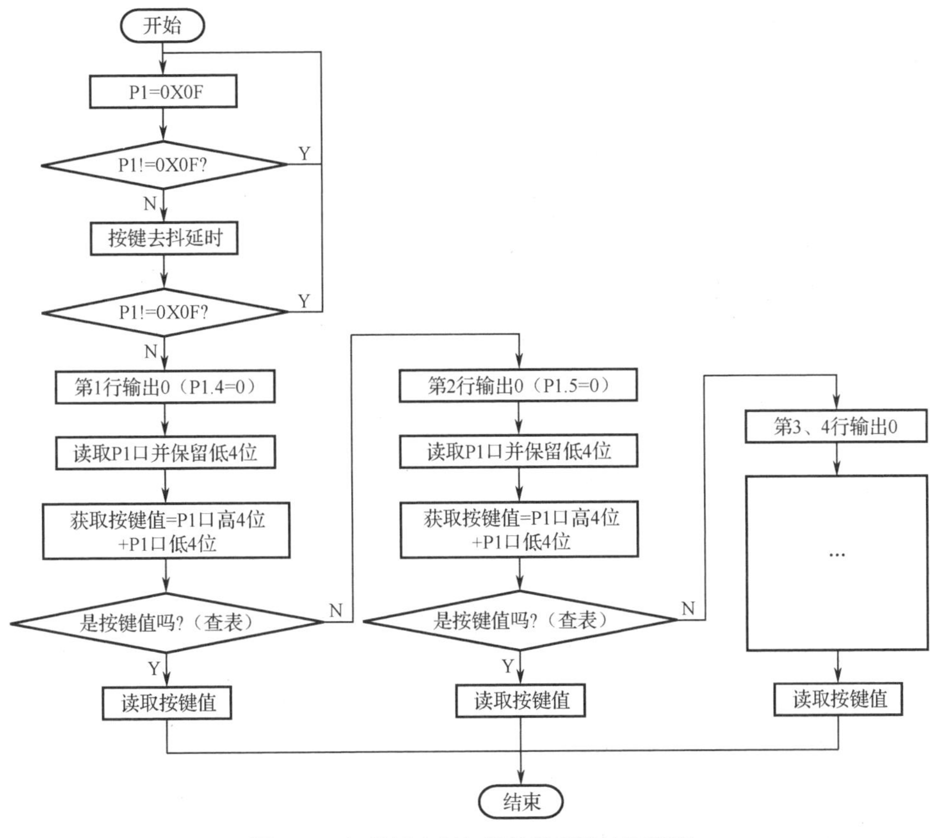

图 2.32 矩阵键盘行扫描法程序设计流程图

（1）识键。判断键盘中有无按键被按下。将全部行线置为低电平 P1=0X0F，检测列线的状态。只要有一列电平为低即 P1=！0X0F，就表示有按键被按下，若所有列线均为高电平，则键盘中无按键被按下。

（2）译键。在确认有按键被按下后，即可进入确定具体闭合键的过程。其方法是：依次将某一行线置为低电平，其他行线为高电平，逐次检测各列线的电平状态，若某列为低电平，则该列线与置为低电平的行线交叉处的按键就是闭合键。例如，编程 P1.4=0，P1.5=1，P1.6=1，P1.7=1，依次判断 P1.3～P1.0 哪一列为低电平，若读到 P1.0==0，则判断行线 P1.4 与列线 P1.0 相交的按键被按下。依次类推，16 个按键的按键值分别为 char code keyTable[ ] ={ 0xee, 0xed, 0xeb, 0xe7, 0xde, 0xdd, 0xdb, 0xd7, 0xbe, 0xbd, 0xbb, 0xb7, 0x7e, 0x7d, 0x7b, 0x77}。

（3）按键值分析。前面我们分析过编码键盘，即每个按键都有固定编码，而非编码键盘常常根据用户具体需要设计按键值。矩阵键盘按键值定义如表 2.3 所示，包括 0～9 数字键、5 个功能键及 1 个预留键。现在依据按键值定义，完成矩阵键盘按键值编程及按键值定义。

表 2.3 4×4 矩阵键盘键值定义

9	预留	减 1	OPEN
6	7	8	RUN
3	4	5	加 1
0	1	2	STOP

2. 获取矩阵键盘按键值编程

（1）创建工程 KeyBoard_matrix.uvproj。

（2）新建文件 main.c。

（3）编程输入代码：

```
#include <reg51.h>
#define uchar unsigned char
#define uint  unsigned int
sfr P0M1 = 0x93;    //P0M1.n,P0M0.n =00--->Standard,01--->push-pull
sfr P0M0 = 0x94;    //=10--->pure input,11--->open drain
sfr P1M1 = 0x91;
sfr P1M0 = 0x92;
void delay(uint t);
uchar KeyBoard_matrix();
void main( )
{
    uchar val_key=0xFF;
    P0M1 = 0;   P0M0 = 0;              //设置为准双向口
    P1M1 = 0;   P1M0 = 0;              //设置为准双向口
    while(1)
    {
        val_key=KeyBoard_matrix();  //获取按键值
        }
}
void delay(uint t)
{
    uchar i;
    do{
          i = 200;
          while(--i);
            }while(--t);
 }
uchar KeyBoard_matrix()
 {
    uchar val_key=255;
    P1=0x0F;
    delay(1);
   if(P1!=0x0F){
          /////////////扫描第 1 行，如行列方向选择则高低位对调
        P1=0xEF;
        delay(1);
        if( (P1&0x0F) == 0x0E){
        val_key=0;
        }
        if( (P1&0x0F) == 0x0D){
      val_key=1;
            }
```

```
if( (P1&0x0F) == 0x0B){
val_key=2;
}
if( (P1&0x0F) == 0x07){
val_key=3;
}
/////////////扫描第 2 行
P1=0xDF;
delay(1);
if( (P1&0x0F) == 0x0E){
val_key=4;
}
if( (P1&0x0F) == 0x0D){
val_key=5;
}
if( (P1&0x0F) == 0x0B){
val_key=6;
}
if( (P1&0x0F) == 0x07){
val_key=7;
}
/////////////扫描第 3 行
P1=0xBF;
delay(1);
if( (P1&0x0F) == 0x0E){
val_key=8;
}
if( (P1&0x0F) == 0x0D){
val_key=9;
}
if( (P1&0x0F) == 0x0B){
val_key=10;
}
if( (P1&0x0F) == 0x07){
val_key=11;
}
/////////////扫描第 4 行
P1=0x7F;
delay(1);
if( (P1&0x0F) == 0x0E){
val_key=12;
}
if( (P1&0x0F) == 0x0D){
val_key=13;
}
if( (P1&0x0F) == 0x0B){
val_key=14;
}
```

```
                if( (P1&0x0F) == 0x07){
                val_key=15;
                }
            }
        return val_key;
    }
```

3. 模拟调试，观察按键值

（1）将编写的程序进行编译，直至出现如图 2.33 所示的界面。

```
linking...
Program Size: data=11.0 xdata=0 code=498
".\Objects\KeyBoard_matrix" - 0 Error(s), 0 Warning(s).
Build Time Elapsed:  00:00:01
```

图 2.33　KeyBoard_matrix.c 编译生成目标文件界面

（2）单击“调试”按钮，进入调试界面。

（3）单步至 KeyBoard_matrix()指令，单击 {} 按钮进入 KeyBoard_matrix()函数。依据指令执行及矩阵函数原理，单步读取 P1 口列信息时，打开 P1 口并取消勾选 P1.0，按键值应为 val_key==0。可通过观察对话框跟踪相关变量，如图 2.34 所示。

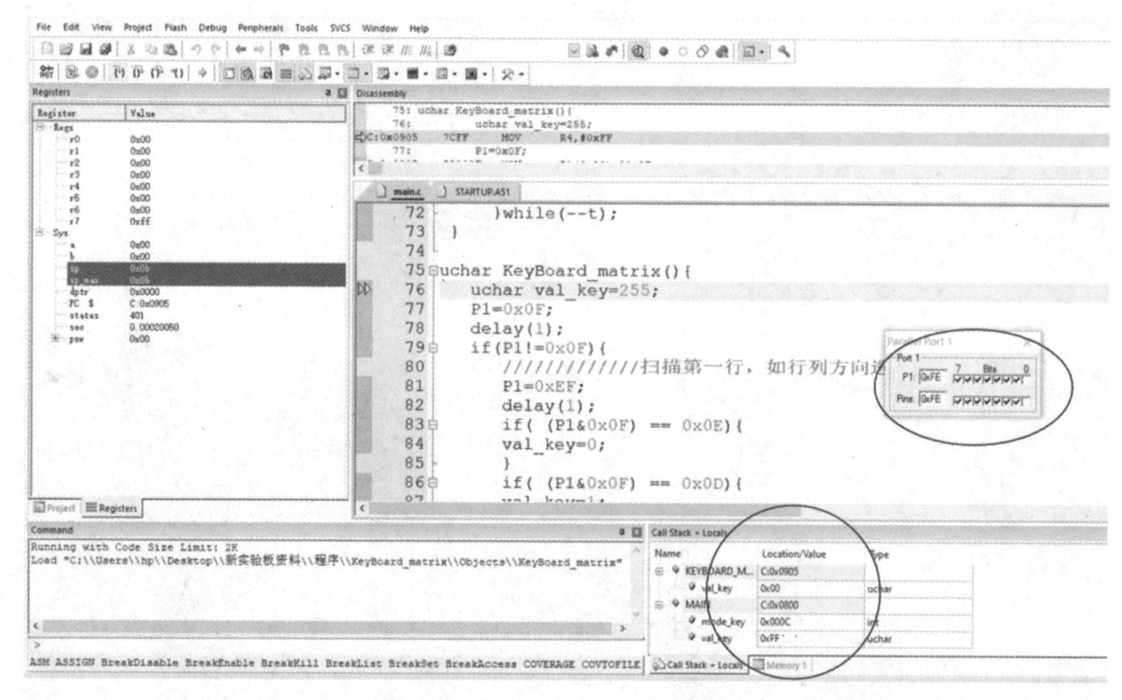

图 2.34　执行 KeyBoard_matrix()函数

小提示：获取矩阵键盘按键值函数 uchar KeyBoard_matrix()采用行扫描法设计，函数返回值 val_key==0～15，可通过模拟调试观看按键返回值。

3. 按键值设计

编程将 4×4 矩阵键盘按照表 2.3 进行设置。

参考程序：mode_key 为按键值，为了测试方便，程序中添加了按下 0～9 数字键时，二极管呈现亮灭效果；RUN(mode_key==11)键，点亮二极管；STOP(mode_key==12)键，熄灭二极管。

```
#include <reg51.h>
#define uchar unsigned char
#define uint  unsigned int
sfr P0M1  =0x93;     //P0M1.n,P0M0.n   =00--->Standard,  01--->push-pull
sfr P0M0 = 0x94;     //              =10--->pure input,  11--->open drain
sfr P1M1 = 0x91;     //P1 口模式配置寄存器 1
sfr P1M0 = 0x92;     //P1 口模式配置寄存器 0
void delay(uint t);
uchar KeyBoard_matrix();
void main(void) {
    int mode_key=12;
      uchar val_key=0xFF;
      P0M1 = 0; P0M0 = 0;                        //设置为准双向口
      P1M1 = 0; P1M0 = 0;                        //设置为准双向口
    while(1) {
       val_key=KeyBoard_matrix();                //获取按键值
            if(val_key!=255){                    //对按键值进行功能定义
                switch(val_key){
                     case 0:mode_key=9;
                     break;
                     case 1: P0=0X00;          //预留
                     break;
                     case 2: mode_key-=1;      //减 1
                     break;
                     case 3: mode_key=10;      //OPEN
                     break;
                     case 4:mode_key=6;
                     break;
                     case 5:mode_key=7;
                     break;
                     case 6:mode_key=8;
                     break;
                     case 7:
                         mode_key=11;          //RUN
                     break;
                     case 8:mode_key=3;
                     break;
                     case 9:mode_key=4;
                     break;
                     case 10:mode_key=5;
                     break;
                     case 11:mode_key+=1;      //加 1
                     break;
```

```
                    case 12:mode_key=0;
                    break;
                    case 13:mode_key=1;
                    break;
                    case 14:mode_key=2;
                    break;
                    case 15:mode_key=12;    //STOP
                    break;
                }
            }
            if((mode_key>=0) && (mode_key<=9)){
            P0=~P0;
            }else if(mode_key==11){
            P0=0X00;
            }
            else if(mode_key==12){
            P0=0XFF;
            }
    }
}
```

2.3.4 课堂挑战：矩阵键盘应用

将 4×4 矩阵键盘功能按表 2.3 定义并完成以下任务。

（1）按下相应数字键为点亮二极管的数量，如按下 5 键，点亮 5 个二极管，依次类推。

（2）按下 OPEN 键，二极管全亮；按下 RUN 键，按 3 种亮灯模式工作。

（3）按下 STOP 键，二极管全灭。

（4）按下加 1 键及减 1 键可用来加减点亮二极管的数量。

项目3

沉着应对处理突发事件

扫一扫看拓展知识文档：单片机从掉电模式唤醒

扫一扫看拓展知识文档：计算机语言的发展及C语言的使用

突发事件，是指突然发生，造成或可能造成严重社会危害，需要采取应急处置措施予以应对的自然灾害、事故灾难、公共卫生事件和社会安全事件（《中华人民共和国突发事件应对法》）。突发事件的各种特征决定了处理突发事件的决策人员必须拥有特殊的素质和能力。通常而言，应急应变能力、心理承受能力、决断能力、沟通能力、学习能力等必不可少，只有这样才能承担起应急管理中的决策重任。制定应急能力及防灾减灾应急预案，标志着社会、企业、社区、家庭安全文化的基本素质的程度。

“中断”顾名思义，就是中间打断某一工作进程去处理与本工作进程无关或间接相关，但有可能造成系统崩溃或系统主要信息、数据丢失的突发事件的过程，处理完突发事件后，继续原工作进程。在某些场合，人们往往利用中断来提高效率。而在另外一些场合，中断并不是人为产生的，而是客观需要。

计算机中实现中断控制的软/硬件称为“中断系统”。一个系统只有具备应急预案能力，及时应对突发事件，才能提高其自身的可靠性与效率。

计算机中的中断是指CPU为了处理随机而紧急的事件，暂停当前主程序的执行，转去执行突发事件（中断服务程序），处理完突发事件后，返回继续执行主程序的过程。

中断过程一般包括中断请求、中断响应、中断服务程序和中断返回，其示意图如图3.1所示。中断请求就是中断源要求CPU为其服务时主动向CPU提出的中断申请；中断响应是CPU同意为该中断源服务时进行的一系列应答操作；中断服务程序是CPU执行该中断源的服务程序；中断返回则是CPU执行完中断服务程序后为返回到被中断的程序处进行的操作。

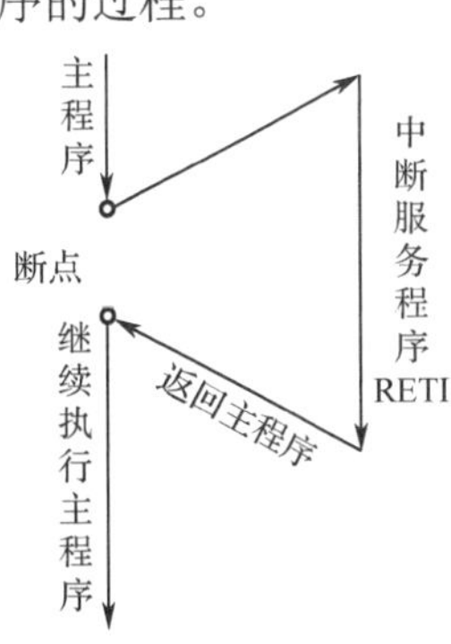

图3.1　中断过程示意图

中断的优点：计算机与其他设备多任务同时工作、分时操作，提高了计算机的利用率；实时处理控制系统中的各种信息，提高了计算机的实时性和灵活性；计算机及时处理故障等突发事件，提高了计算机的可靠性。

课程思政

制度自信

“天下之势不盛则衰，天下之治不进则退”。党的十九届四中全会《决定》指出：“当今世界正经历百年未有之大变局，我国正处于实现中华民族伟大复兴关键时期。顺应时代潮流，适应我国社会主要矛盾变化，统揽伟大斗争、伟大工程、伟大事业、伟大梦想，不断满足人民对美好生活新期待，战胜前进道路上的各种风险挑战，必须在坚持和完善中国特色社会主义制度、推进国家治理体系和治理能力现代化上下更大功夫。”当前国际形势复杂多变，改革发展稳定、内政外交国防、治党治国治军各方面任务之繁重前所未有，我们面临的风险挑战之严峻前所未有。例如，新冠肺炎疫情是新中国成立以来发生的传播速度最快、感染范围最广、防控难度最大的一次重大突发公共卫生事件，对中国是一次危机，也是一次大考。中国共产党和中国政府高度重视、迅速行动，习近平总书记亲自指挥、亲自部署，统揽全局、果断决策，为中国人民抗击疫情坚定了信心、凝聚了力量、指明了方向。在中国共产党领导下，全国上下贯彻“坚定信心、同舟共济、科学防治、精准施策”总要求，打响抗击疫情的人民战争、总体战、阻击战。经过艰苦卓绝的努力，中国付出巨大代价和牺牲，有力扭转了疫情局势，用一个多月的时间初步遏制了疫情蔓延势头，用两个月左右的时间将本土每日新增病例控制在个位数以内，用 3 个月左右的时间取得了武汉保卫战、湖北保卫战的决定性成果，疫情防控阻击战取得重大战略成果，维护了人民生命安全和身体健康，为维护地区和世界公共卫生安全做出了重要贡献。

学习目标

本项目通过了解单片机中断资源、学习单片机系统的应急预案设计、领会突发事件的应急处理，使学生对中断资源产生深刻认识，学会智能控制系统应对突发事件的设计原理。学习目标如表 3.1 所示。

表 3.1　学习目标

知 识 目 标	能 力 目 标	情感态度与价值观目标
认识 C51； 中断应急预案设计； 突发事件的应急处理	具备理解、分析中断源的能力； 会设计中断应急预案； 具备设计系统应对突发事件的能力	阐释中国发展进程中的体制机制建设； 增强制度自信

任务设计与实现

任务 3.1　认识 C51

扫一扫看教学课件：C 语言继承与发展

3.1.1　C 语言继承与发展

扫一扫看微课视频：C 语言继承与发展

1. 单片机编程设计语言

1）编程语言

编程语言包括机器语言、汇编语言和高级语言。以 60H+80H 编程为例。

（1）机器语言：机器能识别的语言。例如：

```
00100100 10000000 01110100 01100000
```

机器语言是计算机唯一可以直接识别和执行的语言，它具有可直接执行、简洁、运算速度快等优点；但它的直观性差，非常容易出错，程序的检查和调试都比较困难，此外，对机器的依赖性也很强。

（2）汇编语言：直接操作计算机硬件的编程语言。例如：

```
ORG  0000H
MOV  A,#60H; 7460（十六进制机器语言）
ADD  A,#80H; 2480（十六进制机器语言）
END
```

汇编语言是面向机器的程序设计语言，用于解决机器语言难以理解和记忆的问题，用易于理解和记忆的名称和符号表示机器指令中的操作码。这种用符号代替机器语言的二进制码称为汇编语言，又称符号语言。

作为符号化的机器语言，汇编语言不适宜承载编程技术的发展，历史证明，这个任务更适合由高级语言完成，这正是汇编语言不是主流编程工具的根本原因。但是汇编语言具有如下优点。

① 汇编语言将长期存在。如果基于存储（机器指令）程序式计算机的原理结构不变，那么汇编语言将一直存在，这是高级语言无法企及的。

② 汇编语言是计算机原理的重要内容。只有通过汇编语言，指令才能正确、全面地了解计算机的基本功能和行为方式；其他任何编程语言都必须编译成机器语言（本质上也可以说是汇编语言）代码才能被计算机接受和执行。

（3）高级语言：独立于机器、面向对象的语言。例如：

```
void main( )
{
    unsigned char m, a=0x60, b=0x80;
    m =a+b;
}
```

高级语言为用户提供了接近自然语言、可以使用数学表达式、相对独立于机器的语言。与汇编语言一样，机器也不能直接执行用高级语言编译的程序。

高级语言并不是特指某种具体的语言，而是包括很多编程语言，如目前流行的Java、C、C++、C#、Pascal、Python等。

高级语言有更强的表达能力，可方便地表示数据的运算和程序的控制结构，能更好地描述各种算法，而且容易学习掌握。但它编译的程序一般比用汇编语言编译的程序要长，执行的速度也慢。

任何高级语言都必须翻译成机器（或汇编）语言才能执行，所以任何高级语言的功能和实现机理，最终都将以机器（或汇编）代码的形式简明无二义性地表述出来，也就是说，我们可以通过反汇编代码，透析和研究任何高级语言的功能和实现机理。

高级C语言广泛应用于底层开发，是仅产生少量的机器语言，以及不需要任何运行环境

支持便能运行的高效率程序设计语言。应用 C 语言编写程序有如下优点。

① 不要求了解处理器的指令集，也不必了解存储器的结构。寄存器分配和寻址方式由编译器管理，编程时不需要考虑存储器的寻址等。

② 可使用与人的思维更接近的关键字和操作函数。

③ 可使用 C 语言中库文件的许多标准函数。

④ 通过 C 语言的模块化编程技术，可以将已编译好的程序加入新的程序中。

⑤ C 语言编译器几乎适用于所有的目标系统，已完成的软件项目可以很容易地转移到其他处理器和环境中。

机器语言和汇编语言都不具有移植性，C 语言可以使用在任意架构的处理器上，只要该架构的处理器具有对应的 C 语言头文件和库。

当前 C 语言在部分专用计算机领域，如工业单片机控制程序的编译中，具有一定的专业优势。这种优势的存在，对 C 语言的发展起到了重要的促进作用。

2. C51 语言

C51 语言以 51 单片机为主体，使用 C 程序设计语言来描述。C51 语言完全兼容 C 语言，但运行环境不同。与 C 语言不同的是，C51 语言对标准 C 语言进行了扩展，且运行于单片机平台，而 C 语言则运行于普通的桌面平台。C51 语言具有 C 语言结构清晰的优点，便于学习，同时具有汇编语言的硬件操作能力。C51 语言编程和汇编语言编程过程一样，源程序先经过编写、编译、连接后生成目标程序文件，然后运行。调试 8051 单片机常用 Keil C51 编译器。

采用 C51 语言设计单片机应用系统程序时，首先要尽可能采用结构化的程序设计方法，这样可使整个应用系统程序结构清晰，易于调试和维护。对于一个较大的程序，可将整个程序按功能分成若干模块，不同的模块完成不同的功能。对于不同的模块，分别指定相应的入口参数和出口参数，而经常使用的一些程序最好编写成函数，这样既不会引起整个程序管理的混乱，又可以增强程序的可读性，移植性也好。

C51 编译器针对 8051 单片机硬件，对 ANSI C 进行的扩展如下。

（1）扩展了专门访问 8051 单片机硬件的数据类型。

（2）存储类型按 8051 单片机存储空间分类。

（3）存储模式遵循存储空间选定编译器模式。

（4）指针分为通用指针和存储器指针。

（5）函数增加了中断函数和再入函数。

C51 编译器对 ANSI C 进行的扩展同样适用于 STC15W 系列单片机。

3. C51 语言的数据类型

C51 语言具有 ANSI C 的所有标准数据类型。其基本数据类型包括 char、int、short、long、float 和 double。对 C51 编译器来说，short 和 int 相同，double 和 float 相同。除此之外，为了更加有利地利用单片机的结构，C51 语言还增加了一些特殊的数据类型，包括 bit、sbit、sfr、sfr16，如表 3.2 所示。

（1）字符型 char。char 的长度是 1 字节，通常用于定义处理字符数据的变量或常量。

signed char（有符号字符型）。用字节中的最高位表示数据，0 表示正数，1 表示负数，负数用补码表示，能表示的数值范围是-128～+127。

unsigned char（无符号字符型）。用字节中所有的位表示数据，可以表示的数值范围是 0～

255。unsigned char 常用于处理 ASCII 字符和小于或等于 255 的整型数据。

表 3.2 C51 语言的数据类型

数据类型	关键字	位数	数值范围
有符号字符型	signed char	8	-128～+127
无符号字符型	unsigned char	8	0～255
有符号整型	signed int	16	-32 768～32 767
无符号整型	unsigned int	16	0～65 535
有符号长整型	signed long	32	-2 147 483 648～+2 147 483 647
无符号长整型	unsigned long	32	0～4 294 967 295
浮点型	float	32	1.176E-38～3.40E+38
位变量	bit	1	0 或 1
可位寻址变量	sbit	1	0 或 1
特殊功能寄存器	sfr	8	0～255
16 位特殊功能寄存器	sfr16	16	0～65 535

（2）整型 int。int 的长度为 2 字节，用于存放一个双字节数据。

signed int（有符号整型）表示的数值范围是-32 768～+32 767，字节中的最高位表示数据，0 表示正数，1 表示负数。

unsigned int（无符号整型）表示的数值范围是 0～65 535。

（3）长整型 long。long 的长度为 4 字节，分为 signed long（有符号长整型）和 unsigned long（无符号长整型），默认为 signed long，用于存放一个 4 字节数据。

signed long 表示的数值范围是-2 147 483 648～+2 147 483 647，字节中的最高位表示数据的符号，0 表示正数，1 表示负数。

unsigned long 表示的数值范围是 0～4 294 967 295。

（4）浮点型 float。float 在十进制中具有 7 位有效数字，是符合 IEEE-754 标准（32）的单精度浮点型数据，占用 4 字节，具有 24 位精度。

（5）指针型*。指针型本身就是一个变量，在这个变量中存放着指向另一个数据的地址。这个指针变量要占据一定的内存单元，对不同的处理器长度也不尽相同，在 C51 语言中，它的长度一般为 1～3 字节。

（6）位变量 bit。bit 是一种 C51 扩展数据类型，利用它可定义一个位变量。它的值是一个二进制数，不是 0，就是 1，类似一些高级语言中 Boolean 类型中的 True 和 False。

（7）可位寻址变量 sbit。sbit 也是一种 C51 扩展数据类型，利用它可以访问单片机内部 RAM 中的可寻址位或特殊功能寄存器中的可寻址位。定义方法有以下 3 种。

① sbit 变量名=sfr_name^int_constant。例如：

```
sbit  OV=PSW^2;      //声明溢出位变量 OV，是 PSW 的第 2 位
sbit  P10=P1^0;      //声明位变量 P10，是 P1 口的第 0 位
```

该变量用一个已声明的 sfr_name 作为 sbit 的基地址，“^”后面的表达式指定了位的位置，是 0～7 之间的一个数字。

② sbit 变量名=int_constant^int_constant。例如：

```
sbit  CY=0XD0^7;
sbit  OV=0XD0^2;
sbit P10=0X90^0
```

该变量用一个整型常量作为 sbit 的基地址，“^”后面的表达式指定了位的位置，是 0～7 之间的一个数字。

③ sbit 变量名=int_constant。例如：

```
sbit OV=0XD2;
sbit P11=0X91
```

（8）特殊功能寄存器 sfr。sfr 是声明字节寻址的特殊功能寄存器。sfr 是一种 C51 扩展数据类型，占用一个内存单元。利用它可以访问单片机内部的所有特殊功能寄存器。

例如，用 sfr P1 = 0X90 定义一个特殊功能寄存器变量 P1，0X90 是指单片机的 P1 口地址为 90H，变量 P1 指单片机的 P1 口。

STC15W 系列单片机提供 128 字节的 sfr 寻址区，地址为 80H～FFH。除了程序计数器 PC 和 4 组通用寄存器，其他的所有寄存器均为 sfr，并位于片内特殊功能寄存器区。这个区域部分可位寻址、字节寻址或字寻址，用于控制定时器、计数器、串行口、I/O 等特殊功能寄存器。

注意：“sfr”后面跟一个特殊功能寄存器名称；“=”后面的地址应该是常数，不允许带有运算符的表达式，这个常数的取值范围要在特殊功能寄存器的地址范围 0X80H～0XFFH 内。

```
sfr TCON = 0X88; 定义特殊功能寄存器 TCON，位于内部 RAM 的 88H 单元
sfr TMOD = 0X89; 定义特殊功能寄存器 TMOD，位于内部 RAM 的 89H 单元
```

（9）16 位特殊功能寄存器 sfr16。sfr16 也是一种 C51 扩展数据类型，用于定义存在于单片机内部 RAM 的 16 位特殊功能寄存器。许多新的 8051 派生系列单片机用 2 个连续地址的 sfr 来指定 16 位值。例如，8052 用 0XD7 和 0XD6 表示定时器/计数器 2 的低字节和高字节地址：

```
sfr16 T2L=0XD7; 表示 T2 的低字节地址
sfr16 T2H=0XD6; 表示 T2 的高字节地址
```

sfr16 声明和 sfr 声明遵循相同的原则。任何符号名称都可用在 sfr16 声明中。声明中名称后面不是赋值语句，而是一个 sfr 地址。

小知识：8051 单片机中的特殊功能寄存器及其可位寻址，已被预先定义放在 reg51.h 头文件中，在程序的开头只需加上#include<reg51.h>或#include<reg52.h>即可。

例如，reg51.h 头文件已定义 PSW 及其各位。编程时，可直接在程序中使用 PSW、IE、OV 等。

小提示：reg51.h 头文件中的内容可在 Keil uVision 5 安装位置\C51\INC 中查看。

<reg51.h.>文件中的特殊功能寄存器均是大写，所以 P0^0、P0^1 一定要大写。

霓虹灯电路中的 8 个二极管定义如下：

```
Sbit D1=P0^0;
Sbit D2=P0^1;
Sbit D3=P0^2;
Sbit D4=P0^3;
Sbit D5=P0^4;
Sbit D6=P0^5;
Sbit D7=P0^6;
Sbit D8=P0^7;
```

D1～D8 是用户自定义变量，可以是其他标识符，大小写随意。

STC15W 系列单片机在传统 8051 单片机基础上，在内部数据存储 80H～FFH 空间，从 21 个特殊功能寄存器增加至 100 个，使用 Keil uVision5 编写程序时，在使用头文件包含<reg51.h>的基础上，新增特殊功能寄存器在程序起始位置定义即可。例如：

```
sfr P5 = 0XC8;  //6 bit Port5  Reset Value: xx11,1111
sfr P5M0 = 0XCA;
sfr P5M1 = 0XC9;
sfr P4   = 0XC0;
sfr P4M0 = 0XB4;
sfr P4M1 = 0XB3;
```

也可以依据附录 D STC15W 系列单片机特殊功能寄存器的地址定义“STC15Fxxxx.H”头文件。

小知识： sbit 还可访问单片机内部 20H～2FH 中的位。C51 编译器提供了一个 bdata 存储器类型，允许将具有 bdata 类型的对象放入单片机内部可位寻址区。

sbit 和 bit 的区别：sbit 定义特殊功能寄存器中的可寻址位；bit 定义普通的位变量，一个函数中可包含 bit 类型的参数，函数返回值也可为 bit 类型。

3.1.2　C51 语言知识

扫一扫看文档：C 语言继承与发展测验题答案

填空题（每空 1 分，共 10 分）

1．单片机的编程语言有机器语言、________及高级语言，但它能识别的语言只有________。

2．C51 语言运行于________平台，C 语言运行于普通________平台。

3．机器语言和汇编语言都不具有移植性，________语言可以使用在任意架构的处理器上，只要该架构的处理器具有对应的 C 语言________和库。

4．sbit 定义特殊功能寄存器中的________位；bit 定义________位变量，一个函数中可包含 bit 类型的参数，函数返回值也可为 bit 类型。

5．C51 语言具有标准 C 语言的所有数据类型，还有自己的扩展数据类型，其中 sfr 是________寄存器，sbit 是从字节中声明________0 或 1。

3.1.3 C51——存储器模式及函数使用

扫一扫看教学课件：存储器模式及函数使用

扫一扫看微课视频：存储器模式及函数使用

1. 存储类型及存储区描述

C51 编译器提供对 STC15W 系列单片机所有存储区的访问。存储区可分为内部数据存储区、外部数据存储区及程序存储区。存储区描述如表 3.3 所示。

表 3.3 存储区描述

data	RAM 的低 128 字节，在一个周期内直接寻址
bdata	data 区中可字节、位混合寻址的 16 字节区
idata	RAM 区的高 128 字节，必须采用间接寻址
xdata	外部 RAM 64 KB，DPTR 间接寻址（P0 地址低 8 位、P2 地址高 8 位），MOVX @DPTR,A
pdata	外部数据存储区 256 字节（一页），使用 Rn（n=0、1）间接寻址，P2=00H P0 地址低 8 位，MOVX @Rn,A
code	程序存储区，取程序存储区内的常量时采用间接寻址

1）内部数据存储区

单片机的内部数据存储区是可读写的，内部数据存储区共 256 字节，其中低 128 字节可直接寻址，高 128 字节（从 0X80 到 0XFF）只能间接寻址，从 20H 开始的 16 字节可位寻址。内部数据存储区又可分为 3 个不同的存储类型：data、bdata、idata。STC15W 系列单片机的内部数据存储区在原有 256 字节的基础上扩展了 3840 字节 XRAM，采用间接寻址。

2）外部数据存储区

外部数据存储区也是可读写的，访问外部数据存储区比访问内部数据存储区要慢，因为外部数据存储区是通过数据指针加载地址间接访问的。C51 编译器提供 xdata 64 KB 访问外部数据存储区。

3）程序存储区

程序存储区只读不写。STC15W 系列单片机的程序存储区均在内部，如 STC15W 系列内部集成了 32 KB 的程序闪存和 26 KB 的 EEPROM 存储区。具体要通过选择的单片机的型号决定程序存储区的空间大小。程序存储区除了存放程序，还存放中断源入口地址，通常还可以将常量以表格的方式存放在程序存储区。采用间接寻址查表可获取相关常量。

2. 存储类型及存储区使用举例

（1）data 区：data 区声明中的存储类型标识符为 data。

data 指低 128 字节的内部数据存储区。data 区可直接寻址，所以对其存取是最快的，应该把经常使用的变量放在 data 区；但是 data 区的空间是有限的，不仅包含变量，还包含堆栈和存储器组。

例如，unsigned char data system status=0；//定义无符号字符型变量 system status，初值为 0，存储在 data 区。unsigned int data unit_id[2]；//定义无符号整型数组 unit_id，存储在 data 区。char data inp_string[16]；//定义字符型变量 inp_string，存储在 data 区。

标准变量和用户自声明变量都可存储在 data 区，只要不超过 data 区范围。

（2）bdata 区：bdata 区声明中的存储类型标识符为 bdata，指内部可位寻址的 16 字节区（20H～2FH）可位寻址变量的数据类型。

bdata 区实际就是 data 区中的可位寻址区，该区声明的变量可进行位寻址。位变量的声明对状态寄存器来说是十分有用的，因为它可能只需使用某一位，而不是整字节。

例如，unsigned char bdata status_byte；//定义无符号字符型变量 status_byte，存储在 bdata 区，可进行位寻址。unsigned int bdata status_word；//定义无符号整型变量 status_word，存储在 bdata 区。

举例如下：

```
sbit start_flag= status_ byte^4;    //start_flag 位变量
if(status_word^15)
 {
    start_flag=0;
}
start_flag =1;                      //否则 stat_flag=1
```

（3）idata 区：idata 区声明中的存储类型标识符为 idata，指高 128 字节内部数据存储区，但是只能采用间接寻址，速度比直接寻址慢。

举例如下：

```
unsigned char idata system_status=0;
unsigned int idata unit_id[2];
char idata inp_string[16];
float idata outp_value;
```

（4）xdata 区和 pdata 区：xdata 区声明中的存储类型标识符可以指定外部数据存储区 64 KB 内的任何地址，而 pdata 区声明中的存储类型标识符仅指定一页即 256 字节的外部数据存储区。

在这两个区中，变量的声明和在其他区的语法是一样的，但 pdata 区只有 256 字节，而 xdata 区可达 65 536 字节。对 pdata 区的寻址比对 xdata 区的寻址要快，因为对 pdata 区的寻址只需装入 8 位地址，而对 xdata 区的寻址需要装入 16 位地址，所以尽量把频繁读写的变量存储在 pdata 区。

举例如下：

```
unsigned char xdata system_status=0;
unsigned int pdata unit_id[2];
char xdata inp_string[16];
float pdata outp_value;
```

（5）code 区：code 区声明中的存储类型标识符为 code。code 区的数据是不可改变的，编译的时候要对 code 区中的对象进行初始化，否则就会产生错误。

举例如下：

```
unsigned char code a[ ]={0x00,0x01,0x04,0x09,0x10,0x19,0x24,0x31,0x40,0x51}
```

小知识：程序存储区除了存放用户编写的程序，还存放程序执行过程中需要使用的常量、表格。另外，程序存储区前 256 字节存放中断源入口地址，如 STC15W 系列单片机 21 个中断请求源入口地址存放在 ROM 0003H～00BBH 中。

2. 存储器模式使用

存储器模式为函数自变量和没有明确规定存储类型的变量指定存储器类型，需要在命令行中使用 SMALL、COMPACT 或 LARGE 控制命令中的 1 个，如 void fun(void)small{ }。

（1）SMALL（小型）：在 SMALL 模式中，所有变量都默认位于内部数据存储区（这和使用 data 指定存储类型一样）。在此模式下，变量访问的效率很高，但所有的数据对象和堆栈必须适合内部 RAM。确定堆栈的大小是很关键的，因为使用的堆栈空间是由不同函数嵌套的深度决定的。通常如果 BL51 连接器/定位器将变量都配置在内部数据存储器内，那么 SMALL 模式是最佳选择。

（2）COMPACT（紧凑型）：当使用 COMPACT 模式时，所有变量都默认在外部数据存储的一页内（这和使用 pdata 指定存储类型一样）。该存储类型适用于变量不超过 256 字节的情况，此限制是由寻址方式决定的。和 SMALL 模式相比，COMPACT 模式的效率比较低，对变量访问的速度也慢一些，但比 LARGE 模式快。

（3）LARGE（大型）：在 LARGE 模式中，所有变量都默认位于外部数据存储区（这和使用 xdata 指定存储类型一样），并使用数据指针 DPTR 进行寻址。通过数据指针访问外部数据存储区的效率较低，特别是当变量为 2 字节或更多字节时，该模式要比 SMALL 模式和 COMPACT 模式产生更多的代码。

3. 函数（FUNCTION）的使用

1）函数定义

所谓函数，即子程序，也就是“语句的集合”。把具有一定功能的语句群定义为函数。程序使用时调用，这样可以减少重复编写程序的麻烦，也可以缩短程序的长度。当程序太大时，建议将其中的一部分改用函数的方式比较好，因为大程序过于繁杂容易出错，而小程序容易调试，也易于阅读和修改。

2）函数声明

C51 编译器扩展了如下标准 C 函数声明。

（1）指定一个函数作为中断函数。

（2）选择所用的寄存器组。

（3）选择存储模式。

（4）指定重入。

重入函数举例。

假设 Exam 是 int 型全局变量，Square_Exam()函数返回 Exam 平方值，那么如下函数不具有可重入性：

```
unsigned int example(int para)
{
    unsigned int temp;
    Exam = para;                // (**)
    temp = Square_Exam();
    return temp;
}
```

若此函数被多个进程调用，则其结果可能是未知的，因为当（**）语句刚执行完后，另外一个使用本函数的进程可能正好被激活，当新激活的进程执行到此函数时，将使 Exam 赋予另一个不同的 para 值，所以当控制重新回到“temp = Square_Exam( )”后，计算出的 temp 很可能不是预想中的结果。此函数应进行如下改进：

```
unsigned int example( int para )
{
    unsigned int temp;
    [申请信号量操作] //(1)
    Exam = para;
    temp = Square_Exam( );
    [释放信号量操作]
    return temp;
}
```

若申请不到信号量，则说明另外的进程正处于给 Exam 赋值并计算其平方值的过程中（正在使用此信号），本进程必须等待其释放信号量后，才可继续执行；若申请到信号量，则可继续执行，但其他进程必须等待本进程释放信号量后，才能再使用本信号。

保证函数具有可重入性的方法：在写函数的时候尽量使用局部变量（如寄存器、堆栈中的变量），对要使用的全局变量加以保护（如采取关中断、信号量等方法），这样构成的函数就一定是重入函数。

3）C51 函数的标准格式

在函数声明中可以包含以下扩展或属性，声明 C51 函数的标准格式如下：

```
    [return_type]funcname([args])[{small compact large}][reentrant][interrupt
n][using n]
```

return_type：函数返回值的类型，如果不指定默认是 int。

funcname：函数名。

args：函数的参数列表。

small compact large：函数的存储模式。

reentrant：表示函数是递归的或可重入的。

interrupt：表示是一个中断函数。

using n：指定函数所用的寄存器组，n=0～3。

4）中断函数

单片机的中断系统十分重要，可以用 C51 语言来声明中断和编写中断服务程序，当然也可以用汇编语言来编写。中断过程使用 interrupt 关键字和中断源编号 0～n 来实现。

中断函数的完整语法及示例如下：

```
    返回值 函数名([参数][模式][重入]interrupt n  [using n])
```

interrupt n 中的 n 对应中断源的编号，n 值取决于所选单片机的型号。不同型号单片机的中断源数量不一样。例如，STC15W 系列单片机有 21 个中断源，n=0～23（没有 13、14、15），如表 3.4 所示。中断源编号告诉编译器中断程序的入口地址（中断向量）。

表 3.4　中断触发表

中断源编号	中　断　源	触 发 行 为	中断向量	中断请求标志位		中断允许控制位
0	INT0（外部中断 0）	下降沿（IT0＝1）(IE0=1)；上升沿（IT0＝0）	0003H	IE0		EX0/EA
1	T0（定时器 0）	定时器 0 计数满溢出（TF0=1）	000BH	TF0		ET0/EA
2	INT1（外部中断 1）	下降沿（IT1＝1）；上升沿（IT1＝0）	0013H	IE1		EX1/EA
3	T1（定时器 1）	定时器 1 计数满溢出（TF1=1）	001BH	TF1		ET1/EA
4	UART1（串行口 1）	串行口 1 发送完成（TI=1）或接收完成（S1RI=1）	0023H	S1TI+S1RI		ES/EA
5	ADC（模数转换器）	A/D 转换完成（ADC_FLAG=1）	002BH	ADC_FLAG		EADC/EA
6	LVD（低压检测中断）	电源电压下降到低于 LVD 检测电压（LVDF=1）	0033H	LVDF		ELVD/EA
7	PCA（增强型计数器）	PCA 定时器/计数器溢出（CF=1） PCA 模块 0 中断溢出（CCF0=1） PCA 模块 1 中断溢出（CCF1=1） PCA 模块 2 中断溢出（CCF2=1）	003BH	CF CCF0 CCF1 CCF2		（ECF+ECCF0+ECCF1+ECCF2)/EA
8	UART2（串行口 2）	串行口 2 发送完成（S2TI=1）或接收完成（S2RI=1）	0043H	S2TI+S2RI		ES2/EA
9	SPI（三线同步串行）	SPI（Serial Peripheral interface） SPIF=1，SPI 数据传输完成	004BH	SPIF		ESPI/EA
10	INT2（外部中断 2）	下降沿	0053H			EX2/EA
11	INT3（外部中断 3）	下降沿	005BH			EX3/EA
12	T2（定时器 2）	定时器 2 计数满溢出	0063H			ET2/EA
16	INT4（外部中断 4）	下降沿	0083H			EX4/EA
17	UART3（串行口 3）	串行口 3 发送完成（S3TI=1）或接收完成（S3RI=1）	008BH	S3TI+S3RI		ES3/EA
18	UART4（串行口 4）	串行口 4 发送完成（S4TI=1）或接收完成（S4RI=1）	0093H	S4TI+S4RI		ES4/EA
19	T3（定时器 3）	定时器 3 计数满溢出	009BH			ET3/EA
20	T4（定时器 4）	定时器 4 计数满溢出	00A3H			ET4/EA
21	Comparator（比较器）	比较器比较结果由 LOW 变成 HIHG 或由 HIHG 变成 LOW	00ABH	CMPIF	CMPIF_p	PIE/EA(上升沿）
					CMPIF_n	NIE/EA（下降沿）
22	PWM		00B3H	CBIF		ENPWM/ECBI/EA
				C2IF		ENPWM/EPWM2I/EC2T2SI||EC2T1SI/EA
				C3IF		ENPWM/EPWM3I/EC3T2SI||EC3T1SI/EA
				C4IF		ENPWM/EPWM4I/EC4T2SI||EC4T1SI/EA
				C5IF		ENPWM / EPWM5I/EC5T2SI||EC5T1SI/EA
				C6IF		ENPWM / EPWM6I/EC6T2SI||EC6T1SI/EA
				C7IF		ENPWM / EPWM7I/EC7T2SI||EC7T1SI/EA
23	PWM 异常检测		00BBH	FDIF		ENPWM/ENFD/EFDI/ EA

using n 中的 n 对应单片机寄存器组。在 C51 中可使用 using 指定寄存器组，n 为 0～3 的常整数，分别表示单片机内的 4 个寄存器组。当 CPU 正在执行一个特定任务时，可能有更紧急的事件需要 CPU 处理，这就涉及中断优先级。高优先级中断服务程序可以中断正在处理的低优先级中断服务程序，因而最好给每个中断服务程序分配不同的寄存器组。例如，编写定时器 T0 中断服务程序，使用单片机内 2 组寄存器：

```
unsigned  char  second;
void Timer( ) interrupt 1 using 2       //T0 中断服务程序，使用 2 个寄存器组
//interrupt 1，中断编号 1 定时器 T0 中断源
{
   if(++interruptcnt==4000)
       {                          /*计数到 4000*/
           second++;              /*另一个计数器加 1*/
           interruptcnt=0;        /*计数器清零*/
       }
}
```

5）函数的返回值

return 是用来使函数结束后返回原调用程序的指令，同时可以把函数内的最后结果数据传回给原调用程序，如项目 2 中独立按键与矩阵键盘的程序设计。

4. 使用函数时的注意事项

（1）函数定义时要同时声明其类型。

（2）调用函数前要先声明该函数。

（3）传给函数的参数值，其类型要与函数原定义一致。

（4）接受函数返回值的变量，其类型也要与函数一致。

例 1：void functionl(void)，此函数无返回值，也不传参数。

例 2：void function2(unsign char i, int j)，此函数无返回值，但需要 unsign char 类型的 i 参数和 int 类型的 j 参数。

例 3：unsign char function3(unsign char i)，此函数有 unsign char 类型的返回值给原调用程序。

3.1.4　C 语言的九大语句应用

分组任务：读程序，理解 C 语言的九大语句

（1）观看霓虹灯原理图，阅读并理解下列程序：

```
int key_Board()                 //获取按键值
{
    switch (P3!=0XC3)
    {
        case 0xC7;Pattern__cror_();break;
        case 0xCB;Lightshade();break;
        case 0xD3;Baata();break;
        case 0xE3;P0=0X00;break;
```

```
        }
    }
```

（2）P3==0XC3、P3==0XC7、P3==0XCB,P3==0XD3、P3==0XE3 分别表示哪一个键被按下？

（3）尝试将（1）中的 switch-case 语句改写成 if-else 语句，同样可以完成判断按键任务。

（4）阅读下列语句：

```
#define led P0
void Pattern__cror_()          //左移函数，从 P0.7 到 P0.0，时间间隔 1 s
{
    char i;
    led=0x7f;
    for(i=8;i>=1;i--)
    {
        DelayX1ms(1000);
        led=_cror_(led,1);
    }
}
```

① i=8，P0=?表示哪一个二极管发光？

② i=1，P0=?表示哪一个二极管发光？

（5）将（4）中的左移函数修改为右移函数，观看效果。

（6）观看霓虹灯原理图，阅读下列程序：

```
void main()
{
    P0=0XFF;
    do
    {
        uchar DS,i;
        DS=P0;
        for(i=0;i<8;i++)
            {
                DS<<=1;
                P0=DS;
                    }
            }while(1);
}
```

i=2，P0=0X？P0 是输入还是输出？

（7）阅读并写出下列程序的执行结果：

```
void main()
{
    P0=0X00;
    for( ; ; )
        {
          P0= ~P0;
          DelayX1ms(1000);   //软件延时 1 s
```

```
        }
    }
```

请在分组任务中提交相关答案。

扫一扫看微课视频：中断应急预案设计

任务 3.2　中断应急预案设计

扫一扫看教学课件：计算机中断过程及单片机中断源

3.2.1　认识中断源

1. 中断系统简介

中断系统是为具有对外界突发事件的实时处理能力而设置的。能实现中断功能的系统称为中断系统。

CPU 在工作的时候往往需要处理多个事件，有些事件并不需要时刻进行控制，只需在某些特定的条件下（一般是突发事件）做出相应处理（中断服务程序）。有些事件则需要 CPU 花费比较多的时间逐步控制（主程序）。

CPU 在执行任务的过程中，外界发生了突发事件申请，CPU 暂停当前工作，转去处理这个突发事件，处理完以后，再回到原来被中断的地方，继续原来的工作，这个过程称为中断。

能发出中断申请的各种来源称为中断源。外部设备、现场信息、故障及实时时钟都可以是中断源。中断的引入可以对不需要时刻进行控制且突发时需要立即处理的事件设定条件，需要被干预时发出中断申请信号，由中断系统的中断服务程序进行相应处理；需要时刻控制的事件就由主程序循环持续控制。

CPU 暂停现行程序转去响应中断申请的过程称为中断响应，主程序被打断的地方称为断点。为使系统能及时响应并处理发生的所有中断，系统根据突发事件的重要性和紧迫程度，将中断源分为若干级别，称为中断优先级（Interrupt Priority，IP）。

中断嵌套是指中断系统正在执行一个中断服务程序时，有另一个优先级更高的中断源提出了中断申请，这时 CPU 会暂停当前正在执行的优先级较低的中断源的中断服务程序，转去处理优先级更高的中断源的中断服务程序，待处理完毕，再返回被中断的中断服务程序继续执行，这个过程就是中断嵌套。关于中断嵌套，可以这样说，当正在执行中断服务程序的时候，如果事先设置了中断优先级寄存器 IP，那么当一个优先级更高的中断源到来的时候，会发生中断嵌套。中断嵌套其实就是更高一级的中断源的“加塞”，处理器正在执行中断服务程序，又接受了更急的另一件“急件”，转而处理更高一级的中断源的行为。图 3.2 显示了中断嵌套的执行过程。具有多个中断源且能实现中断嵌套的系统称为多级中断系统，没有中断嵌套功能的中断系统称为单级中断系统。

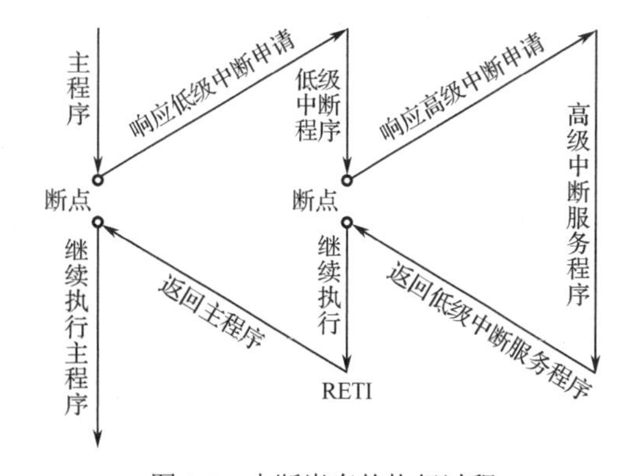

图 3.2　中断嵌套的执行过程

2. STC15W 系列单片机中断源介绍

STC15W 系列单片机提供了 21 个中断源，是 STC15W 系列单片机中断源最多的。具体

包括外部中断 0（INT0）、定时器 0（T0）中断、外部中断 1（INT1）、定时器 1（T1）中断、串行口 1（S1）中断、A/D 转换（ADC_FLAG）中断、低压检测（LVD）中断、PCA 中断、串行口 2（S2）中断、SPI 中断、外部中断 2（$\overline{\text{INT2}}$）、外部中断 3（$\overline{\text{INT3}}$）、定时器 2（T2）中断、外部中断 4（$\overline{\text{INT4}}$）、串行口 3（S3）中断、串行口 4（S4）中断、定时器 3（T3）中断、定时器 4（T4）中断、比较器（CMPIF）中断、PWM 中断及 PWM 异常检测中断，如图 3.3 所示。这些中断源均可以将 CPU 从掉电模式唤醒。

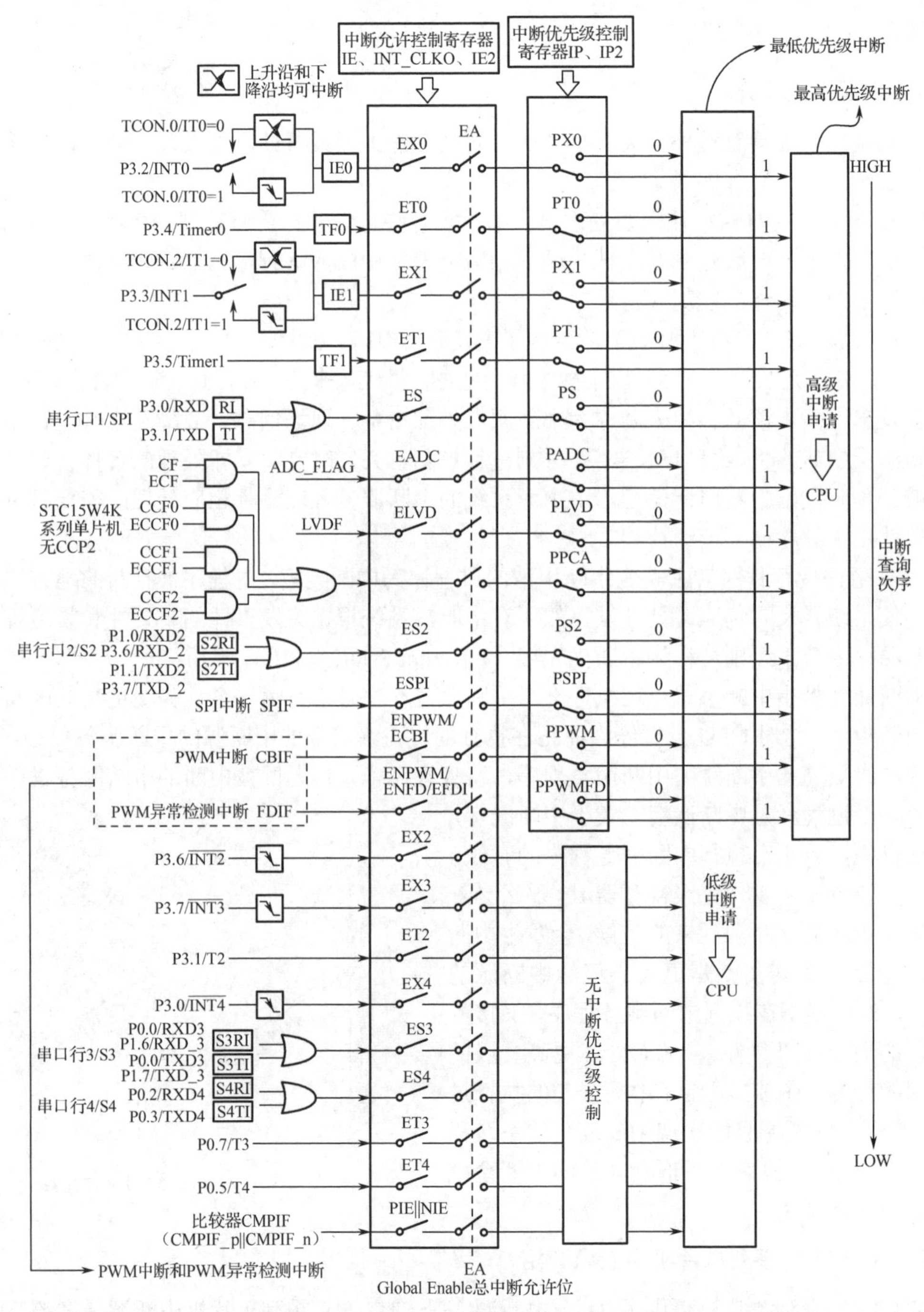

图 3.3　STC15W 系列单片机中断系统结构

21个中断源的中断优先级从HIGH→LOW依次为INT0→T0→INT1→…→PWM异常检测。外部中断2、外部中断3、定时器2中断、外部中断4、串行口3中断、串行口4中断、定时器3中断、定时器4中断及比较器中断9个中断源无中断优先级控制位，固定是最低优先级中断。其他中断源都具有2个中断优先级，可实现2级中断嵌套。

中断申请通过开、关总中断允许位及相应的中断源允许位，使CPU响应、屏蔽相应的中断申请。外部中断2～4及定时器2的中断申请标志位被隐藏，对用户不可见。当CPU响应外部中断2～4及定时器2中断服务程序后，这些中断请标志位会被自动清零，如表3.4所示。

中断优先级遵循以下2条基本规则。

（1）低优先级中断源可被高优先级中断源中断，反之则不能。

（2）任何一个中断源（不管是高级还是低级），一旦得到响应，不能被它的同级中断源中断。当同时收到几个同一优先级的中断申请时，哪一个申请得到服务，取决于中断查询次序。

3. CPU响应中断申请的条件

（1）中断源能发出有效的中断申请。

（2）中断源允许开放。中断源允许包括总中断允许、中断源源允许。这里只要允许中断源（不一定是全部中断源）向CPU申请中断，就应编程总中断允许位EA=1；哪一个中断源源允许开放，即编程源允许位=1。

例如，允许外部中断0向CPU申请中断，需要编程EA=1及外部中断0源允许EX0=1。如果上述条件满足，那么CPU一般会响应中断。但是，若存在下列任何一种情况，则中断响应会被阻止。

（1）CPU正在执行一个同级或高级的中断服务程序。

（2）现行机器周期不是所执行指令的最后一个机器周期。此限制的目的在于使当前指令执行完毕后，才能进行中断响应，以确保当前指令的完整执行。

（3）当前指令是返回指令或访问IE、IP的指令。因为按中断系统的特性规定，在执行完这些指令之后，还应再继续执行一条查询IE、IP状态指令，才能响应中断。若存在上述任何一种情况，则CPU将丢弃中断查询结果；否则，将在下一个周期内响应中断。

4. CPU响应中断的过程

（1）保护断点。CPU响应中断后，先执行一条中断系统提供的LCALL指令，与软件中调用子程序执行的LCALL指令一样，即把程序计数器PC中的内容（CPU要执行的下一条指令地址，又称断点）压入堆栈空间保护。

（2）转入中断服务程序入口。CPU响应了外部中断0申请后，将要执行的指令地址压入堆栈空间保护，PC→中断源入口地址（0003H），CPU转入（外部中断0）中断服务程序入口。

（3）执行中断服务程序（中断函数）。上述步骤（1）（2）是CPU响应中断时中断系统内部自动完成的，而中断服务程序的执行内容是用户程序安排的。中断服务程序的最后一条指令一定是中断返回，以保证堆栈空间的断点送回给PC，即断点→PC，保证CPU能回到主程序的断点处继续执行主程序。

5. 中断应急预案设计

系统设置中断应急预案时，程序设计分为主程序和中断服务程序两部分。

1）主程序

主程序主要包括如下内容。

（1）中断源初始化函数。让系统具备应对突发事件的能力，包括中断源触发行为（触发方式）设置；中断允许控制寄存器 IE、IE2 等设置，即开放总中断允许、开放相应的中断源允许（见表 3.4）。

（2）设置中断优先级寄存器 IP，确定并分配所使用的中断源的优先级。

（3）完成系统主要任务。

2）中断服务程序

中断服务程序主要包括如下内容。

（1）处理突发事件，即中断服务函数。

（2）中断返回。

6. 中断服务程序的编写

中断服务函数：返回值 函数名([参数][模式][重入]interrupt n [using n])。

interrupt 表示中断函数。interrupt 后的 n 为 0～23 的常整数（没有 13、14 中断编号），表示 STC15W 系列单片机的 21 个中断源；using 后的 n 为 0～3 的常整数，使用 using 指定寄存器组，分别表示单片机内的 4 个工作寄存器组，保证给每个中断服务程序分配不同的寄存器组。

7，中断涉及的寄存器

1）中断控制寄存器 TCON

中断控制寄存器的低 4 位用来设定外部中断 0、1（IT0/IT1）的触发方式，标记触发后的中断标志位（IE0/IE1）；高 4 位控制定时器/计数器（TR0/TR1）启动及触发后的标志位（TF0/TF1），如图 3.4 所示。

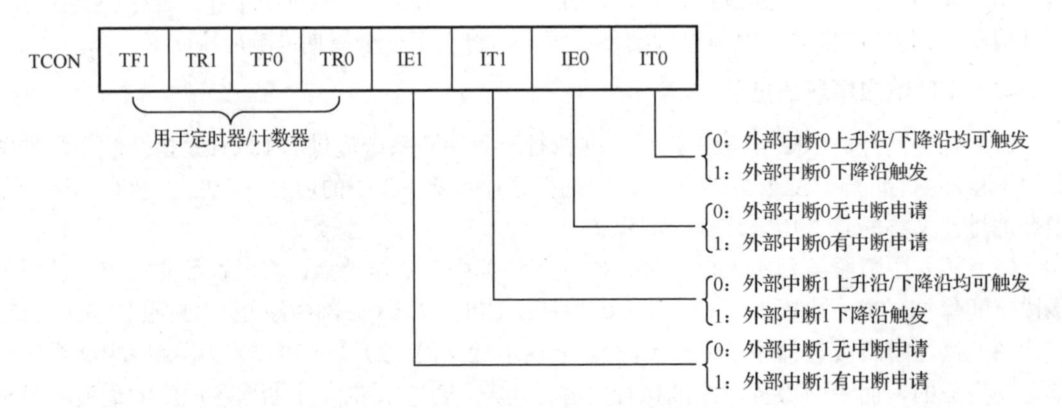

图 3.4　中断控制寄存器 TCON 各位定义

2）中断允许寄存器 IE、IE2 和 INT_CLKO

IE 主要用来设置中断源总允许，外部中断 0、外部中断 1、定时器 T0、定时器 T1、串行口、A/D 转换、低压检测中断的源允许及屏蔽源允许，如图 3.5 所示。若允许外部中断 0、外部中断 1 向 CPU 申请中断，则编程 EX0=1、EX1=1、EA=1 或 IE=0X85。

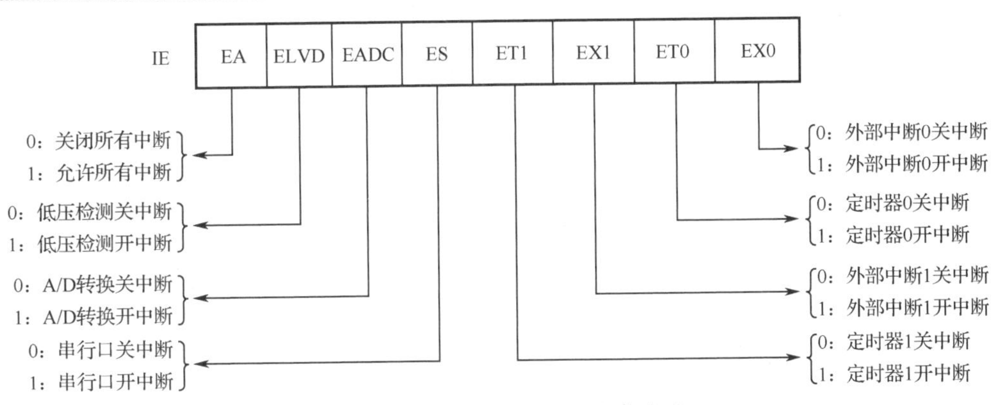

图 3.5　中断允许寄存器 IE 各位定义

IE2、INT_CLKO 主要用来设定定时器 2～4，串行口 2～4 及 SPI 中断允许，请查阅附录 D。

3）中断优先级寄存器 IP、IP2

STC15W 系列单片机通过设置特殊功能寄存器（IP 和 IP2）中的相应位，可将部分中断源编程为 2 个中断优先级，除了外部中断 2（INT2）、外部中断 3（INT3）、定时器 2～4、串行口 3 及串行口 4，其余中断源可编程为 2 个优先级中断，正在执行的低优先级中断源能被高优先级中断源中断，但不能被另一个低优先级中断源中断，直到执行结束，遇到返回指令 RETI，返回主程序后再执行一条指令，才能响应新的中断申请。

可以通过设定中断优先级寄存器 IP、IP2 的值，改变中断源的中断优先级，实现中断嵌套。中断优先级寄存器 IP、IP2 各位定义如图 3.6 和图 3.7 所示。

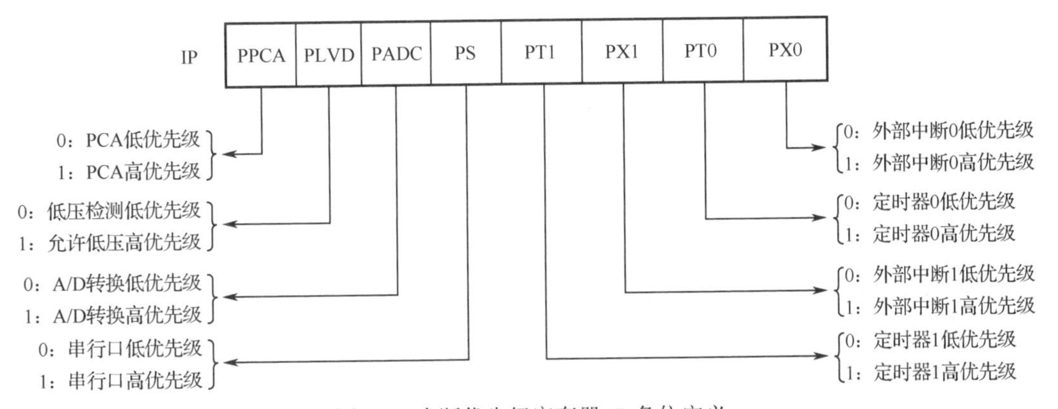

图 3.6　中断优先级寄存器 IP 各位定义

8. 中断源触发及 CPU 响应举例

以外部中断 0 为例，分析中断源触发及 CPU 响应中断过程。各中断源触发行为、中断标志位、源允许等信息查看 STC15W 系列单片机中断系统结构中的标识，如图 3.3 所示。

1）外部中断 0 能发出有效中断申请

（1）中断源触发信号 IT0 设定。

① 如果是从 P3.2 外部引脚来的触发信号，那么无论是上升沿还是下降沿动作，均能使中断申请标志位 IE0=1，即能向 CPU 发出有效中断申请，编程设定 IT0=0（开关打在上方）。

② P3.2 引脚触发信号在下降沿动作时使 IE0=1，设定 IT0=1（开关打在下方）。

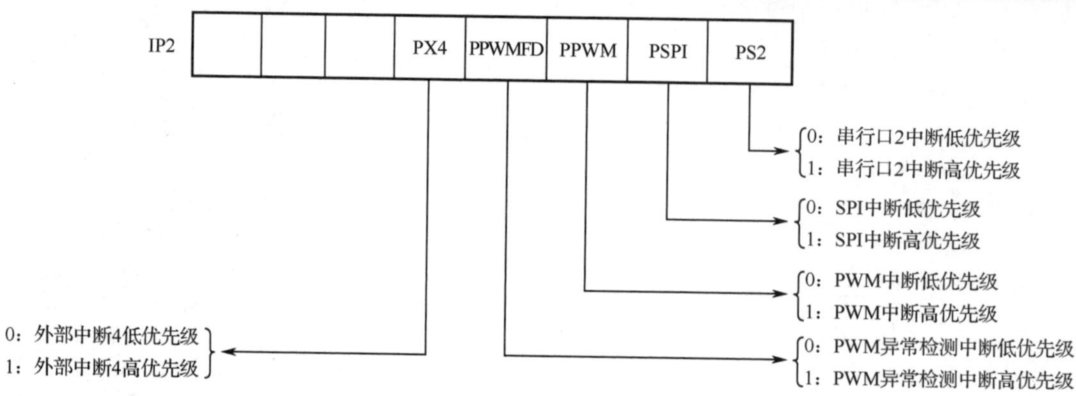

图 3.7 中断优先级寄存器 IP2 各位定义

（2）中断申请标志位 IE0 能发生变化（0→1）。

① 当设定 IT0=0 时，P3.2 触发信号从高电平到低电平跳变，或者从低电平到高电平跳变时，IE0=1，中断申请标志位能发出有效中断申请。

② 当设定 IT0=1 时，P3.2 触发信号只有从高电平到低电平跳变时，IE0=1，中断申请标志位才能发出有效中断申请。

（3）允许中断源向 CPU 申请中断。编程设定中断源总允许 EA=1，中断源（外部中断 0）源允许 ET0=1。

2）CPU 响应中断（外部中断 0）过程

（1）保护断点。CPU 响应中断后，先执行一条中断系统提供的 LCALL 指令，与软件中调用子程序执行的 LCALL 指令一样，即把程序计数器 PC 中的内容（CPU 要执行的下一条指令地址）压入堆栈空间保护，PC→中断源入口地址。

（2）转去外部中断 0 中断服务程序入口 0003H。

（3）执行外部中断 0 中断服务程序（中断函数）。

9. 中断应急预案设计举例

预案，是指根据评估分析或经验，对潜在的或可能发生的突发事件的类别和影响程度事先制定的应急处置方案。STC15W 系列单片机设置了 21 个中断源，可以及时、有效、迅速地处理在智能系统运行过程中，不需要时刻进行控制但紧急时刻需要立即处理的事件，如外部中断、定时器中断、串行口中断、系统低压检测中断等。通过设定各中断源的中断申请条件，需要被干预时发出中断申请，由中断系统的中断服务程序进行相应处理；需要时刻控制的事件由主程序循环持续控制。

举例：观察图 3.8，完成以下任务。

（1）开机时，霓虹灯左移发光（主程序）。

（2）按下 K1（外部中断 0 申请中断），报警（霓虹灯 0.2 s 闪烁）（中断服务程序）。

（3）按下 K2（外部中断 1 申请中断），解除报警（中断服务程序），恢复霓虹灯左移发光。

任务分析。

（1）霓虹灯左移发光是主要任务，即主程序，CPU 主程序执行的是霓虹灯左移发光 void Pattern__cror_()，主程序流程图如图 3.9 所示。

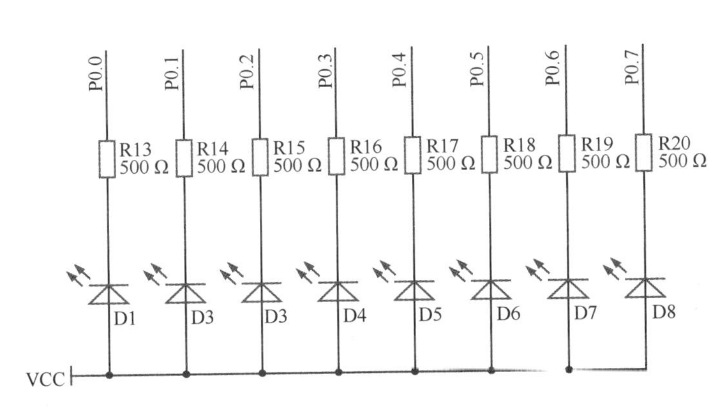

P3.2　K1　VCC
P3.3　K2
R29 10 kΩ　R30 10 kΩ
GND

图 3.8　霓虹灯报警电路

（2）K1 通过下拉电阻与 P3.2 相连，K2 通过下拉电阻与 P3.3 相连。在项目 2 中我们学习了 P3.2～P3.5 做基本输入/输出使用。这里，我们学习 P3.2、P3.3 外部中断功能。

（3）允许 INT0、INT1 向 CPU 申请中断。编程中断源总允许 EA=1，源允许 EX0=1、EX1=1，如图 3.5 所示。

（4）中断源触发信号 IT0、IT1 设定。当 K1、K2 被按下时，即触发中断，会在 P3.2、P3.3 上产生一上升沿，由此判断，外部中断 0.1 的触发方式为上升沿触发，即编程设定 IT0=0，IT1=0，外部中断 0、1 触发方式设定位存放在中断控制寄存器 TCON 中，如图 3.4 所示。

（5）中断申请标志位 IE0、IE1。依据外部中断的动作原理，编程设定 IT0=0，IT1=0 后，按下 K1 或 K2，即触发外部中断 0、1，IE0=1、IE1=1，发出有效中断申请。

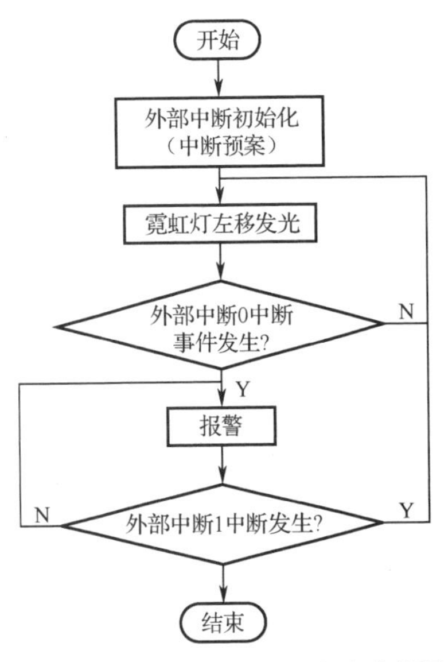

图 3.9　霓虹灯左移发光主程序流程图

（6）外部中断 0、1 中断预案设计（外部中断初始化函数）：

```
void Init_XInt01( )
{
    IT0=0;        //外部中断 0 上升沿触发
    IT1=0;        //外部中断 1 上升沿触发
    IE1=0;        //清外部中断 1 中断标志，防止误触发
    IE0=0;        //清外部中断 0 中断标志，防止误触发
    EX0=1;        //INT0Enable
    EX1=1;        //INT1Enable
    EA=1;         //中断源总允许
}
```

小提示：为了防止开机中断误触发，初始化时将中断申请标志位清零，如 IE0=0，IE1=0。其他中断源也是如此。

中断初始化函数是系统的应急预案，一定要放在主程序中，以保证系统具备及时处理突发事件的能力。

（7）中断服务程序设计。

① 外部中断0：霓虹灯报警。

② 外部中断1：解除报警，恢复霓虹灯左移发光，如图3.10所示。

```
//外部中断0中断服务函数
Run_Int0( ) interrupt 0  using 1
{
    flag=1;
}
//外部中断1中断服务函数
Run_Int1( ) interrupt 2 using 2
{
    flag=0;
}
```

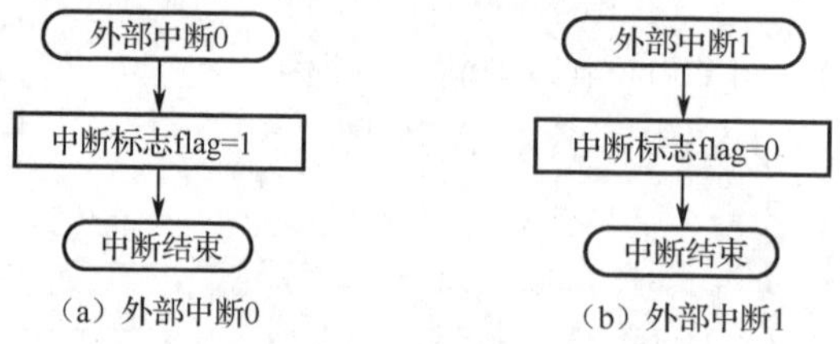

（a）外部中断0　　（b）外部中断1

图3.10　外部中断设计流程图

小知识：中断服务程序用来处理突发事件——霓虹灯报警。霓虹灯报警需要循环控制才能实现其功能。CPU不能在中断服务程序中停留太长时间，否则会影响主程序的工作。故在外部中断0中断服务程序中设置标志位，在外部中断1中断服务程序中解除标志位。主程序中判断有中断发生（有标志位），即开始霓虹灯报警；清除中断申请标志位（解除报警），即恢复主要任务。

3.2.2　单片机中断源知识

扫一扫看文档：单片机中断源知识测验题答案

一、填空题（每空1分，共6分）

1．CPU 暂停正在执行的主程序转去处理突发事件的操作称为________，主程序被打断的地方称为________。

2．STC15W系列单片机有________个中断源，优先级最高的中断源是________。

3．外部中断0的触发位是________，外部中断1下降沿触发时IT1=________。

二、选择题（每空2分，共4分）

1．STC15W系列单片机中断源的中断入口地址位于________。

A．内部数据存储区　　B．程序存储区

C．外部数据存储区　　D．特殊功能寄存器区

2．如果允许外部中断1向CPU申请中断，那么应编程使IE=______。

A．0X81　　B．0X82　　C．0X83　　D．0X84

3.2.3　中断服务程序响应过程测试

扫一扫看文档：中断服务程序响应过程测试程序代码

扫一扫看教学课件：中断服务程序响应过程测试

扫一扫看微课视频：中断服务程序响应过程测试

主题讨论：中断应急预案设计及中断服务程序设计

参考图 3.8，任务设计采用模块化编程，学习中断服务程序响应过程测试。

1. 创建工程文件 Int0_Routine.uvproj，新建文件 main.c、main_Int01.c、Ext_Int.h

main.c：

```
#include <reg51.h>
#include <intrins.h>
#include "Ext_Int.h"
void main()
{
    P0M1 = 0;   P0M0 = 0;   //设置为准双向口
    IP=0x10;
    Init_XInt01( );
    do
    {
        if(flag==1)
        {
            led=~led;
            delay(200);
        }
        else Pattern__cror_();
    }while(1);
}
```

main_Int01.c：

```
#include <reg51.h>
#include <intrins.h>
#include "Ext_Int.h"
bit flag;                   //中断触发时 flag=1，中断解除时 flag=0
void delay(uint t)
{
  uint i;
    do{
      i = 200;
        while(--i);
    }while(--t);
 }
//外部中断初始化函数
void Init_XInt01( )
{
    …
}
```

```
//外部中断 0 中断服务函数
Run_Int0( ) interrupt 0  using 1
{
    flag=1;
}
//外部中断 1 中断服务函数
Run_Int1( ) interrupt 2 using 2
{
    flag=0;
}
void Pattern__cror_()         //左移函数，从 P0.7 到 P0.0，时间间隔 1s
{
    char i;
    led=0x7f;
    for(i=8;i>=1;i--)
    {
        delay(1000);
        led=_cror_(led,1);
    }
}
```

Ext_Int.h：

```
#ifndef FUN_H
#define FUN_H         //后面的 FUN_H 只是个名字，习惯上会取跟文件名相同的名字
                      //如 _FUN_H_ 或 FUN_H 或_FUN_H 等都行
sfr P0M1 = 0x93;      //P0M1.n,P0M0.n =00--->Standard,    01--->push-pull
sfr P0M0 = 0x94;          //=10--->pure input,11--->open drain
#define led P0
extern bit flag;          //中断触发时 flag=1，中断解除时 flag=0
#define uchar unsigned char
#define uint  unsigned int
void Init_XInt01( );
void Pattern__cror_();
void delay(uint t);
#endif
```

2. 编译生成目标文件 Int0_Routine.hex

3. 外部中断 0 中断申请及 CPU 响应中断过程测试

1）Proteus 仿真调试

（1）启动 Proteus 仿真界面，打开霓虹灯原理图。

（2）仿真装入 Int0_Routine.hex 至程序存储器。单击“运行”按钮，可以看到霓虹灯一直处于循环左移发光状态。

（3）按下 K1，霓虹灯开始闪烁报警。

（4）按下 K2，霓虹灯闪烁报警消除，执行霓虹灯左移发光程序。

2）Keil 模拟调试

（1）单击 按钮进入 Keil 模拟调试界面，选择 Peripherals 选项卡中的 Interrupt 选项并单步执行至 Init_XInt01( )函数后，可以看到图 3.11 中 P3.2/Int0，P3.2/Int1 中的 EA、IT0、EX0、IT1、EX1 均被勾选，说明对外部中断 0、1 执行了中断初始化程序，具备申请中断的条件。此时，始终执行霓虹灯左移发光程序。

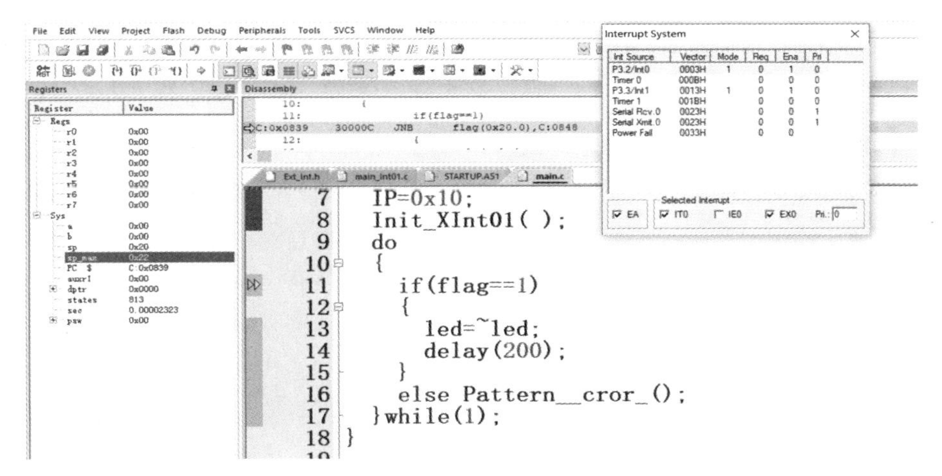

图 3.11　Keil 模拟调试界面

（2）手动勾选 IE0，模拟按下 K1，可以观察到霓虹灯开始闪烁报警。

（3）手动勾选 IE1，模拟按下 K2，霓虹灯闪烁报警消除，执行霓虹灯左移发光程序。

小经验： Proteus 仿真调试可以通过霓虹灯亮灯效果直观看到 CPU 响应外部中断 0、1 的中断申请的结果，但当出现设计思路错误，程序未能按设计进程运行时，Proteus 仿真不便于调试查找问题所在。这时选用 Keil 模拟调试界面是行之有效的一种调试方法。

通过程序单步运行观察对话框观看变量变化、位的状态信息等，查看中断源是否发出有效的中断申请，CPU 是否能及时响应中断及问题出在哪里。

3.2.4　中断嵌套测试

扫一扫看文档：中断嵌套测试代码

分组任务：中断嵌套测试，要求 CPU 能在执行外部中断 0 中断服务程序的过程中，响应高优先级外部中断 1 的中断申请。观看霓虹灯原理图，完成以下测试

（1）开机：霓虹灯高 4 位、低 4 位闪烁发光，闪烁时间采用软件延时，延时时间为 0.5 s。

（2）将外部中断 1 优先级设置为高于外部中断 0。

（3）按下 K1，霓虹灯报警，报警间隔 0.2 s。

（4）按下 K2，恢复霓虹灯高 4 位、低 4 位闪烁发光。

（5）使用模块化编程。

（6）用#include　"STC15Fxxxx.H"取代#include <reg51.h>。

（7）学习 Keil 模拟调试方法。

① 编程分析：在程序设计中需要设定 IP=0x04，即外部中断 1 优先级高于外部中断 0。为了能模拟看到效果，在中断服务程序中加了几个_NOP()函数，方便测试低优先级时观察能否响应高优先级中断源。

```
#include <reg51.h>
#include <intrins.h>
//#include  "STC15Fxxxx.H"
sfr P0M1 = 0x93;    //P0M1.n,P0M0.n =00--->Standard,    01--->push-pull
sfr P0M0 = 0x94;    //=10--->pure input,11--->open drain
#define  led   P0
bit flag;           //中断触发时 flag=1，中断解除时 flag=0
#define uchar unsigned char
#define uint  unsigned int
void Init_XInt01( );
void Pattern__cror_();
void delay(uint t) {
   uint i;
     do{
        i = 200;
         while(--i);
     }while(--t);
 }
void main()
{
    P0M1 = 0;   P0M0 = 0;          //设置为准双向口
    Init_XInt01( );
    IP=0x04;                       //外部中断 1 优先级高于外部中断 0
    led=0X0F;
    do
    {
        if(flag==1)
        {
            led=~led;
            delay(200);
        }
        else {
                    led=~led;
                    delay(500);
            }
    }while(1);
}
//外部中断初始化函数
void Init_XInt01( )
{
    …
}
//外部中断 0 中断服务函数
Run_Int0( ) interrupt 0  using 1
{
flag=1;
led=0X00;
```

```
    _nop_();
        _nop_();
    }
    //外部中断 1 中断服务函数
    Run_Int1( ) interrupt 2 using 2
    {
        flag=0;
        led=0XF0;
        _nop_();
        _nop_();
    }
```

② 中断嵌套测试：编译生成目标文件。在 Keil uVision5 界面模拟调试。

在主程序中运行时，分别按下 K1、K2，观看 CPU 能否跳转到外部中断 0、1 中断服务程序，响应中断申请。

在外部中断 0 中断服务程序的执行过程中，按下 K2，观看 CPU 能否暂停低优先级中断源的执行过程，响应高优先级中断源的中断申请。

观看在外部中断 1 中断服务程序的执行过程中，CPU 不能响应低优先级中断源的中断申请，直到外部中断 1 中断服务程序执行结束，才能执行外部中断 0 中断服务程序。

小知识：STC15W 系列单片机是中国本土 MCU 设计公司在传统 8051 单片机基础上片上化系统的进一步提升，包含 100 个特殊功能寄存器，21 个中断源。

使用#include "STC15Fxxxx.H"取代#include <reg51.h>，后续章节学习、使用的特殊功能寄存器都包含在"STC15Fxxxx.H"中，在程序中不需要重新定义。

使用#include "STC15Fxxxx.H"时，STC15Fxxxx.H 文件要放在创建的工程文件目录中。

任务 3.3　突发事件的应急处理

扫一扫看文档：多中断源应急处理代码

3.3.1　多中断源应急处理

扫一扫看教学课件：多中断源应急处理

主题讨论：多中断源优先级设置

1. 启动仿真

启动 Proteus 仿真将霓虹灯原理图独立按键中的 P3.4、P3.5 修改为外部中断 2、3，将 4 个按键功能定义为 OPEN、RUN、STOP、QUIT，如图 3.12 所示。

2. 实现 3 种亮灯模式

控制霓虹灯实现 3 种亮灯模式，按键 OPEN、RUN、STOP、QUIT 替换 K1、K2、K3、K4，均使用中断源设计。

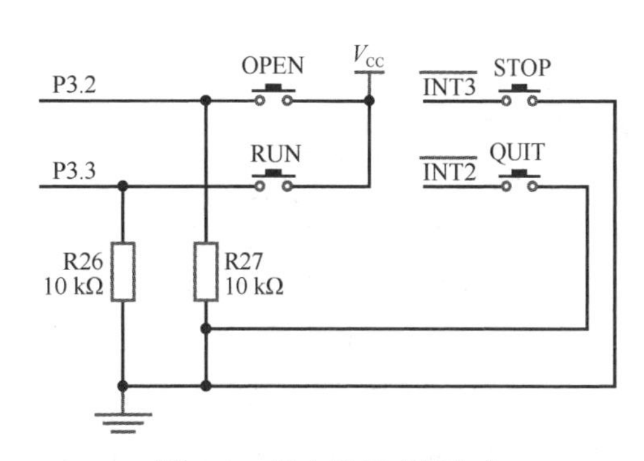

图 3.12　独立按键功能定义

3. 完成任务

（1）按下 OPEN，霓虹灯全亮。

（2）按下 RUN，霓虹灯闪烁发光。

（3）按下 STOP，霓虹灯全灭。

（4）按下 QUIT，霓虹灯间隔点亮。

4. 硬件电路分析

观看图 3.3 STC15W 系列单片机中断系统结构及表 3.4 中断触发表。

1）OPEN、RUN 设计

OPEN 通过下拉电阻与 P3.2 相连，做外部中断 0 使用，外部中断 0 中断申请标志位 IE0；中断入口地址位于 ROM 的 0003H 单元，中断编号为 0，上升沿触发；RUN 通过下拉电阻与 P3.3 相连，做外部中断 1 使用，中断请求标志位 IE0 和中断入口地址位于程序存储器区（ROM）0013H，中断编号为 2，上升沿触发。外部中断 0、1 触发方式的中断申请标志位状态变化已在 3.1.1 节中学习介绍。

2）STOP、QUIT 设计

STOP 与 P3.6 相连，做外部中断 2 使用，下降沿触发，中断入口地址位于程序存储器区（ROM）0053H，中断编号为 10；QUIT 与 P3.7 相连，做外部中断 3 使用，下降沿触发。中断入口地址位于程序存储器区（ROM）005BH，中断编号为 11。外部中断 2、3 无中断优先级控制位，固定最低优先级中断，且外部中断 2、3 的中断申请标志位被隐藏，对用户不可见。当 CPU 响应外部中断 2～4 及定时器 2 中断服务程序后，这些中断申请标志位会被自动清零。

5. 中断初始化

1）外部中断 0、1 初始化

允许外部中断 0、1 向 CPU 申请中断，EA=1，EX0=1，EX1=1；外部中断 0、1 均为上升沿触发，IT0=0，IT1=0。

2）外部中断 2、3 初始化

允许外部中断 2、3 向 CPU 申请中断，需要打开其源允许 EX2、EX3=1。EX2、EX3 位于特殊功能寄存器 INT_CLKO 中，如表 3.5 所示。INT_CLKO 地址对 8FH，不能对位操作，应编程设定 INT_CLKO=0X30。其余位与本设计无关，需要时可查阅该寄存器介绍。

表 3.5 特殊功能寄存器 INT_CLKO 位定义

符　号	描　述	地　址	MSB			位地址及其符号				LSB
INT_CLKO AUXR2	External Interrupt enable and Clock Output Register	8FH	—	EX4	EX3	EX2	—	T2CLKO	T1CLKO	T0CLKO

外部中断 2、3 均为下降沿触发，即只要在 P3.6 或 P3.7 上产生一下降沿，CPU 即可响应外部中断 2、3 中断申请。

可以将 4 个外部中断初始化写成一个函数：

```
void Init_XInt0123( )
{
```

```
        IT0=0;                  //开关打在上方
        IT1=0;                  //开关打在上方
        IE1=0;                  //清外部中断 1 中断标志，防止误触发
        IE0=0;
        EX0=1;                  //INT0Enable
        EX1=1;                  //INT1Enable
        INT_CLKO=0X30;          //INT23Enable
        EA =1;                  //中断源总允许
    }
```

6. 中断服务函数

中断服务函数要求能及时响应，处理完突发事件后能及时回到主函数。为了保证按下 RUN、QUIT 闪烁效果，程序中设定 4 个标志位，霓虹灯闪烁功能在主程序中实现：

```
    //外部中断 0 中断服务函数
    void Run_Int0( )interrupt 0 using 1
    {
        flag0=1;
        flag1=0;
        flag2=0;
        flag3=0;
        led=0X00;
    }
    //外部中断 1 中断服务函数
    Run_Int1( ) interrupt 2 using 2
    {
        flag0=0;
        flag1=1;
        flag2=0;
        flag3=0;
        led=0X00;    //赋初值，为了实现闪烁效果
    }
    //外部中断 2 中断服务函数
    void Run_Int2( )interrupt 10 using 3
    {
        flag0=0;
        flag1=0;
        flag2=1;
        flag3=0;
      led=0Xff;
    }
    //外部中断 3 中断服务函数
    Run_Int3( ) interrupt 11 using 1
    {
        flag0=0;
        flag1=0;
        flag2=0;
        flag3=1;
```

```
    led=0Xaa;          //间隔点亮
}
```

7. 主函数设计

创建工程文件 Int0123_Routine，新建文件 Exter_ int0123.C，输入以下代码：

```
#include"STC15Fxxxx.H"
bit flag0=0;               //INT0 中断标志
bit flag1=0;               //INT1 中断标志
bit flag2=0;               //INT2 中断标志
bit flag3=0;               //INT3 中断标志
#define led  P0
void Init_XInt0123( );
void Delay1ms(int count);
void main()
{
     Init_XInt0123( );
     P0M0=0;
     P0M1=0;
     led=0Xff;
    while(1)
    {
        if(flag0==1)
            {
                led=0x00;    //点亮
                }
        if(flag1==1||flag3==1)
            {
                led=~led;
                Delay1ms(1000);
            }
        if(flag2==1)
            {
                led=0xff;    //熄灭
                }
    }
}
```

8. 多中断源调试

（1）通过 Proteus 观看仿真效果。

（2）通过学习板观看实际效果。

3.3.2 课堂挑战：多故障报警

图 3.13 所示为多故障指示原理图。当系统的各部分正常工作时，4 个故障源输入端全为低电平，LED 灯全灭。只有当某部分出现故障时，对应的输入端才由低电平变为高电平，从而引起单片机外部中断 0 中断，在中断服务程序中通过查询即可判断故障源，并进行相应的

LED 显示。使用 Proteus 仿真观看效果。

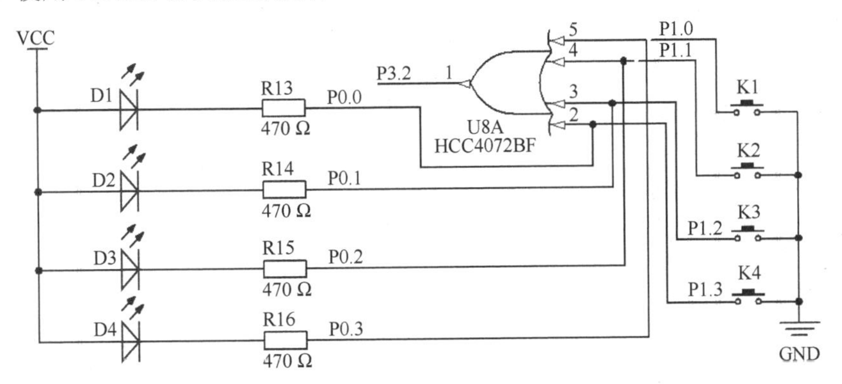

图 3.13 多故障指示原理图

项目4

珍惜时间奋斗青春

远古的人类通过对日月星辰和一年四季变化的观察，逐渐产生了时间的概念。从人类最早使用的计时工具沙漏或水漏，到钟表诞生发展成熟之后，人们开始尝试使用这种全新的计时工具来改进定时器，达到准确控制时间的目的。1876年，英国外科医生索加取得了一项定时装置的专利，用来控制煤气灯的开关。它利用机械钟带动开关来控制煤气阀门。起初每周上一次发条，1918年使用电钟计时后，就不用上发条了。随着科技的发展，定时器的产品越来越多。纯机械（接通延时型定时器、断开延时型定时器）→机械电子→纯电路→纯软件→可编程控制定时器，代表了社会的需求与科技的进步。

时钟同步就是通过对本地时钟进行某些操作，达到为分布式系统提供一个统一时间标度的过程。时钟同步也叫"对钟"。要把分布在各地的时钟对准（同步起来），最直观的方法就是搬钟，可用一个标准时钟作为搬钟，使各地时钟均与搬钟对准，或者使搬钟首先与系统的标准时钟对准，然后使系统中的其他时钟与搬钟对准，实现系统中的其他时钟与系统的标准时钟对准。

计算机常用的本地时钟——定时器，有纯软件定时、纯硬件定时及软硬件结合的定时方法。纯硬件定时欠灵活，如555定时器，电路设计完成后，定时时间无法再调整；纯软件定时占用CPU时间，如我们常用的delay()函数、多层循环的{for(j=0;j<72;j++);}、do{…}while(1)；软硬件结合的定时方法，即配置专门的定时器/计数器逻辑电路，这种定时器/计数器逻辑电路称为可编程定时器/计数器。任何单片机都有独立的可编程定时器/计数器部件。无论是定时器还是计数器，在单片机的运行过程中都具有定时或事件计数功能和本地时钟功能，因此常常被应用于时间控制、程序延时、对外部时间计数、检测、实现时间同步等工作。例如，CPU与外部设备之间的速度差异较大，控制定时器生成一定的时间间隔，即定时，来协调彼此之间的工作。定时器/计数器可与CPU同时工作，基本所有的定时器都有中断功能，需要CPU介入时，定时器/计数器向CPU申请中断，由CPU接手执行相应的操作。定时器为智能控制系统的实时性、多任务奠定了时间基础。

课程思政

珍惜时间　奋斗青春

时间看不见、摸不着，然而对时间概念的认识和探究伴随着整个人类的发展历史。计时工具的演变，是人类社会科技水平发展的一个缩影。时至今日，人们已经可以通过测量原子的周期来计时。但是任何先进的计时工具都只能记录时间的流逝，时间可以淡忘，但记忆抹不去。作家柳青说过：“人生之路是漫长的，但紧要处只有几步，尤其当人年轻的时候。”这话对于青年人尤有教益。如果你想搞科学研究，就要扣好刻苦学习专业知识的第一粒扣子，为将来奠定扎实的理论基础；如果你想步入政界做人民公仆，就要扣好道德修养的第一粒扣子，为将来廉洁奉公奠定基础。人生的选择如同穿衣，第一粒扣子扣好了，就铺好了前进的基石，迈出了坚实的一步，叩启了命运的闸门。无奋斗，不青春，好好珍惜时间，珍惜我们度过的每一天，将来的你一定会感激现在奋斗的你。

学习目标

本项目通过了解定时器/计数器，领会定时器/计数器的原理，弄懂本地时钟设计，使学生对时钟源产生深刻认识，学会智能控制时间校对设计原理。学习目标如表 4.1 所示。

表 4.1　学习目标

知 识 目 标	能 力 目 标	情感态度与价值观目标
认识定时器/计数器； 本地时钟设计； PWM	具备使用定时器/计数器获取时间的能力； 具备定时时间计算、本地时钟调整的能力； 具备使用定时器中断源处理突发事件的能力； 具备 PWM 设计与应用的能力	我们在时间的长河里面蹉过，不断洗涤的是我们的思想与见识，不断累积的是我们的风采与学识

任务设计与实现

任务 4.1　认识定时器/计数器

扫一扫看微课视频：定时器计数器

4.1.1　定时/计数

定时器的重要任务之一就是生成一定的时间间隔，即定时，来协调 CPU 与外部设备之间的速度差异。单片机中配置了专门的定时器/计数器逻辑电路，是单片机内部的一个独立的硬件，称为可编程定时器/计数器，即通过软件编程调整定时时间、控制硬件工作。定时器/计数器可与 CPU 同时工作，需要 CPU 介入时，定时器/计数器向 CPU 申请中断，由 CPU 接手执行相应的操作。

STC15W 系列单片机有 5 个可编程 16 位定时器/计数器（T0、T1、T2、T3、T4），每个都有计数和定时两种工作方式。每个定时器/计数器内部都有 1 个 16 位加 1 计数器，均可以分成 2 个 8 位寄存器。定时器/计数器的核心部件是 1 个 16 位加 1 计数，对脉冲计数。但计数脉冲来源不同。若计数脉冲来自系统时钟，则为定时方式，此时定时器/计数器每 12 个时钟脉冲或每 1 个时钟脉冲得到 1 个计数脉冲，计数值加 1；若计数脉冲来自单片机外部引脚（T0 为 P3.4，T1

为 P3.5，T2 为 P3.1，T3 为 P0.7，T4 为 P0.5)，则为计数方式，每来 1 个脉冲，计数加 1。定时器/计数器（T0、T1）的结构框图如图 4.1 所示，T2、T3、T4 结构与 T0、T1 相同。

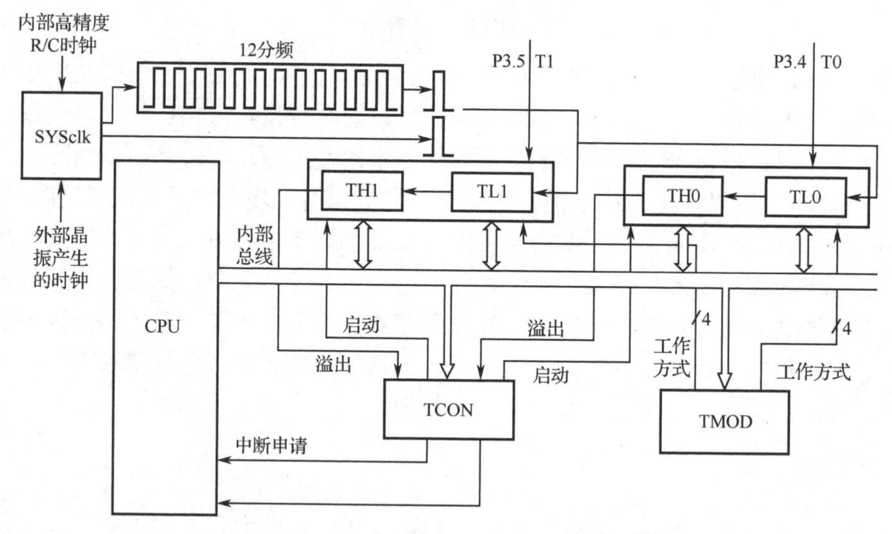

图 4.1　定时器/计数器（T0、T1）的结构框图

计数器和定时器本质上是相同的，都是对进入单片机的脉冲进行计数。只要计数脉冲的间隔相等，计数值就代表时间的流逝。由此判断，单片机中的定时器/计数器是一个器件，计数器记录的是外部发生的事件，而定时器则由单片机提供一个非常稳定的计数源。

1. 定时器/计数器结构组成

STC15W 系列单片机有 2 个时钟源 SYSclk，内部高精度 R/C 时钟和外部时钟（外部输入的时钟或外部晶振产生的时钟）。时钟源脉冲波形如图 1.11 所示。2 个时钟源 SYSclk 可以产生 2 种计数速率：一种是 12T 模式，T 表示 1 个时钟脉冲，即每 12 个时钟脉冲加 1，与传统 8051 单片机相同；另一种是 1T 模式，每 1 个时钟脉冲加 1，速度是传统 8051 单片机的 12 倍。

2. 定时/计数过程

每来一个脉冲（内部 12 分频时钟脉冲或内部一个时钟脉冲或外部引脚脉冲），加 1 计数器（TL0 或 TL1）从计数初值开始加 1，当加到计数器全满（TL0/TL1==0XFF、TH0/TH1==0XFF）时，再来一个脉冲，计数器（TL0/TL1==0X00、TH0/TH1==0X00）回零，且最高位的溢出脉冲使控制寄存器 TCON 中的溢出中断标志位 TF0==1 或 TF1==1，向 CPU 发出中断申请（若定时器/计数器中断源允许闭合）。此时，若定时器/计数器工作于定时功能（由工作方式寄存器 TMOD 设定），则表示定时时间到；若工作于计数功能，则表示计数值满。满计数值减去计数初值即计数器的计数值。

3. 定时器/计数器工作涉及的特殊功能寄存器

STC15W 系列单片机定时器/计数器在传统 8051 单片机定时器 0、1 的基础上，增加了定时器 2～4。特殊功能寄存器添加了辅助寄存器 AUXR、外部中断允许和时钟输出寄存器 INT_CLKO AUXR2，使用了传统 8051 单片机特殊功能寄存器中的空闲位。

1）定时器 0、1 工作方式寄存器 TMOD

TMOD 设定定时器 0、1 的工作方式，低 4 位用于定时器 0，高 4 位用于定时器 1，其格

式如图 4.2 所示。这里只介绍低 4 位定时器 0，高 4 位与低 4 位各位功能相同，只是用来设定定时器 1 的工作方式。

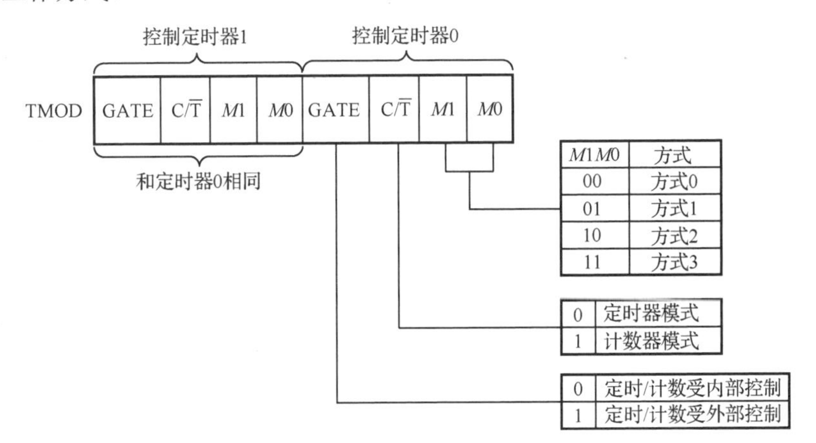

图 4.2　T0、T1 工作方式寄存器各位定义

（1）GATE：门控位。用来设定定时/计数受内部 TR0 控制，还是受外部中断引脚 INT0 控制。当 GATE=0 时，定时/计数受内部 TR0 控制，由软件编程 TR0=1，即启动定时器 0 工作；当 GATE=1 时，允许从外部输入 INT0 控制定时器 0，这样可实现脉宽测量。

（2）C/$\overline{T}$：定时器/计数器功能选择位。C/$\overline{T}$ = 0 为定时功能，C/$\overline{T}$ = 1 为计数功能。当定时器/计数器用来完成时间计时时，应编程 C/$\overline{T}$ =0；当定时器/计数器用来对外部事件进行计数，即单片机系统接收 P3.4 或 P3.5 的脉冲信号时，应编程 C/$\overline{T}$ =1。

（3）*M*1*M*0：定时器/计数器工作方式设定。

① *M*1*M*0=00，方式 0 工作，16 位加 1 计数器自动重装。SYSclk 产生的 1T 或 12T 脉冲→TL0（TL1）低 8 位计满（256）→TH0（TH1）高 8 位计数（计满），TF0（TF1）==1 溢出（中断申请标志位）。此时，内部隐含寄存器 RL_TH0（RL_TH1）将初值→TH0（TH1），RL_L0（RL_L1）→TL0（TL1），即重新装入初值。满计数值为 2^{16}=65 536。

② *M*1*M*0=01，方式 1 工作，16 位加 1 计数器不重装。SYSclk 产生的 1T 或 12T 脉冲→TL0 低 8 位计满→TH0 高 8 位计数，即 16 位计满，TF0（TF1）==1 溢出（中断申请标志位）。计数初值不能自动重装，需要编程装入。

③ *M*1*M*0=10，方式 2 工作，8 位加 1 计数器自动重装。SYSclk 产生的 1T 或 12T 脉冲→TL0。低 8 位 TL0 用来计数，高 8 位 TH0 用来备份计数初值。当低 8 位 TL0 计满（256 个脉冲）溢出时，高 8 位 TH0 备份的计数初值自动装入计数器 TL0。满计数值为 2^{8}=256。

④ *M*1*M*0=11，方式 3 工作，不可屏蔽中断的 16 位自动重装模式。

2）控制寄存器 TCON

控制寄存器 TCON 各位定义如图 4.3 所示。高 4 位用于定时器 0、1 的工作启动及存储定时器 0、1 的中断标志，低 4 位用于外部中断 0、1 的设定（低 4 位已在项目 3 中介绍）。

（1）定时器 1 的溢出标志位 TF1。T1 加 1 计数器加 1 至全满时，硬件置位 TF1。这时若允许定时器 1 向 CPU 申请中断（编程 EA=1、ET1=1），则 CPU 具备响应定时器 1 的中断条件（没有同级中断或执行完当前指令）时，清除 TF1 并转入定时器 1 中断服务程序入口（ROM 001BH），响应定时器 1 中断服务程序；若定时器 1 中断不开放（编程 EA=0、ET1=0），则

CPU 只能通过查询 TF1 的状态判断定时时间或计数值。查询方式工作时，TF1==1 必须通过软件清零。

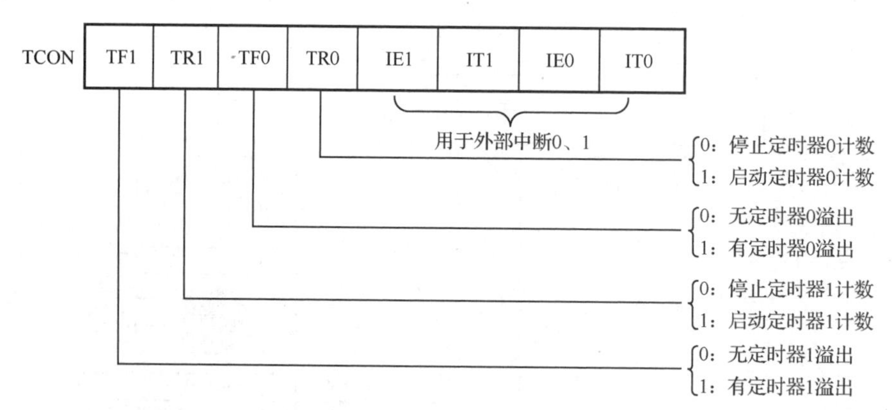

图 4.3　控制寄存器 TCON 各位定义

（2）定时器 1 运行控制位 TR1。TR1=1 时，定时器 1 启动定时或计数；TR1=0 时，定时器 1 停止定时或计数。定时器/计数器的启动、停止由软件编程控制。

（3）定时器 0 溢出标志位 TF0。功能与 TF1 相同。

（4）定时器 0 运行控制位 TR0。功能与 TR1 相同。

4. 定时器/计数器定时设计（以定时器 0 方式 0 为例）

STC15W 系列单片机定时器 0 有 4 种工作方式。

1）方式 0

定时器 0 方式 0（16 位自动重装模式）结构如图 4.4 所示。方式 0 将传统 8051 单片机 13 位计数修改为 16 位自动重装。定时器 0 有 2 个隐藏的寄存器 RL_TH0 和 RL_TL0。RL_TH0 与 TH0 共用同一个地址，RL_TL0 与 TL0 共用同一个地址。初始化 TL0 及 TH0 时，写入 TL0 的内容会同时写入 RL_TL0，写入 TH0 的内容会同时写入 RL_TH0。启动定时器 0 工作时，脉冲→TL0→TH0 加 1 计数。TL0、TH0 加满 65536 溢出时，TF0==1。RL_TH0 自动装入 TH0，RL_TL0 自动装入 TL0，再次进行加 1 计数，2 个隐藏的寄存器 RL_TH0 和 RL_TL0 是 TH0、TL0 的备份寄存器。

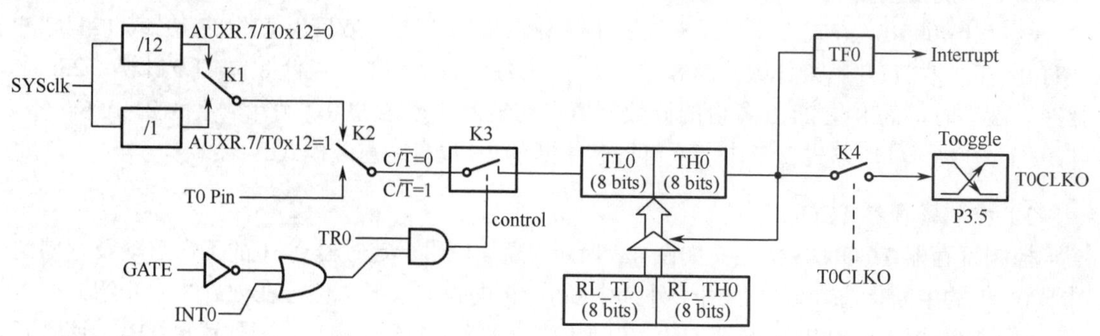

图 4.4　定时器 0 方式 0（16 位自动重装模式）结构

2）工作过程分析

任务：利用定时器 0 定时 1 ms，方式 0 工作，选用 1T 模式，控制霓虹灯 1 s 周期闪烁。

（1）定时初值计算。

① 定时时间分析及最大定时时间计算：

$$定时时间=(2^M - T_{初值})\times 机器周期$$

式中，M 为定时器/计数器工作方式，分别为 16、16、8、8；选用 1T 模式，机器周期 $=\dfrac{1}{\mathrm{FOSC}}$。若选用 12T 模式，则机器周期 $=\dfrac{1}{\mathrm{FOSC}/12}$。

当 $T_{初值}$=0 时，定时器最大定时时间=$(2^{16}-0)\times 1/12$（μs）=65 536/12≈5.461（ms）（1T 模式）。

如果选用 12 MHz 晶振，那么当定时器方式 0 工作时，最大定时时间只有 5.461 ms，要想控制霓虹灯 1 s 周期闪烁，需要增加定时次数累计 1 s。

② 选择定时 1 ms：

$$\frac{1}{1\,000}=(2^{16}-T_{初值})\times\frac{1}{\mathrm{FOSC}}$$

$$T_{初值}=65\ 536-\mathrm{FOSC}/1\,000$$

③ 装入初值，TL0=65 536−FOSC/1 000；TH0=(65 536−FOSC/1 000)≫8。

小提示：方式 0 工作时，定时初值在编程装入 TL0、TH0 时，也被自动装入隐藏的 RL_TL0、RL_TH0 中，不用编程装入。

小经验：采用 C 语言编程，可以直接使用数学运算库函数，即定时初值直接使用赋值方法，TL0=65 536−FOSC/1 000，同时便于改变晶振。

（2）定时器工作方式寄存器设定。选用定时器 0，1T 模式，定时器/计数器 16 位自动重装。

① 编程 AUXR=0X80（T0x12=1，K1 打在下方），如图 4.4 所示。

② 编程 TMOD=0X00，即 GATE=0，$C/\overline{T}$=0，K2 打在上方，接收 1T 脉冲（定时工作），$M1M0$=00，16 位自动重装。

③ 定时初值装入 TL0=65 536−FOSC/1 000，(65 536−FOSC/1 000)≫8。

④ 编程 TR0=1，K3 闭合，启动定时器 0。

⑤ 允许定时器 0 向 CPU 申请中断，EA=1，ET0=1。

3）定时器 0 初始化函数

代码如下：

```
void Time0_init()//
{
    AUXR |= 0x80;                          //定时器 0，1T 模式
    TMOD = 0x00;                           //设置定时器，方式 0(16 位自动重装)
    TL0 = 65536-FOSC/1000;                 //初始化计数值
    TH0 = 65536-FOSC/1000>>8 ;             //T1MS 高 8 位赋值
    TR0 = 1;                               //定时器 0 启动计时
    ET0 = 1;                               //开放定时器 0 中断源允许
    EA = 1;                                //开放总中断源允许
}
```

4）主函数设计

在主函数中调用定时器初始化函数后，即启动定时器开始加1计数。注意，定时器是单片机中一个独立的硬件，一旦启动将独立于CPU开始加1计数。系统脉冲→TL0→TH0，直至TL0、TH0全满，即65 536，TF0==1计满溢出（溢出标志位自动置1），表示1ms时间到。此时可以向CPU申请中断，定时器的加1计数要从理论角度分析并理解。

CPU在定时器从初值加1计数至全满过程，即1 ms时间里，暂且没有其他事可做，处于休息状态，直至定时器向它申请中断。代码如下：

```
void main()
{
    P0=0X00;
      Time0_init();
      while(1)
      {
        ;
      }
}
```

5）中断服务函数设计

CPU响应定时器中断申请后，即转入定时器中断入口（000BH），中断编号为1，执行定时器的中断服务函数。CPU 1 ms进入定时器0中断服务程序一次，直至1 000次1 s到，霓虹灯取反，出现闪烁效果。定时器初始化、主程序、中断服务程序流程图如图4.5所示。

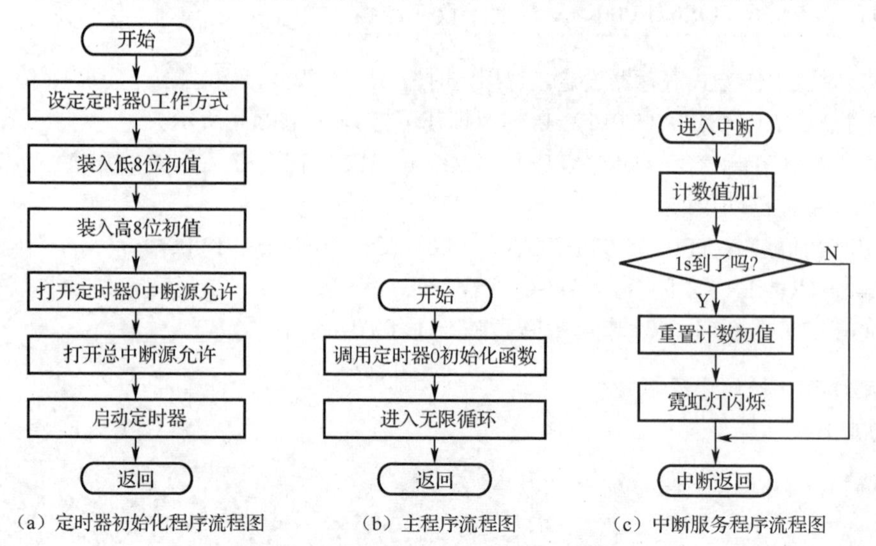

图4.5 霓虹灯闪烁发光程序流程图

小知识：定时器0初始化函数设定了1 ms定时，根据人眼视觉暂留现象，要看到霓虹灯闪烁效果，人眼要继续保留其影像0.1～0.4 s。这里我们选用常规闪烁时间1 s。如今我们所说的1 s，其实就是铯原子跃迁振荡9192631770周经历的时间，这是1967年10月召开的第十三届国际计量大会正式定义的。国际上规定，取1958年1月1日0分0秒世界时的瞬间作为原子时的起点。

6）调试、验证程序

（1）创建工程 Time_mode_test.uvproj，添加文件 Time_mode_test.c。代码如下：

```
#include"STC15Fxxxx.H"
#define uint  unsigned int
#define FOSC 12000000                    //12 MHz
#define C1ms (65536-FOSC/1000)           //1 ms
uint i=0;
void tm0_isr() interrupt 1 using 1 //定时器 0 中断服务函数
{
    i++;
     if(i==1000)
     { i=0;
       P0 =~P0;
     }
}
void Time0_init()                        //定时器 0 初始化
{
    P0M1 = 0;   P0M0 = 0;                //设置为准双向口
    AUXR = 0x80;                         //定时器 0，1T 模式
    TMOD = 0x00;                         //设置定时器 0，方式 0（16 位自动重装）
    TL0 = C1ms;                          //初始化计数值
    TH0 = C1ms>>8;                       //T1MS 高 8 位赋值
    TF0=0;
    TR0 = 1;                             //定时器 0 启动计时
    ET0 = 1;                             //使能定时器 0 中断
    EA = 1;
    }
void main()
{
    P0=0X00;
     Time0_init();
     while(1)
     {
       ;
     }
}
```

（2）编译直至生成目标文件 Time_mode_test.hex。

（3）Keil uVision5 模拟调试。模拟调试方法与 3.2.3 节类似，进入模拟调试界面，需要打开定时器 0 中断源，如图 4.6 所示。勾选 TF0，表示定时时间到，观察 CPU 是否能响应定时器 0 中断源，若不响应，则需要依据 CPU 响应中断过程的相关概念检查相关中断源初始化设置；观察霓虹灯是否 1 s 闪烁，若时间有误，则需要检查定时器 0 工作方式设定、初值运算、装入过程是否正确。

（4）Proteus 仿真测试。在 Proteus 中打开霓虹灯原理图，装入 Time_mode_test.hex 文件，运行，观察闪烁效果。

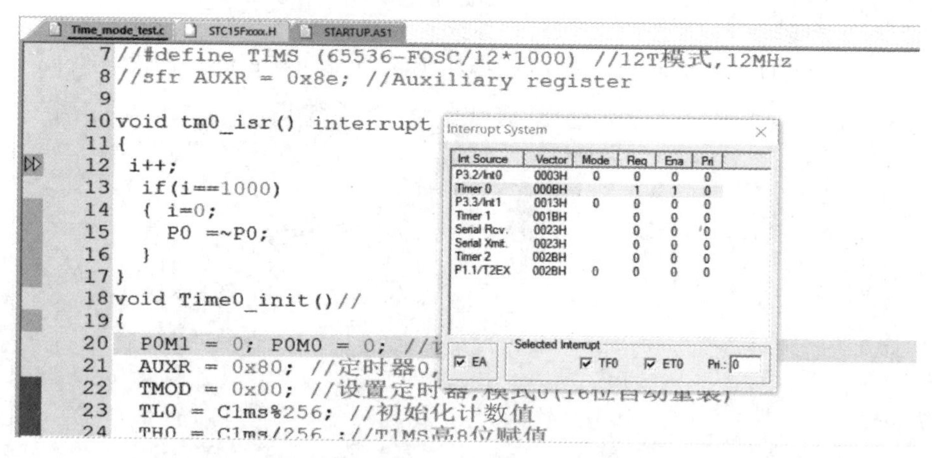

图 4.6　定时器 0 方式 0 工作模拟调试界面

小知识：视觉暂留现象又称“余晖效应”，1824 年由英国伦敦大学教授彼得·马克·罗杰特（Peter Mark Roget）在他的研究报告《移动物体的视觉暂留现象》中最先提出。

人眼在观察景物时，光信号传入大脑神经，需要经过一段短暂的时间，光的作用结束后，视觉形象并不立即消失，这种残留的视觉被称为“后像”，这一现象则被称为“视觉暂留”。

4.1.2　定时器/计数器知识

扫一扫看微课视频：定时器计数器知识

扫一扫看文档：定时器计数器知识测验题答案

填空题（每空 1 分，共 10 分）

1．STC15W 系列单片机内部有________个可编程________位定时器/计数器（T0、T1、T2、T3、T4），都有计数和定时 2 种工作方式。

2．STC15W 系列单片机定时器/计数器的核心部件是一个________计数器，对脉冲计数。但计数脉冲来源不同。若计数脉冲来自________时钟，则为定时方式。

3．STC15W 系列单片机定时器/计数器均是对________计数。但计数脉冲来源不同。若计数脉冲来自外部时钟，则为________方式。

4．定时器 0 有________种工作方式：方式 0，________自动重装方式；方式 1，16 位不可重装方式；方式 2，8 位自动重装方式；方式 3，不可屏蔽中断的 16 位自动重装方式。

5．STC15W 系列单片机的定时器有 2 种计数速率：一种是________模式，每 12 个时钟脉冲加 1，与传统 8051 单片机相同；另一种是________模式，每 1 个时钟脉冲加 1，速度是传统 8051 单片机的 12 倍。

小知识：如果用户要将单片机设置为使用内部时钟，最好不要再接外部晶振；但是如果用户既想将单片机设置为使用内部时钟，又想接外部晶振，那么上电复位需要额外延时 180 ms。

4.1.3　定时器/计数器工作方式分析及误差调整

主题讨论：定时器/计数器设计与应用

1. 定时器/计数器其他工作方式分析

以定时器 0 为例（定时器 1 与定时器 0 的工作方式完全相同），分析工作方式 1、方式 2、方式 3。

1）方式 1

方式 1，16 位不可重装方式，其结构如图 4.7 所示。不可重装意味着 TL0、TH0 均计满后，TL0、TH0 初值均变为 0，此时重新计数至计满溢出的时间长度将发生变化。为了再次获得准确的定时时间，需要编程给 TL0、TH0 装入初值，在装入初值的过程中会丢失几个系统脉冲，产生时间误差。

方式 1 的工作过程与方式 0（16 位自动重装）的定时/计数过程一致。方式 1 不能将 P3.5/T1 配置为定时器 0 的时钟输出 T0CLKO。

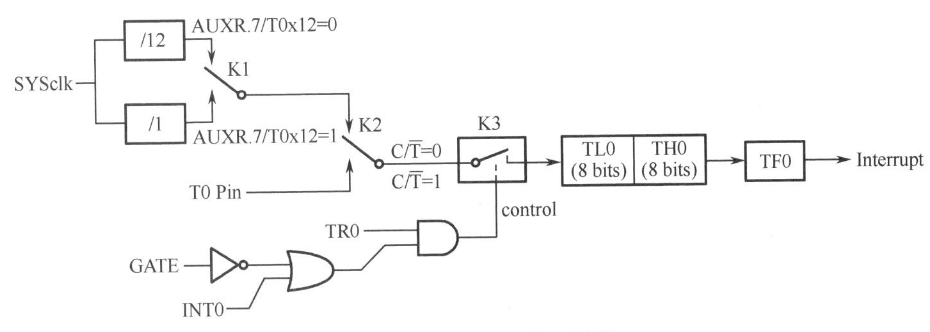

图 4.7　定时器 0 方式 1 结构

2）方式 2

方式 2，8 位自动重装方式，其结构如图 4.8 所示。

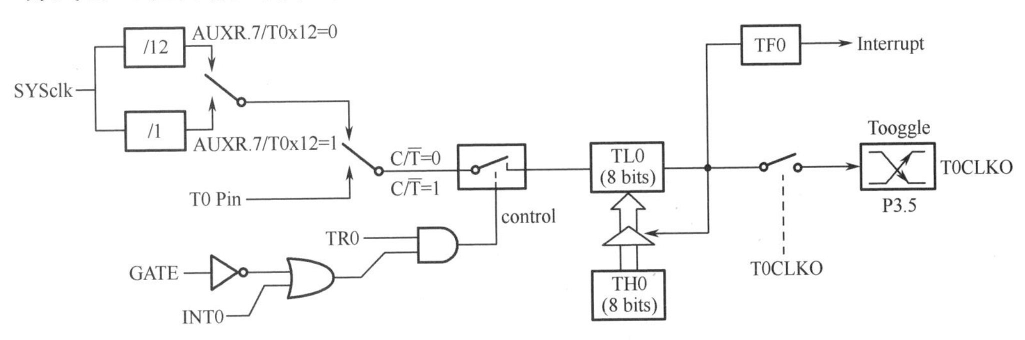

图 4.8　定时器 0 方式 2 结构

方式 2 的定时/计数过程与方式 0 相同。方式 2 也可以自动重装，只有低 8 位 TL0 参与计数系统脉冲加 1，即计数值最大从 00→FF，高 8 位 TH0 是低 8 位的备份，即低 8 位 TL0 全满时，高 8 位的值自动装入低 8 位。所以，在给 TL0 装入初值时，也要给 TH0 装入相同的初值。方式 2 一次获取的定时时间比方式 0 短，不会产生误差。

3）方式 3

方式 3，不可屏蔽中断的 16 位自动重装方式。定时器 1 除方式 3 外，其他工作方式都与定时器 0 相同，定时器 1 在方式 3 工作时无效，停止计数。

对于定时器 0，其方式 3 与方式 0 是一样的。唯一不同的是，在方式 3 工作时，定时器 0 中断与总中断使能位 EA 无关，即只需编程 ET0=1（定时器 0 中断允许位），EA=0，就能打开定时器 0 的中断。

方式 3 工作下的定时器中断一旦被打开（ET0=1），优先级最高，不能被任何中断打断，而且该中断打开后既不受 EA 控制，又不受 ET0 控制，即使编程 EA=0 或 ET0=0，都不能屏蔽此中断。故将此方式称为不可屏蔽中断的 16 位自动重装方式。

4）定时器 2～4

定时器 2 的工作方式固定为 16 位自动重装方式。T2 可以当定时器使用，也可以当串行口的波特率发生器和可编程时钟输出。定时器 3、4 与定时器 2 一样，工作方式固定为 16 位自动重装方式。T3、T4 可以当定时器使用，也可以当串行口的波特率发生器和可编程时钟输出。

2. 最大定时时间计算

1）定时器 0，方式 0，选用 12T 模式，FOSC=12 MHz

$$机器周期=\frac{1}{\text{FOSC}/12}=\frac{12}{\text{FOSC}}$$

T0max_Mode0=(2^{16}−T0 初值)×机器周期=(65 536−0)×1 μs=65.536 ms；

T0max_Mode1=(2^{16}−T0 初值)×机器周期=(65 536−0)×1 μs=65.536 ms；

T0max_Mode2=(2^{8}−T0 初值)×机器周期=(256−0)×1 μs=0.256 ms；

T0max_Mode3=(2^{16}−T0 初值)×机器周期=(65 536−0)×1 μs=65.536 ms。

2）定时器 0，方式 0，选用 1T 模式，FOSC=12 MHz

$$机器周期=\frac{1}{\text{FOSC}}$$

T0max_Mode0=(2^{16}−T0 初值)×机器周期=(6 5536−0)×1/12 μs=5.461 ms；

T0max_Mode1=(2^{16}−T0 初值)×机器周期=(6 5536−0)×1/12 μs=5.461 ms；

T0max_Mode2=(2^{8}−T0 初值)×机器周期=(256−0)×1/12 μs=0.021 ms；

T0max_Mode3=(2^{16}−T0 初值)×机器周期=(65 536−0)×1/12 μs=5.461 ms。

从上述 2 个时间计算可以知道，选用 1T 模式工作，可以获得更精细的时间。

3）定时器误差调整

从图 4.6～图 4.8 的定时器工作方式可以看出，定时器 0、1 在方式 1 工作时，定时器计满溢出后，不能自动重装初值，在编程装入初值时，会多出几个脉冲，产生误差。要产生准确的定时时间，需要测试获取误差，以下是行业开发人员经验测试后的误差调整：

```
#define  FOSC      12000000                            //选用 12 MHz 晶振
#define C50 μs  (65 536-FOSC/(12 000 000/35)) //50 μs 准确定时，考虑初值重装
#define C1 ms  (65 536-FOSC/(12 000 000/980)) //1 ms 准确定时，考虑初值重装
#define C10 ms  (65 536-FOSC/(12 000 000/9 970))//10 ms 准确定时，考虑初值重装
```

小知识：STC15W 系列单片机是 1T 的 8051 单片机，为兼容传统 8051，定时器 0、1、2 复位后是传统 8051 的速度，即 12 分频，但也可不进行 12 分频，设置新增加的特殊功能寄存器 AUXR，将定时器 0、1、2 设置为 1T。

STC15W 系列单片机将传统 8051 定时器 0、1 方式 0 从 13 位修改为 16 位自动重装，解决了定时误差问题，故准确定时可选用方式 0，通信技术的波特率可选用方式 2。

任务 4.2　本地时钟设计

大型通信系统产品都需要系统时钟（一般通过时钟板实现）和各板上时钟电路，按照来源分为 2 种：本地时钟和外部时钟。

本地时钟（Local Clock）：位于相关设备附近，并与设备有直接关系的时钟。这个时钟通常是石英晶振产生的振荡信号，其频率准确度与稳定度非常好，价格也比较低。

古埃及人表示一昼夜的变化是把白天定为 10 小时，夜晚定为 12 小时。由于四季的变化，白天和黑夜的长短不一样，后来把一昼夜的变化均匀地分为 24 小时，每小时为 60 分钟，每分钟为 60 秒。这种计时方法一直沿用到今天，成为全世界公用的时间计量单位。

4.2.1　定时器/计数器的典型应用

分组任务：任务 1、任务 2、任务 3

任务 1：启动定时器 1，定时 10 ms，控制 P0.1 外接的 LED 灯闪烁发光。要求定时器 1 方式 1 工作，选用 12 MHz 晶振，12T 模式。

（1）任务分析。定时器 1 在方式 1 工作时的逻辑结构与图 4.7 类似。根据定时器工作原理，编程设定 $M1M0$=01，定时器 1 方式 1 工作，16 位加 1 计数器，TH1 的 8 位和 TL1 的 8 位均参与计数，但不能自动重装。编程设定 $C/\overline{T}$=0，K1 打在上方，来自内部振荡器 12 分频后的脉冲从低 8 位 TL0 进入，低 8 位计满向高 8 位 TH0 进位，高 8 位再计满溢出时自动置位 TF1=1。

（2）定时 10 ms 的定时器 1 初值计算：

$$\text{机器周期}=\frac{1}{\text{FOSC}}\times 12=\frac{12}{12\ \text{MHz}}=1\ \mu\text{s}$$

$$\text{定时时间}=(2^{16}-\text{T1 初值})\times\text{机器周期}$$

$$10\ \text{ms}=(2^{16}-\text{T1 初值})\times 1\ \mu\text{s}$$

$$\text{T1 初值}=65\,536.100\,00=55\,536\text{D}=\text{D8F0H}$$

定时器 1 方式 1 工作时，16 位加 1 计数器全部参与计数，所以将 T1 初值的低 8 位 F0H 装入 TL1；高 8 位 D8H 装入 TH1。

（3）如果不允许定时器 1 申请中断，定时器 1 定时 10 ms 方式 1 工作。

创建工程 Time1_mode1_10ms.uvproj 及文件 Time1_mode1_10ms.c，输入以下代码：

```
#include    "STC15Fxxxx.H"
#define uchar unsigned char
#define uint  unsigned int
```

```
uchar i=0;
sbit led=P0^0;
void Time1_init()//
{
    P0M1 = 0;   P0M0 = 0;      //设置为准双向口
    AUXR = 0x00;               //定时器 1，12T 模式
    TMOD = 0x10;               //设置定时器 1，方式 1(不能自动重装)
    TL1 = 0xF0;                //初始化计数值
    TH1 = 0xD8;                //高 8 位赋值
    TF1=0;
    TR1 = 1;                   //定时器 1 启动计时
    }
void main()
{
  led=0;
  Time1_init();
  while(1)
    {
        if(TF1==1)
        {
            TF1=0;
            TL1 = 0xF0; //重装初值
            TH1 = 0xD8 ;//
            i++;        //增加定时次数
            if(i==10)   //考虑到视觉暂留现象，定时 10 次，100 ms，LED 灯取反一次
            {
                i=0;
                led=!led;
                }
            }
    }
}
```

① 编译生成目标文件。

② 启动 Proteus 仿真，观看 LED 灯闪烁效果。

小知识：由于不允许定时器 1 申请中断，因此定时器 1 定时 10ms 时间到时，CPU 不能响应定时器 1 的中断服务程序，这时只能在主程序中查询当溢出标志位 TF1=1 时，定时时间到，并在主程序中控制 P0.1 外接的 LED 灯闪烁发光。

小提示：定时器不允许中断时，定时时间到标志位不能自动清零，需要编程清零。可通过统计定时次数控制 LED 灯达到比较理想的闪烁效果。定时器方式 1 工作时，初值不能自动重装，定时时间到时，需要先编程再装入。

（4）如果允许定时器 1 申请中断，定时器 1 定时 10ms 方式 1 工作编程。代码如下：

```
#include    "STC15Fxxxx.H"
#define uchar unsigned char
#define uint  unsigned int
uchar i=0;
sbit led=P0^0;
void tm1_isr() interrupt 3 using 1//
{
    TL1 = 0xF0;                //重装初值
    TH1 = 0xD8 ;               //
    i++;
    if(i==10)
    {
        i=0;
        led=!led;
            }
}
void Time1_init()//
{
    P0M1 = 0;   P0M0 = 0;      //设置为准双向口
    AUXR = 0x00;               //定时器 1，12T 模式
    TMOD = 0x10;               //设置定时器 1，方式 1(不能自动重装)
    TL1 = 0xF0;                //初始化计数值
    TH1 = 0xD8;                //高 8 位赋值
    TF1=0;
    TR1 = 1;                   //定时器 1 启动计时
    ET1 = 1;                   //使能定时器 0 中断
    EA = 1;
    }
void main()
{
  led=0;
  Time1_init();
    while(1)
    {
        ;
    }
}
```

（5）编译，启动 Proteus 仿真，LED 灯闪烁效果与不允许中断的闪烁效果相同。

知识与经验：不允许定时器 1 申请中断时，启动定时器后，CPU 只能在主程序中等待 10ms 定时时间到，此时，CPU 不能做其他工作，这种方式称为查询。查询方式实现起来较为简单，缺点是它占用了单片机的大量时间，实时性较差。

小知识：允许定时器向 CPU 申请中断时，定时器在定时过程中，CPU 可以处理其他工作或处于空闲状态，直到定时时间到，CPU 响应中断后，才执行定时器的中断服务程序。

CPU 响应中断后，首先自动清零标志位 TF1，再转入定时器 1 的中断服务程序入口（ROM 001BH），中断编号为 3，执行中断服务程序。中断方式节约了单片机的时间，具有较好的实时性，而且可以同时执行几个任务。

任务 2：启动定时器 1 接收外部脉冲信号，当计满 300 个脉冲时，点亮一个 LED 灯。

要求使用定时器 1，方式 1 工作，允许中断。

（1）任务分析：根据定时器工作原理及本任务要求，定时器 1 计数功能，接收外部脉冲信号，所以应设定 $C/\overline{T}=1$。定时器 1 方式 1 工作，应设定 $M1M0=01$，TMOD=0X50，计数外部脉冲 300 个。

（2）T1 初值计算：$300=(2^{16}-N)$，N=65236D=FED4H；装入初值：TH1=0xFE，TL1=0xD4。

（3）计数方式初始化函数。代码如下：

```
void Count_init()
{
    P0M1 = 0;   P0M0 = 0;     //设置为准双向口
    TMOD = 0x50;              //设置计数器 1，方式 1(不能自动重装)
    TL1 = 0xD4;               //初始化计数值
    TH1 = 0xFE ;              //高 8 位赋值
    TF1=0;
    TR1 = 1;                  //计数器 1 启动计数
    ET1 = 1;                  //允许计数 1 中断
    EA = 1;
    }
```

（4）创建工程 Count_mode_test.uvproj 及文件 Count_mode.c，输入以下代码：

```
#include    "STC15Fxxxx.H"
#define uchar unsigned char
#define uint  unsigned int
uint i=0;
sbit led=P0^0;
void main()
{
    Count_init();
      while(1)
      {
        led=1;
        }
 }
void count_isr() interrupt 3 using 1//
{
    TL1 = 0xD4;       //重装计数值
    TH1 = 0xFE ;      //高 8 位赋值
    led=0;
          }
}
```

（5）编译，可以使用 Keil uVision5 模拟调试计数过程。

> **小知识：** 定时器/计数器工作在计数方式时，计数脉冲来源于外部引脚，与内部时钟无关。在计数方式下，若不允许中断，则计满一次，同样需要编程清零溢出标志位 TF1。
>
> 允许计数器向 CPU 申请中断，CPU 响应计数器中断申请后，自动清零标志位 TF1，转入定时器 1 的中断服务程序入口（ROM 001BH），中断编号为 3，执行中断服务程序。

任务 3：利用定时器 0 定时，在 P0.0 上输出周期为 100 ms 的方波，系统晶振选用 12 MHz，1T 模式。

（1）任务分析：根据题意及周期概念，若在 P0.0 上输出周期为 100 ms 的方波，则应该选择 50 ms 定时。定时时间到时在 P0.0 上取反一次，即可得到周期为 100 ms 的方波，如图 4.9 所示。

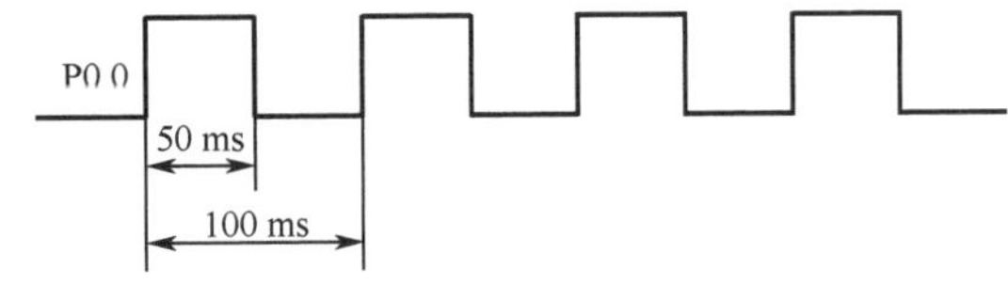

图 4.9　周期为 100 ms 的方波

（2）定时器初始化。选用定时器 0，定时 10 ms，方式 0 工作，允许中断，计数 5 次时在 P0.0 上输出，即可输出周期为 100 ms 的方波。

（3）程序分析。

① 启动定时器 0 后，每当 TH0、TL0 从初值加 1 计数至 TH0=FFH、TL0=FFH 时，再来一个脉冲，TF0 自动置 1。编程设置 EA=1，ET0=1，即允许定时器 0 中断。

② CPU 看到 TF0==1，执行完当前指令，转入定时器 0 中断服务程序入口 0000BH，中断编号为 1，执行定时器 0 中断服务程序。10 ms 进入中断一次，进入 5 次即 50 ms，P0.0 取反一次，周而往复，P0.0 上就会输出周期为 100 ms 的方波。程序流程图如图 4.10 和图 4.11 所示。

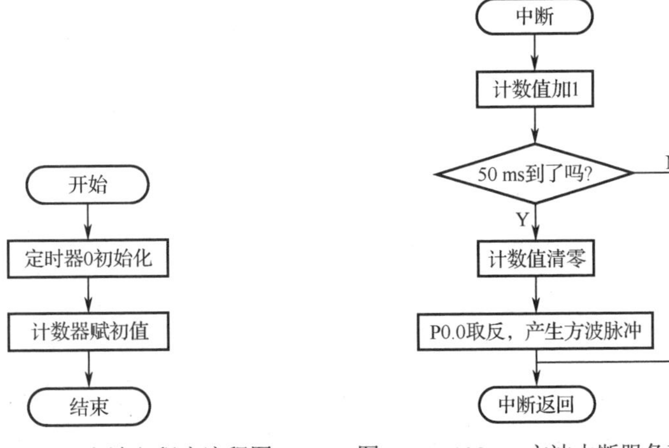

图 4.10　100 ms 方波主程序流程图　　图 4.11　100 ms 方波中断服务程序流程图

> **知识与经验：** 使用 C 语言编程，最大的便利是使用 C 库函数。选用 12 MHz 晶振，定时器/计数器初值没必要计算实际值，采用以下方式便于修改参数。

```
#define FOSC  12000000              //12 MHz
#define C10_ms  (65536-FOSC/100)    //10 ms
```

（4）创建 square wave_100ms.uvproj 工程文件及 square wave_100ms.c，输入以下代码：

```
#include "STC15Fxxxx.H"
#define uchar unsigned char
#define uint  unsigned int
#define FOSC  12000000
#define C10_ms  (65536-FOSC/100)     //10 ms
uchar i=0;
sbit led=P0^0;
void tm1_isr() interrupt 1 using 1//
{
    i++;
    if(i==50)
    {
        i=0;
        led=!led;
            }
}
void Time0_init()//定时器 T0
{
    P0M1 = 0;   P0M0 = 0;               //设置为准双向口
    AUXR = 0x80;                         //定时器 0,1T 模式
    TMOD = 0x00;                         //设置定时器，方式 0（16 位自动重装）
    TL0 = C10_ms;                        //初始化计数值
    TH0 =C10_ms>>8;                      //T1MS 高 8 位赋值
    TF0=0;
    TR0 = 1;                             //定时器 1 启动计时
    ET0 = 1;                             //使能定时器 1 中断
    EA = 1;
    }
void main()
{
  uint i=0;
    led=0;
    Time0_init();
    while(1)
    {
        ;
    }
}
```

知识与经验：中断服务程序独立于主程序之外，具备发生中断申请条件（初始化），需要 CPU 为它服务时，发出中断申请。CPU 响应中断申请后，进行断点保护，转入中断服务程序，中断服务程序结束后，返回主程序断点处继续运行。

（5）编译，使用 Proteus 仿真调试中的示波器功能可以看到周期为 100 ms 的方波。

① 打开霓虹灯原理图，单击按钮，添加 OSCILLOSCOPE 示波器，如图 4.12 所示。

② 运行 Proteus 仿真，从示波器波形中可以观察到产生的周期为 100 ms 的方波。

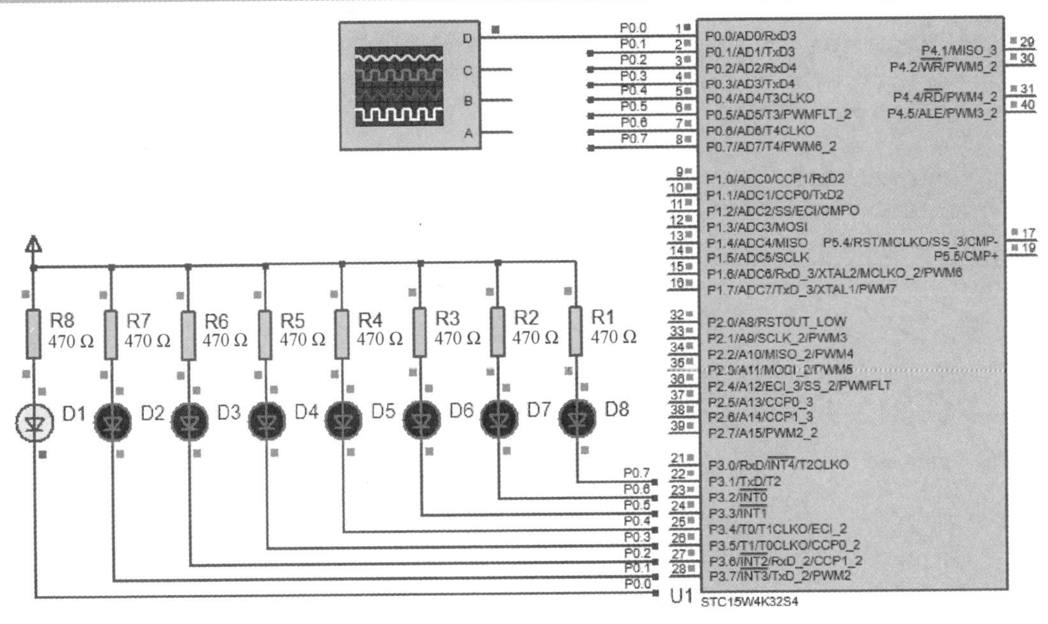

图 4.12　仿真示波器周期为 100 ms 的方波

4.2.2　本地时钟的作用与产生

扫一扫看微课视频：本地时钟的作用与产生

扫一扫看文档：本地时钟的作用与产生代码

主题讨论：本地时钟的获取与应用

（1）使用定时器获取 Hour、Minute、Second。

（2）使用 1 个霓虹灯闪烁提示秒到、2 个霓虹灯闪烁提示分钟到、5 个霓虹灯闪烁提示时到。

获取 Hour、Minute、Second 的方式如下。

在 4.1.1 节我们讲到定时器 0 方式 0 工作，定时 1 ms，定时 1 000 次可获取 Second，Second++至 59 得到 Minute，依据时间计算规律，便可获得 Hour 时间信息。

采用模块化编程，创建工程 led_glisten _time.uvproj、新建 C 文件 fun_time.c、main.c 及头文件 fun_time.h。

fun_time.h：

```
#ifndef FUN_H
#define FUN_H         //后面的 FUN_H 只是个名字，习惯上会取跟文件名相同的名字
                      //如_FUN_H_或 FUN_H 或_FUN_H 等都行
#define uchar unsigned char
#define uint unsigned int
#define FOSC 12000000
#define C1_ms (65536-FOSC/1000) //1 ms
#define C10_ms (65536-FOSC/100) //10 ms
sbit LED1=P0^0;
sbit LED2=P0^1;
sbit LED3=P0^2;
sbit LED4=P0^3;
sbit LED5=P0^4;
sbit LED6=P0^5;
sbit LED7=P0^6;
```

```
sbit LED8=P0^7;
extern bit flag_Second;                //秒到标志
extern bit flag_Minute;                //分到标志
extern bit flag_Hour;                  //时到标志
extern uint  i ;
extern uchar Hour,Minute,Second;       //时、分、秒变量
void DelayX1_ms(uint count);           //延时函数
void Disp_hour();                      //时显示函数
void Disp_minute();                    //分显示函数
void Disp_second();                    //秒显示函数
void Time0_init();                     //time0 初始化
#endif
```

fun_time.c：

```
#include "STC15Fxxxx.H"
#include"fun_time.h"
bit flag_Second=0;                     //秒到标志“1”
bit flag_Minute=0;                     //分到标志“1”
bit flag_Hour;                         //时到标志“1”
uchar Hour=23,Minute=40,Second=58;     //时、分、秒变量
uint  i=0;
void tm0_isr() interrupt 1 using 1//
{
       i++;
       if (i==1000)                    //秒到
       {
           flag_Second=1;              //秒到标志
           Second++;
           i=0;
           if(Second==60)              //分到
           {
               flag_Minute=1;          //分到标志
               Second=0;
               Minute++;
               if(Minute==60)          //时到
               {
                   flag_Hour=1;        //时到标志
                   Hour++;
                   Minute=0; //
                   }
               }
       }
}
void Time0_init()
{
    P0M1 = 0;   P0M0 = 0;              //设置为准双向口
    AUXR = 0x80;                       //定时器 0,1T 模式
    TMOD = 0x00;                       //设置定时器,模式 0(16 位自动重装)
    TL0 = C1_ms;                       //初始化计数值
    TH0 = C1_ms>>8;                    //T1MS 高 8 位赋值
```

```
    TF0=0;
    TR0 = 1;                                    //定时器 0 启动计时
    ET0 = 1;                                    //使能定时器 0 中断
    EA = 1;
    }
void Disp_second()
{
    flag_Second=0;                              //清秒到标志
    LED1=!LED1;
}
void Disp_minute()
{
    flag_Minute=0;                              //清分到标志
    LED2=!LED2;
    LED3=!LED3;
}
void Disp_hour()
{
    flag_Hour=0;                                //清时到标志
    LED4=!LED4;
    LED5=!LED5;
    LED6=!LED6;
    LED7=!LED7;
    LED8=!LED8;
}
```

main.c：

```
#include "STC15Fxxxx.H"
#include"fun_time.h"
void main()
{
    Time0_init();
    while(1)
    {
        if(flag_Second==1)
        {
            flag_Second=0;
            Disp_second();
            }
        if(flag_Minute==1)
        {
            flag_Minute=0;
            Disp_minute();
            }
        if(flag_Hour==1)
        {
            flag_Hour=0;
            Disp_hour();
            }
    }
}
```

依次类推，可以获得日、星期、月、年时间信息。

> **小提示**：模块提供给其他模块调用的外部函数及变量需要在.h 文件中以 extern 关键字声明；模块内的函数和全局变量需要在.c 文件开头以 static 关键字声明；永远不要在.h 文件中定义变量！

> **知识与经验**：验证时、分、秒最有效的方法是显示出来，但在不具备显示知识的情况下，通过 LED 灯的闪烁同样可以看到时间的变化。Proteus 仿真技术能让我们直观、有效地观察设计的本地时钟是否符合时间的变化。

4.2.3 课堂挑战：电子万年历

DS12887 是美国达拉斯半导体公司推出的时钟芯片，采用 CMOS 技术制成，把时钟芯片所需的晶振和外部锂电池相关电路集于芯片内部，节省了人类编写时钟程序的时间与精力。

利用 DS12887 和 STC15W 系列单片机设计电子万年历，以 24 小时为一个周期；显示当前时、分、秒；可以分别对时、分进行单独校时，实现基本的调时、定时、日期的修改。目前仅完成硬件设计，待项目 5 显示学习后，可完善编程时钟显示。

选用 4 位共阳电子时钟专用芯片，DS12887 与 STC15W 系列单片机接口如图 4.13 所示。采用公共底板，通过公共插座可设计专用时钟显示板。电路中所需按键采用主板矩阵键盘，请自行绘制。

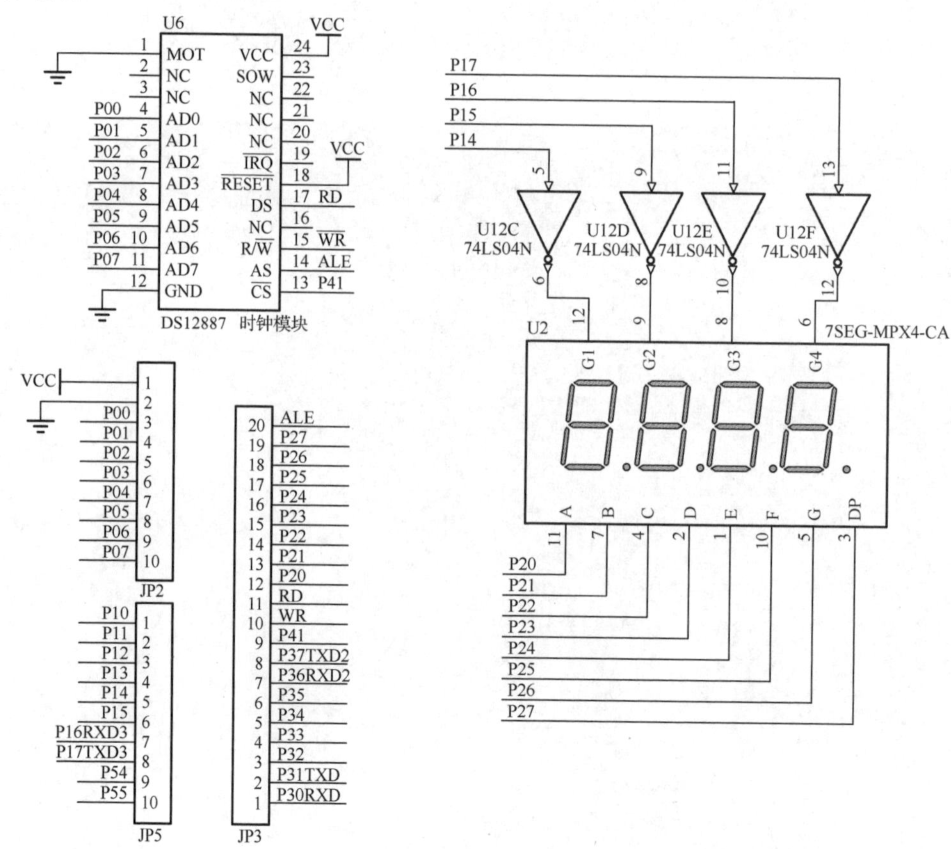

图 4.13　DS12887 与 STC15W 系列单片机接口

任务 4.3　PWM

脉宽是脉冲宽度的缩写，不同的领域，脉宽有不同的含义。通常意义上的脉宽是指在电子领域中，脉冲所能达到最大值持续的周期。形状、幅度和宽度是脉冲的主要参数，周期性重复的脉冲每秒出现的个数称为脉冲频率，其倒数称为脉冲周期。在激光领域中，脉宽通常是指激光功率维持在一定值时所持续的时间。不同的激光器，其脉宽可以在很大范围内变化。机电领域中的脉宽是指电磁阀开启的时间长度。

4.3.1　PWM 与占空比

1. PWM 概述

PWM 是一种模拟控制方式，它是利用单片机的数字输出来对模拟电路进行控制的一种技术。从图 4.14 中可以看到，调制的脉冲波形可以对控制对象实现稳定的控制，且可以将噪声影响降到最小。

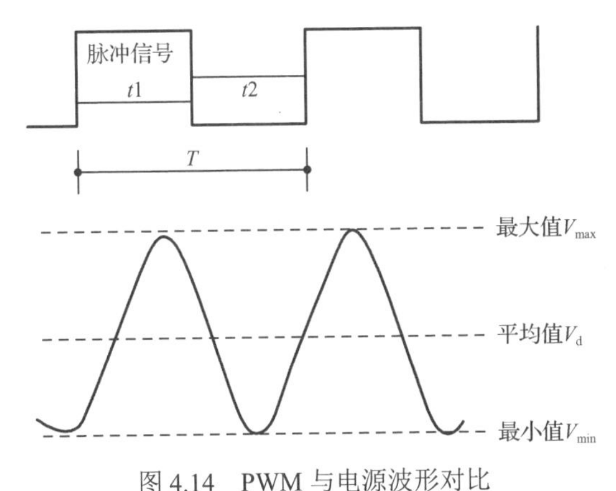

图 4.14　PWM 与电源波形对比

2. 占空比概述

PWM 波形如图 4.15 所示。这是一个周期为 10 ms，即频率为 100 Hz 的波形，但是在每个周期内，高低电平脉宽各不相同，这就是 PWM 的本质（脉宽调制）。

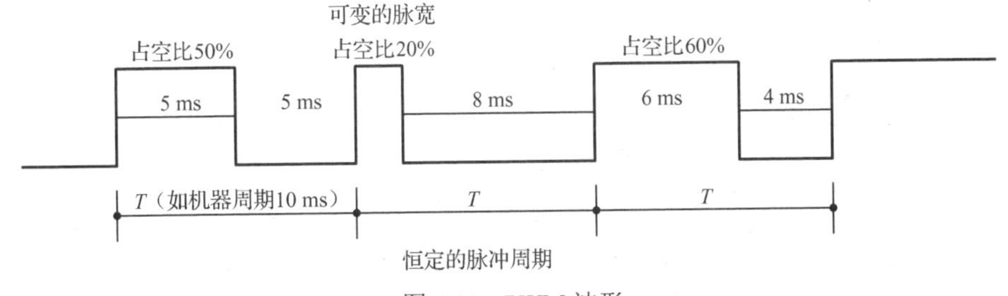

图 4.15　PWM 波形

占空比（Duty Ratio）是指高电平的时间占整个周期的比例。在图 4.15 中，第一部分波形的占空比是 50%，第二部分波形的占空比是 20%，第三部分波形的占空比是 60%，方波的占空比是 50%。由于 PWM 从处理器到被控系统信号都是数字的，因此无须进行 D/A 转换。

3. PWM 的功能

PWM 有很多地方可以用到，如控制灯的亮度，控制电动机、舵机，控制晶体管或 MOS 管导通时间，或者其他外部设备，或者提供一个可控的超小功率的电压等。

4. PWM 定频调速原理

在 PWM 调速系统中，一般可以采用定宽调频、调宽调频、定频调宽 3 种方法改变控制脉冲的占空比，但是前两种方法在调速时改变了脉冲的周期，从而引起控制脉冲频率的改变，当该频率与系统的固有频率接近时会引起振荡。所以，常采用定频调宽的方法调节直流电动机电枢两端电压。

定频调宽是指在脉冲波形的频率不变的前提下（脉冲波形的周期不变），通过改变一个周期波形中高电平的时间改变波形的占空比，从而改变平均电压，达到调整电动机转速的目的。假定电动机始终接通电源时，电动机最大转速为 $V_{\max}$，占空比为 $D = t/T$，则电动机平均速度 $V_d = D \times V_{\max}$，由公式可知，当改变占空比 $D = t/T$ 时，可以得到不同的电动机平均速度 V_d，从而达到调速的目的。在图 4.15 中，可调脉宽指高电平的时间，恒定的脉冲周期是固定频率。

4.3.2 PWM 知识

扫一扫看文档：PWM 知识测验题答案

填空题（每空 1 分，共 10 分）

1．PWM 是一种________控制方式，它利用单片机的________来对模拟电路进行控制。

2．占空比（Duty Ratio）是指________的时间占整个周期的比例。图 4.16 中的 PWM 波形的占空比为________%。

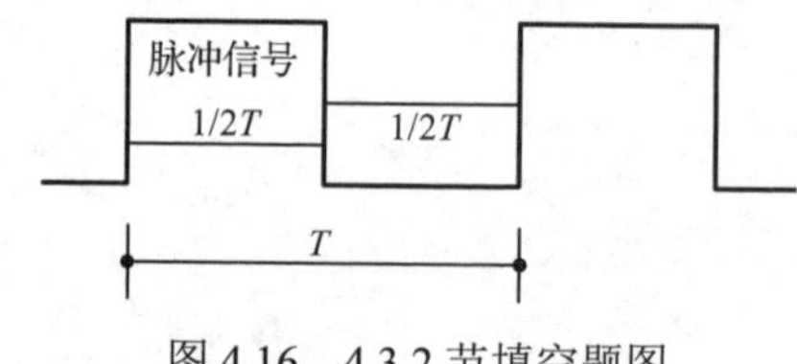

图 4.16　4.3.2 节填空题图

3．定频调速是在脉冲波形的________不变的前提下（脉冲波形的周期不变），通过改变一个周期波形中________的时间改变波形的占空比，从而改变平均电压，达到调整电动机转速的目的。

4．如果电动机工作频率为 1 000 Hz，那么需要产生周期为________ms 的 PWM，如果设置中断的时间间隔为 0.01 ms，那么中断________次为电动机工作频率。

5．选用定时器 0，方式 0 工作，允许中断。

代码如下：

```
sbit  PWM1=P2^0;            //接 IN1 控制正转
sbit  PWM2=P2^1;            //接 IN2 控制反转
void tim0( ) interrupt 1
{
     time++;
    if(time>=100) time=0;
    if(time<=20) PWM1=0;
     else PWM1=1;
     PWM2=0;
}
```

占空比为________%，函数 void tim0( ) interrupt 1 是________中断源。

4.3.3　PWM的作用与应用

扫一扫看文档：PWM的作用与应用编程代码

主题讨论：PWM设计

1．定时器模拟输出PWM

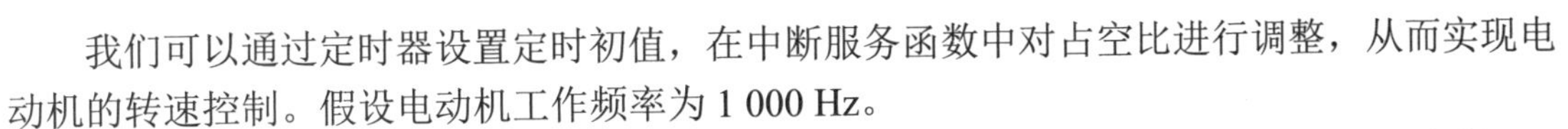

我们可以通过定时器设置定时初值，在中断服务函数中对占空比进行调整，从而实现电动机的转速控制。假设电动机工作频率为1 000 Hz。

（1）产生周期为1 ms（1 000 Hz）的PWM，可设置中断的时间间隔为0.01 ms，中断100次为1 ms。

（2）在中断子程序内，可设置一个变量如time，有3条重要的语句。

① 当 time>=100时，time清零（此语句保证频率为1 000 Hz）。

② 当time>n时（n应该在0～100之间变化），让单片机相应的I/O端口输出高电平，此时占空比就为n%。

③ 当time<n时，让单片机相应的I/O端口输出低电平。

参考代码如下：

```
#define     MAIN_Fosc 24000000L //下载时设置的运行时钟
#include    "STC15Fxxxx.H"
sbit PWM1=P0^0;
void Timer0Init(void)            //1T模式@24.000 MHz，定时10 μs
{
    AUXR |= 0x80;                //定时器0，1T模式
    TMOD &= 0xF0;                //定时器0，方式0工作，不影响定时器1的设置
    TL0 = 0x10;                  //
    TH0 = 0xFF;                  //
    TF0 = 0;                     //清零标志位TF0，防止误触发
    TR0 = 1;
    ET0 = 1;                     //使能定时器0中断
    EA = 1;
}
void main(void)
{
    P0M0=0;
        P0M1=0;
        Timer0Init();
   while(1)
   {
    }
}
void timer0_int (void) interrupt 1
{
static u8 time=0;
    time++;
    if(time>=100) time=0;        //1 000 Hz
    if(time<=20) PWM1=0;         //低电平驱动，高电平取反
     else PWM1=1;                //占空比为80%
}
```

2. 程序阅读与测试

用定时器 0 的时钟输出功能实现 8～16 位 PWM，占用系统时间小于 0.4%。

参考代码如下：

```
#include <reg52.h>
/************* 功能说明 **************
本程序演示使用定时器实现 PWM
定时器 0 做 16 位自动重装，中断，从 T0CLKO 高速输出 PWM
本例程是使用 STC15F/L 系列单片机的定时器 0 做模拟 PWM 的例程
PWM 可以是任意量程。但是由于软件重装需要一点时间，所以 PWM 占空比最小为 32T/周期，最
大为（周期-32T）/周期，T 为时钟周期
PWM 频率为周期的倒数。假如周期为 6 000，使用 24 MHz 的主频，则 PWM 频率为 4 000 Hz
******************************************/
#define MAIN_Fosc  24000000UL   //定义主时钟
#define PWM_DUTY   6000         //定义 PWM 的周期，数值为时钟周期数，假如使用
 //24.576 MHz 的主频，则 PWM 频率为 6 000 Hz
#define PWM_HIGH_MIN  32        //限制 PWM 输出的最小占空比。用户请勿修改
#define PWM_HIGH_MAX  (PWM_DUTY-PWM_HIGH_MIN)
 //限制 PWM 输出的最大占空比。用户请勿修改
typedef unsigned char u8;
typedef unsigned int u16;
typedef unsigned long u32;
sfr P3M1 = 0xB1; //P3M1.n,P3M0.n =00--->Standard, 01--->push-pull
sfr P3M0 = 0xB2; //=10--->pure input, 11--->open drain
sfr AUXR = 0x8E;
sfr INT_CLKO = 0x8F;
sbit P_PWM = P3^5;       //定义 PWM 输出引脚
//sbit P_PWM = P1^4;     //定义 PWM 输出引脚
u16 pwm;                 //定义 PWM 输出高电平的时间的变量。用户操作 PWM 的变量
u16 PWM_high,PWM_low;    //中间变量，用户请勿修改
void delay_ms(unsigned char ms);
void LoadPWM(u16 i);
/******************** 主函数*************************/
void main(void)
{
    P_PWM = 0;
    P3M1 &= ~(1 << 5);          //P3.5 设置为推挽输出
    P3M0 |= (1 << 5);
    TR0 = 0;                    //停止计数
    ET0 = 1;                    //允许中断
    PT0 = 1;                    //高优先级中断
    TMOD &= ~0x03;              //工作模式，0:16 位自动重装
    AUXR |= 0x80;               //1T
    TMOD &= ~0x04;              //定时
    INT_CLKO |= 0x01;           //输出时钟
    TH0 = 0;
    TL0 = 0;
```

```
    TR0 = 1;                        //开始运行
    EA = 1;
    pwm = PWM_DUTY / 10;            //给 PWM 一个初值，这里占空比为 10%
    LoadPWM(pwm);                   //计算 PWM 重装值
while (1)
{
 while(pwm < (PWM_HIGH_MAX-8))
 {pwm += 8;                         //PWM 逐渐加到最大
 LoadPWM(pwm);
 delay_ms(8);
 }
 while(pwm > (PWM_HIGH_MIN+8))
 {
 pwm -= 8;                          //PWM 逐渐减到最小
 LoadPWM(pwm);
 delay_ms(8);
 } } }
//==========================================================================
//函数: void delay_ms(unsigned char ms)
//描述: 延时函数
//参数: ms，要延时的 ms 数，这里只支持 1～255ms. 自动适应主时钟
//==========================================================================
void delay_ms(unsigned char ms)
{
 unsigned int i;
 do{
 i = MAIN_Fosc / 13000;
 while(--i) ;
 }while(--ms);
}
/**************** 计算 PWM 重装值函数 *******************/
void LoadPWM(u16 i)
{
    u16 j;
    if(i > PWM_HIGH_MAX) i = PWM_HIGH_MAX;
    //若写入大于最大占空比数据，则强制为最大占空比
    if(i < PWM_HIGH_MIN) i = PWM_HIGH_MIN;
  //若写入小于最小占空比数据，则强制为最小占空比
    j = 65536UL - PWM_DUTY + i;     //计算 PWM 低电平时间
    i = 65536UL - i;                //计算 PWM 高电平时间
    EA = 0;
    PWM_high = i;                   //装入 PWM 高电平时间
    PWM_low = j;                    //装入 PWM 低电平时间
    EA = 1;
}
/********************* Timer0 中断函数************************/
void timer0_int (void) interrupt 1
{
```

```
        if(P_PWM)
        {
            TH0 = (u8)(PWM_low >> 8);   //若输出高电平，则装入低电平时间
            TL0 = (u8)PWM_low;
            }
        else
        {
            TH0 = (u8)(PWM_high >> 8);  //若输出低电平，则装入高电平时间
            TL0 = (u8)PWM_high;
        }
    }
```

项目5

敢于亮剑展现自我

扫一扫看拓展知识文档：LED的发展与应用

扫一扫看拓展知识文档：液晶技术的发展

扫一扫看拓展知识文档：液态液晶显示与应用

展现，显示，摆出来让人看。根据“人总是按照美的规律来塑造”的美学原理，人在公众面前总是想展示自己真善美的东西，包括仪容仪表、言行举止。

显示是人机交互的一种方式，用于将系统内部或外部存储器中的数据、在线检测数据、远距离传输数据等，根据需求，以声、光、数码（LED）、汉字、动态画等形式输出。常见的有数据值直接显示、数据表显示、各种统计图形显示。例如，汽车的油表就是一个最简单的数据显示，原始的信息即油箱中汽油的液面位置是用浮子装置测量的，转换成电量并显示在油表上供驾驶员检查，使他们决定在什么时候该往油箱里加油。换句话说，一个数据显示由两部分组成，一部分为信号检测设备，另一部分为输出设备，重新产生引起人们了解、注意的信息。因此，存在各种各样的显示设备。例如，报警铃是一个开关量显示设备，它不是响就是停；仪表在比较低的速度和精度条件下显示值的连续变化范围；一些现代化设备，则倾向采用高精度的数字显示；周期函数或随时间缓变的函数可用示波器或其他设备显示。

在智能仪器仪表中，一般使用LED、七段数码管、LCD液晶显示屏、汉字点阵等显示相关信息，本项目主要分析人机接口应用、数码管结构、液晶显示模块组成。使用STC15W系列单片机做控制单元驱动单位，双位、多位数码管及12864液晶显示模块显示相关信息，包括驱动电路设计、编程、仿真测试及实际PCB调试。

希望学生在学懂显示原理的同时，学习、锻炼展现自我，用精彩展示开启辉煌人生，用学识展示生命的富足，用方法展示生命的智慧，用奉献展示生命的价值，用成功展示生命的升华。

课程思政

亮剑精神

古代剑客在与对手狭路相逢时，无论对手有多么强大，就算对手是天下第一的剑客，明知不敌，也要亮出自己的宝剑，即使倒在对手的剑下，也虽败犹荣，这就是亮剑精神。

亮剑精神，出自电视剧《亮剑》主角李云龙之口："面对强大的对手，明知不敌，也要毅然亮剑，即使倒下，也要成为一座山，一道岭！"

这是何等的凛然，何等的决绝，何等的快意，何等的气魄！

就算遇到无法克服的困难，也要勇敢去面对，失败并不可怕，可怕的是没有面对的勇气。

亮剑精神体现了一种勇气、一种魄力。魄力是面对困境时的果断抉择，是永不言败的信心，是锲而不舍的执着。魄力让敌人望而生畏，让队友充满信心。

亮剑精神体现了一种力量。亮剑是一种团结。历史证明，英雄往往以集体的形式出现。二战时期，苏联一个飞行纵队涌现出 20 名王牌飞行员……

从"徐图自强"的民族觉醒，到"科技大国"地位的逐渐形成，再到确立和实现"科技强国"的发展目标，这是一条行走了将近 2 个世纪的"长征路"，这是"中国梦"的科技版，作为学生，要拥有勇于亮剑的精神、忠诚敬业的信念、乐观自信的性格、能打硬仗的能力、博爱宽容的胸怀、敏锐细致的洞察力，砥砺奋进，逐梦前行！

学习目标

本项目主要从数码管的结构、液晶显示模块组成、驱动显示等角度，叙述单片机输出端口显示原理，帮助学生进行显示项目的实践训练，为后续实践项目提供基本模块应用技能。希望通过本项目能达到如表 5.1 所示的学习目标。

表 5.1　学习目标

知 识 目 标	能 力 目 标	情感态度与价值观目标
数码管应用技术； 串/并转换应用技术； 记录你的人生岁月	具备数码管与单片机接口设计的能力； 具备显示与定时编程设计的能力； 具备 12864 液晶显示模块编程应用的能力	电子产品通过二极管、数码管、液晶显示模块表达它的内心，大学生也一样，要善于、敢于展现自我

任务设计与实现

任务 5.1　数码管应用技术

扫一扫看教学课件：数码管应用技术

扫一扫看微课视频：数码管应用技术

5.1.1　认识 LED

LED 的核心只是一个小小的 PN 结，普通 LED 的核心只有一粒沙子的大小，而我们在市场上买到的 LED 已根据不同应用需要外加了封装。最常用的 LED 封装形式有 2 种：直插式和贴片式（SMD），其中直插式目前应用最广。但随着贴片技术的发展，产品不断精小化之后，贴片式逐渐成为主流。

1. 直插式 LED：始终很流行，从未被取代

常用的直插式 LED 封装规格有ϕ3、ϕ5、ϕ8、ϕ10，指的是直插式 LED 帽身的直径尺寸（单位：mm），如图 5.1 所示。其中最常见的是ϕ5 直播式 LED。直插式 LED 的选型是根据最终产品需要的 LED 灯在外壳上的孔径大小决定的。

直插式 LED 封装有几处设计是用来在外观上区分 LED 极性的，如图 5.2 所示，单色直插式 LED 帽檐的切边一面下方的引脚是 LED 的负极，在未焊接之前，引脚短针一侧是 LED 的负极；单色直插式 LED 的外壳颜色一般有带颜色的和透明的两种，如一款红色光直插式 LED，如果外壳也是红色的，那么称为红发红 LED，如果外壳是透明的，那么称为白发红 LED。依此说法就有了绿发绿、白发绿、白发蓝、白发白等规格。有色外壳一般直接用作指示灯，透明外壳多用于聚光照明或需要光学传导的场合。台式计算机机箱上的电源指示灯是有色外壳，光电鼠标底部的红光 LED 是透明外壳，因为 LED 前面还有一块折射镜结构的组件，将光导向指定的区域。

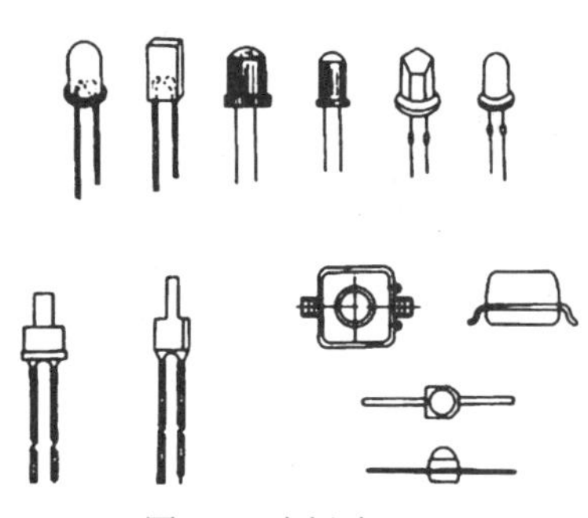

图 5.1　直插式 LED

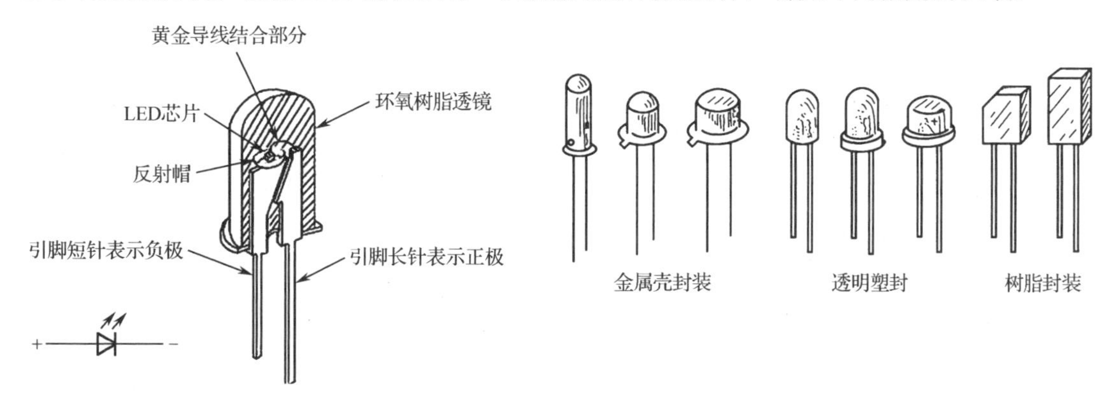

图 5.2　直插式 LED 极性区分

2. 贴片式 LED：微型电子产品的必备之物

常用的贴片式 LED 封装规格有 0603、0805、1206，指的是贴片式 LED 基座 PCB 的长宽尺寸，如 0805 指贴片式 LED 基座 PCB 的长宽尺寸是 2.0×1.25（单位：mm），如表 5.2 所示。

因为贴片式 LED 是直接贴装在 PCB 上的，不能延伸到外壳上，需要由导光组件将光导向外壳上的指定位置，所以一般的贴片式 LED 封装都是透明外壳。还有一些设计人员把贴片式 LED 排成阵列来制作小型 LED 显示屏。在单色贴片式 LED 封装中，有绿色（或蓝色）小点的一侧为 LED 的负极，如图 5.3 所示。

表 5.2　贴片式 LED 规格与长宽尺寸关系

规　格	长宽尺寸（mm）
0603	1.6×0.8
0805	2.0×1.25
1206	3.2×1.6
1208	3.0×2.0
1210	3.5×2.8

绿色小点表示负极

图 5.3　贴片式 LED 极性区分

3. RGB LED：让颜色更炫酷

RGB LED 又称 RGB 三原色 LED 彩灯，由红色、绿色和蓝色 3 个独立的灯珠构成。常见的有 4 个引脚，1 个公共端分为共阳极和共阴极，3 个颜色控制端，如图 5.4（a）所示。图 5.4（b）所示为共阳极 RGB 二极管，外接单片机的 P1.0、P1.1、P1.2，可以通过编程获取其他颜色。

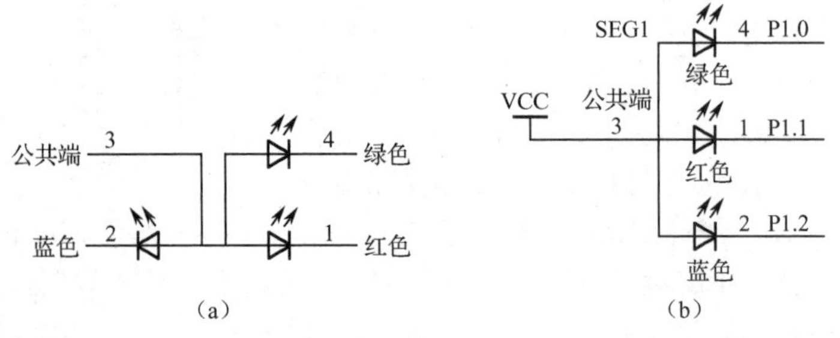

图 5.4　RGB LED 电路符号及与单片机接口

3 种颜色任意组合可以产生其他颜色，红色和绿色同时亮，蓝色不亮则是黄色；绿色和蓝色同时亮，红色不亮则是水蓝色；红色和蓝色同时亮，绿色不亮则是紫色；3 种颜色都亮则是白色。RGB LED 构成的 7 种颜色示意图如图 5.5 所示。

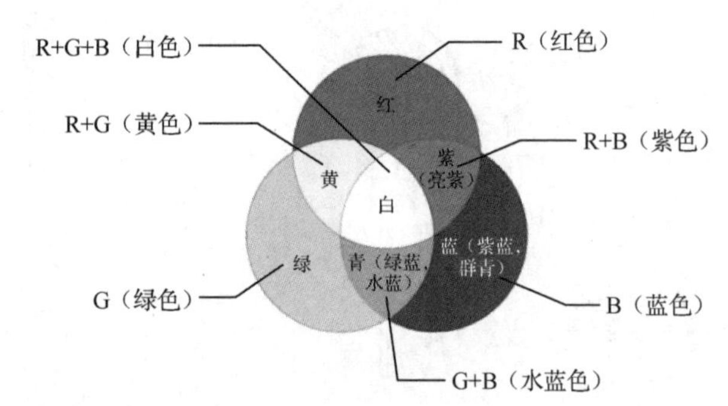

图 5.5　RGB LED 构成的 7 种颜色示意图

要产生黄色、水蓝色、紫色、白色，需要编程。

黄色：P1.1=0；P1.0=0；P1.2=1（RED=0；GREEN=0；BLUE=1）。

水蓝色：P1.1=1；P1.0=0；P1.2=0（RED=1；GREEN=0；BLUE=0）。

紫色：P1.1=0；P1.0=1；P1.2=0（RED=0；GREEN=1；BLUE=0）。

白色：P1.1=0；P1.0=0；P1.2=0（RED=0；GREEN=0；BLUE=0）。

4. LED 显示屏：动静“显”中求

LED 除了被封装成点光源，用于照明和状态指示，常见的还有被封装成阵列，用于信息显示的器件，如 LED 数码管、8×8 点阵模块等。

LED 数码管从段码数量上分为 7 段、8 段、15 段和 17 段；从位数上分为 1 位、2 位、4 位、8 位等；从极性上分为共阴型和共阳型；从显示方式上分为静态显示和动态显示；从颜色上分为单色、双色和三色等；从尺寸上分类则各式各样、应有尽有。

1）LED 8 段数码管

LED 8 段数码管是由 8 个 LED 封装在一起组成“8”字形的器件，引线已在内部连接完成，只需引出它们的各段码及公共端。LED 数码管除了显示数字，还可以显示 a、b、c、d、e、f 等英文字母，8 段数码管（其中 7 段显示数字，1 段显示小数点）各段定义及内部连接图如图 5.6 所示。

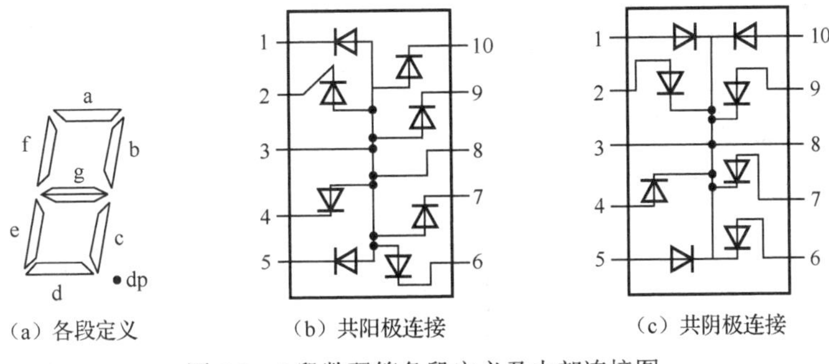

图 5.6　8 段数码管各段定义及内部连接图

数码管连接方式有共阳极、共阴极两种。共阴极和共阳极的发光原理是一样的，只是它们的电源极性不同。共阳极就是把所有 LED 的阳极连接到共同接点 COM，而每个 LED 的阴极分别为 a、b、c、d、e、f、g 及 dp（小数点），如图 5.7（b）所示。共阴极则是把所有 LED 的阴极连接到共同接点 COM，而每个 LED 的阳极分别为 a、b、c、d、e、f、g 及 dp（小数点），如图 5.7（c）所示。数码管的引脚排列顺序，从数码管的正面观看，以左下方 1 脚为起点，逆时针排列，如图 5.7（a）所示。

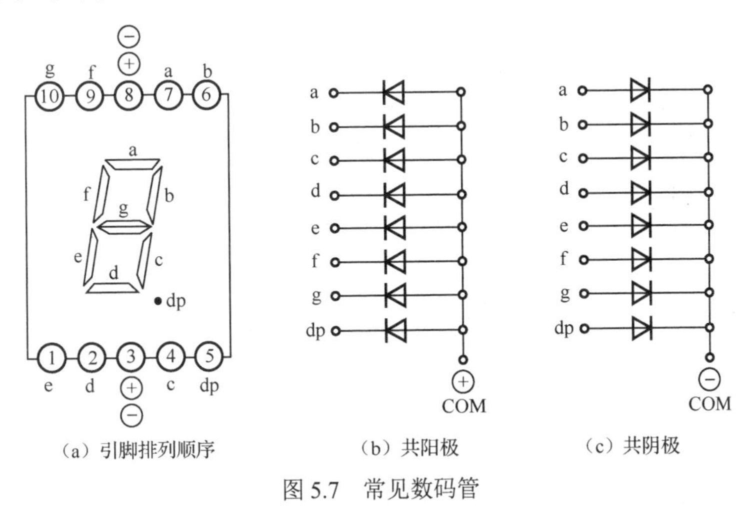

图 5.7　常见数码管

2）数码管驱动方式

数码管要正常显示，需要用驱动电路驱动数码管各段码，从而显示出相应的数字，数码管的驱动方式有静态和动态两类。

（1）静态驱动：静态驱动又称直流驱动。静态驱动是指每个数码管的每个段码都由一个单片机的 I/O 端口进行驱动，或者使用如 BCD 码二十进制译码器译码进行驱动。静态驱动的优点是编程简单，显示亮度高，缺点是占用 I/O 端口多。2 个共阳极数码管静态显示如图 5.8 所示，至少需要 2×8=16 个段码共 16 个 I/O 端口来驱动（公共端直接接高电平，也可以由 I/O 端口控制）。

小知识： BCD 码（Binary-Coded Decimal）用 4 位二进制数来表示 1 位十进制数中的 0～9 这 10 个数，是一种二进制的数字编码形式，使二进制数和十进制数之间的转换得以快捷进行。

例如，8421 BCD 码是最基本和最常用的 BCD 码，它和 4 位自然二进制码相似，各位的权值为 8、4、2、1，故称为有权 BCD 码。和 4 位自然二进制码不同的是，它只选用了 4 位二进制码中的前 10 组代码，即用 0000～1001 分别代表它所对应的十进制数，余下的 6 组代码不用，如 1101(D)BCD 码表示十进制数 13。

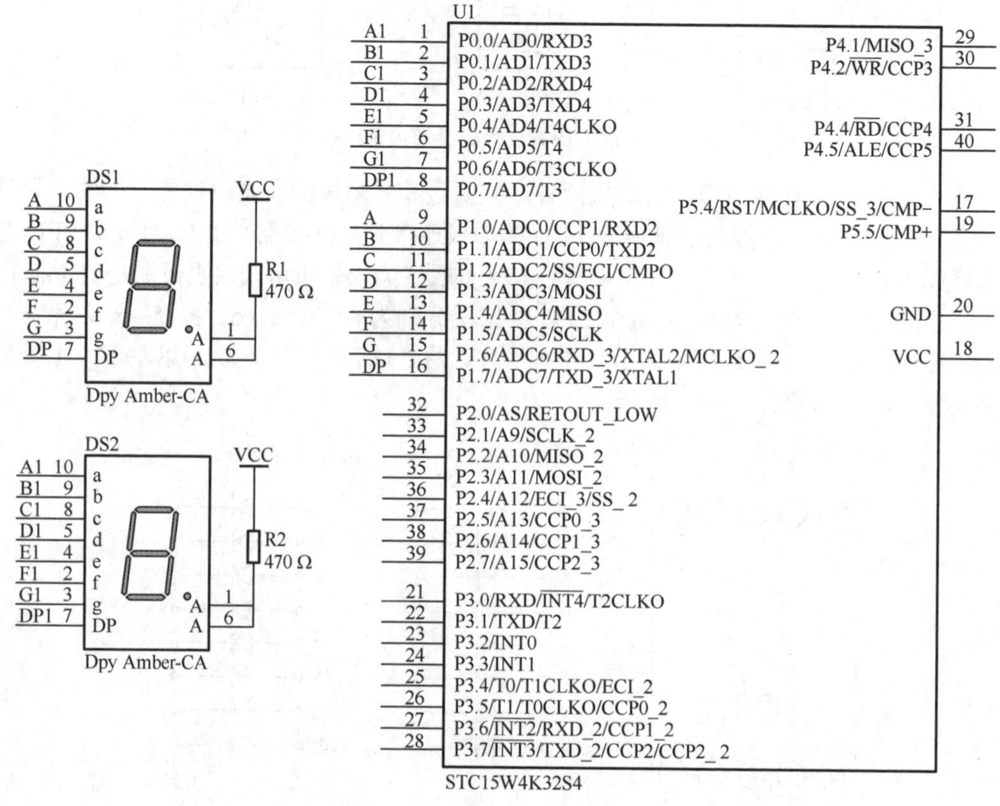

图 5.8　2 个共阳极数码管静态显示

（2）动态驱动：数码管动态驱动是单片机中应用最为广泛的一种驱动方式，动态驱动是将所有数码管的段码 a、b、c、d、e、f、g 及 dp 连在一起，受控于一个 8 位 I/O 端口；另外，为每个数码管的 COM 端增加位选通信号，由各自独立的 I/O 端口控制。图 5.9 所示为 2 位 8 段 10 引脚数码管电路连接原理图。当单片机 I/O 端口输出字形码时，所有数码管都接收到相同的字形码，但究竟是哪个数码管会显示出字形，取决于单片机 I/O 端口对位选通信号的控制，只要将需要显示的数码管的选通控制打开，该位就显示出字形，没有选通的数码管不会亮。分时轮流控制各数码管的 COM 端，使各数码管轮流受控显示，这就是动态驱动。在轮流显示过程中，各数码管的点亮周期为 20 ms 左右，由于人的视觉暂留现象及 LED 的余晖效应，尽管实际上各数码管并非同时点亮，但只要扫描的速度足够快，给人感觉就是一组稳定的显示数据，不会有闪烁感。

动态显示的效果和静态显示是一样的，但能够节省大量 I/O 端口，如动态驱动 2 位数码管，需要 10 个 I/O 端口（8 段码+2 个公共端），动态扫描方式使功耗更低。

图 5.10 所示为 4 个 8 段 12 引脚共阳极数码管电路连接原理图。动态驱动 4 位数码管，仅需要 12 个 I/O 端口（8 段码+4 个公共端），硬件电路明显减少。由此可以引申到多位数码

管构成的点阵连接方式。4 位动态连接数码管专用于时钟显示，时钟显示的冒号为公共端 9 脚（阳极）与第 2 个数码管的 dp 段构成的二极管控制，此段小数点不起作用。

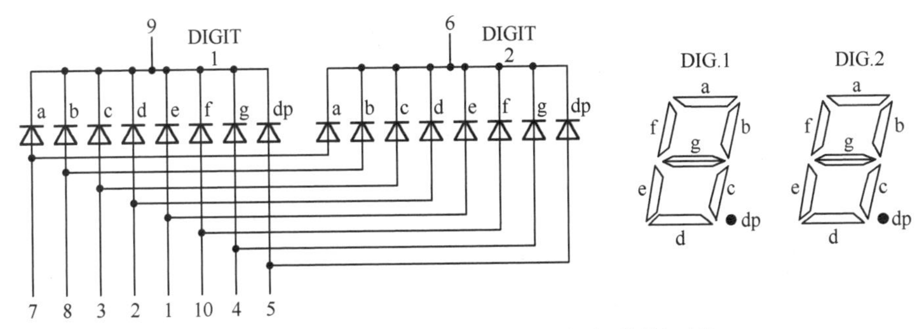

（a）2位8段10引脚数码管内部接线图：共阴极连接

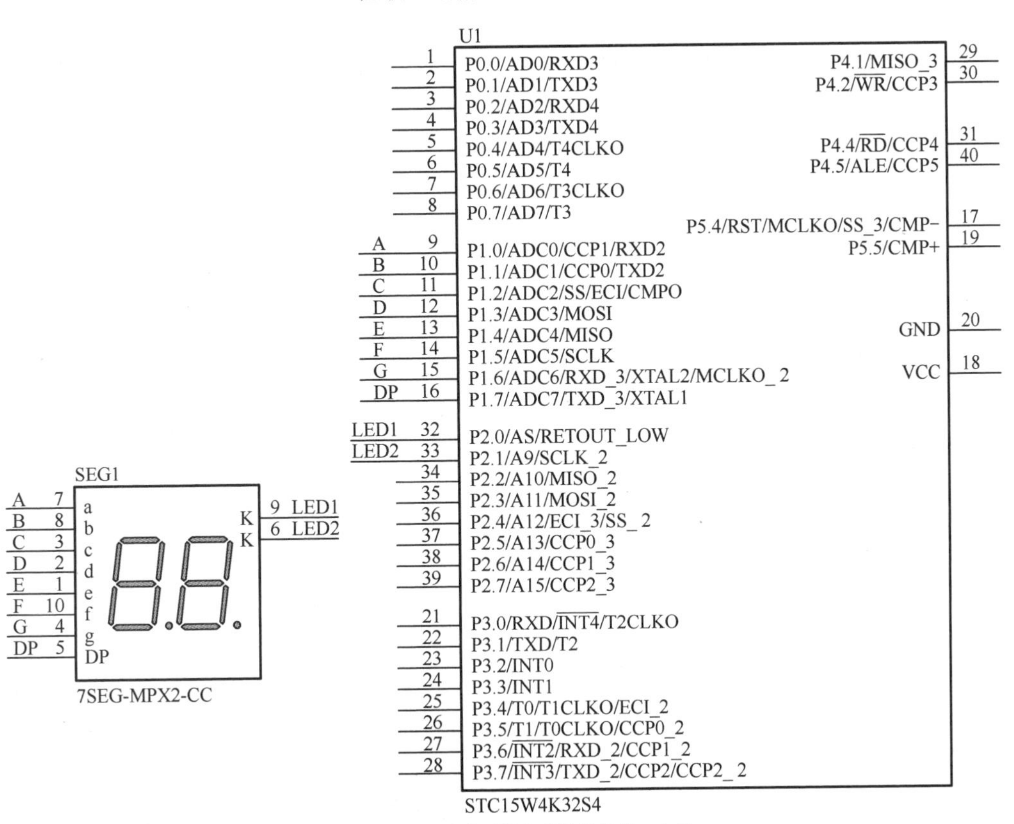

（b）2位8段10引脚数码管与单片机的接口电路

图 5.9　2 位 8 段 10 引脚数码管电路连接原理图

5. 数码管显示电路设计及编程控制

1）字形码计算

输出点亮相应段的数码称为字形码。字形码与硬件接线有直接关系，依据图 5.11 数码管与单片机的接口电路，电路中选用的是共阴极数码管（公共端接地），数码管各段与 P1 口引脚的对应关系如表 5.3 所示。

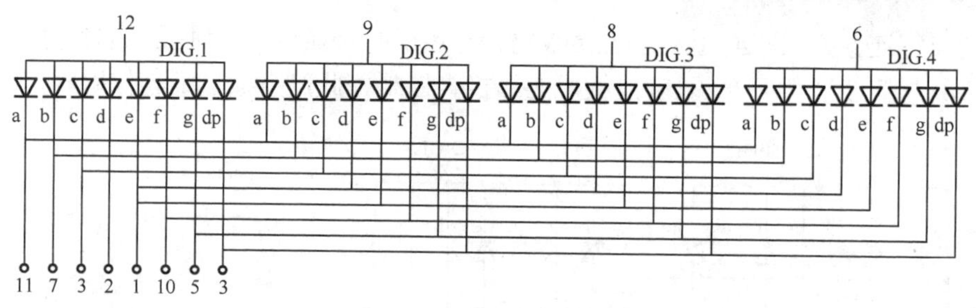

（a）4位8段12引脚共阳极数码管内部接线图

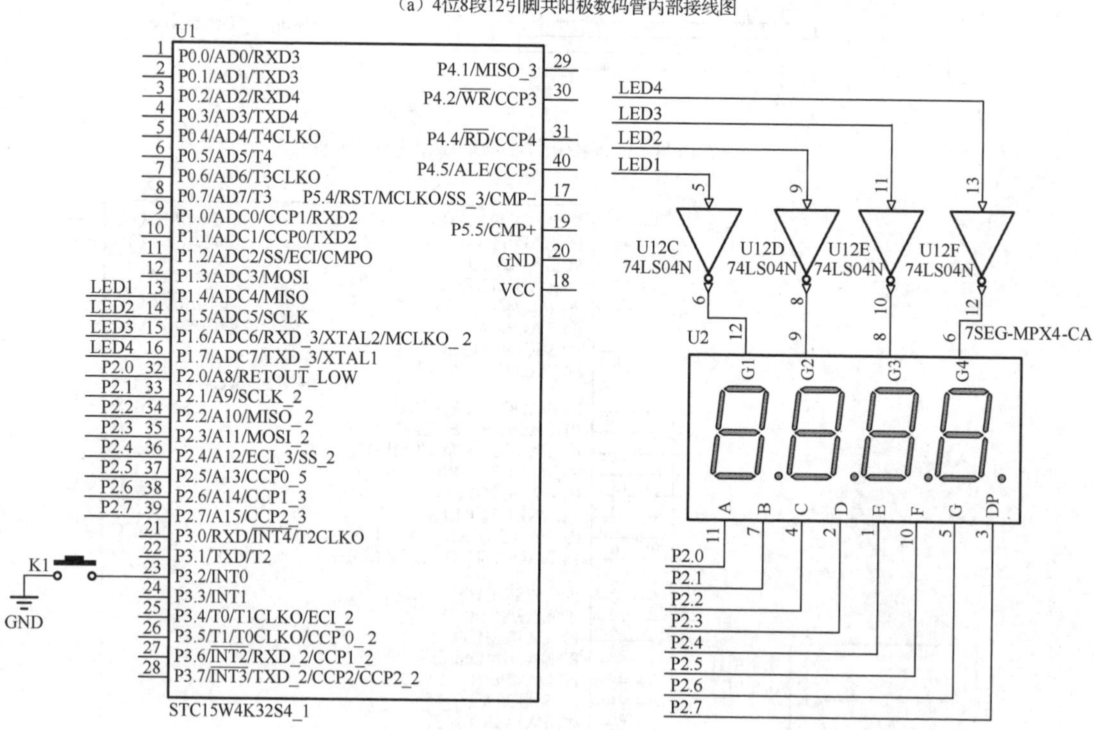

（b）4位8段12引脚共阳极数码管与单片机的接口电路

图 5.10　4 位 8 段 12 引脚共阳极数码管电路连接原理图

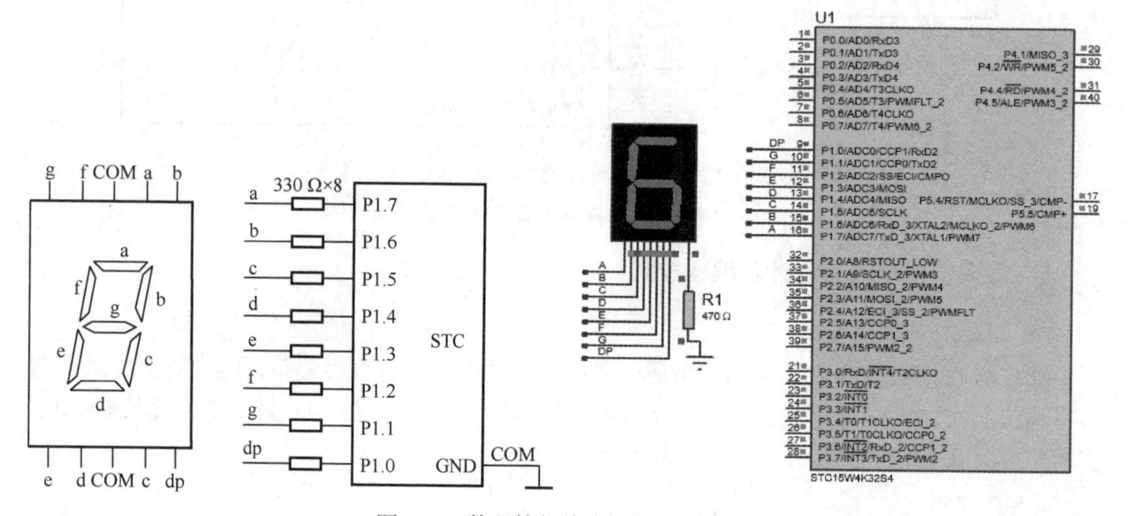

图 5.11　数码管与单片机的接口电路

表 5.3　数码管各段与 P1 口引脚的对应关系

P1.7	P1.6	P1.5	P1.4	P1.3	P1.2	P1.1	P1.0
a	b	c	d	e	f	g	dp

0 的字形码分析。8 段共阴极数码管布局如图 5.6（a）所示。要显示 0，a、b、c、d、e、f 段为 1 即可发光；g 与 dp 段为 0 不发光。由此推断 0 的字形码如表 5.4 所示。写成十六进制数为 FCH。

表 5.4　0 的字形码

P1.7	P1.6	P1.5	P1.4	P1.3	P1.2	P1.1	P1.0
a	b	c	d	e	f	g	dp
1	1	1	1	1	1	0	0

同理，1 的字形码为 60H，如表 5.5 所示。

表 5.5　1 的字形码

P1.7	P1.6	P1.5	P1.4	P1.3	P1.2	P1.1	P1.0
a	b	c	d	e	f	g	dp
0	1	1	0	0	0	0	0

按照以上分析，可以推导出数码管 0～9 的十六进制字形码如表 5.6 所示。

表 5.6　数码管 0～9 的十六进制字形码

0	1	2	3	4	5	6	7	8	9
0xFC	0x60	0xda	0xf2	0x66	0xb6	0xbe	0xe0	0xfe	0xf6

小经验：单片机 I/O 端口输出数据 1 从端口高→低排列，所以计算字形码时要考虑以下几点。

（1）是共阴极数码管还是共阳极数码管。

（2）8 段数码管与 I/O 端口从高位到低位的对应关系。

2）驱动一个 LED 数码管显示电路设计

在图 5.11 中，8 段共阴极数码管连接到 STC15W 系列单片机的 P1 口，采用静态驱动方式。数码管工作电流在 5～10 mA 之间，考虑到数码管亮度及寿命，在电路中接 330～500 Ω 限流电阻。

3）驱动一个数码管分别显示 0～9 显示编程

（1）计算字形码 0～9，并存放在程序存储区。

代码如下：

```
uchar code Dis_num[]={0xfc,0x60,0xda,0xf2,0x66,0xb6,0xbe,0xe0,0xfe,0xf6}
```

（2）创建工程项目 disp_p.uvproj，新建文件 disp_led_st.h、main.c、disp_led_st.c，编写以下代码。

disp_led_st.h：

```
#ifndef DISP_LED_ST_H
#define DISP_LED_ST_H
#define uchar unsigned char
#define uint  unsigned int
#define OSC_FREQ  12000000
#define C50us     (65536 - OSC_FREQ/(12000000/50))
#define C1_ms     (65536 - OSC_FREQ/(12000000/1000))
#define C10_ms    (65536 - OSC_FREQ/(12000000/10000))
sbit DP=P1^0;              //二极管 DP 共阴极
sbit G=P1^1;               //二极管 G 共阴极
sbit F=P1^2;               //二极管 F 共阴极
sbit E=P1^3;               //二极管 E 共阴极
sbit D=P1^4;               //二极管 D 共阴极
sbit C=P1^5;               //二极管 C 共阴极
sbit B=P1^6;               //二极管 B 共阴极
sbit A=P1^7;               //二极管 A 共阴极
void Init_Timer0( );
void Disp_num();
extern uchar number,i;
extern uchar code dis_num[];
extern bit  flag;          //秒到标志
#endif
```

disp_led_st.c：

```
#include "STC15Fxxxx.H"
#include "disp_led_st.h"
uchar  code  dis_num[]={0xfc,0x60,0xda,0xf2,0x66,0xb6,0xbe,0xe0,0xfe,
0xf6};                         //0～9
bit flag=0;                    //秒到标志
uchar number=0,i=0;
//定时器 0 初始化函数
void Init_Timer0( )
{
    TMOD= 0x00;                //定时器 0，方式 0
    TH0 = C10_ms/256;
    TL0 = C10_ms%256;          //10 ms 定时器
    ET0=1;
    TR0=1;
    EA=1;
}
//定时器 0 中断服务函数
Run_Timer0( ) interrupt 1 using 1
{
    i++;
    if(i==100)
    {
        flag=1;
```

```
            number++;
               i=0;
            if(number==10)
               {
                   number=0;
                   }
        }
}
```

main.c：

```
/*************************************************/
//功能描述：开机显示 0～9 间隔时间 1 s
//硬件电路：静态共阴极数码管仿真设计
//调用函数：Init_Timer0( )
//日期：2022-8-2
/*************************************************/
#include "STC15Fxxxx.H"
#include "disp_led_st.h"
void main()
{
    P1M1 = 0;   P1M0 = 0;    //设置为准双向口
    Init_Timer0( );          //定时器 0 初始化
    do
    {
        if(flag==1)          //秒到，显示计数值
        {
            P1=dis_num[number];
            flag=0;
            }
    }while(1);
}
```

（3）编译生成目标 disp_p.h 文件，下载至 Proteus 仿真 ROM 中运行，可以看到数码管从 0 显示到 9，显示时间间隔为 1 s。

5.1.2　理解 LED 数码管

扫一扫看文档：理解 LED 数码管测验题答案

填空题（每空 1 分，共 10 分）

1．直插式 LED 封装有几处设计是用来在外观上区分 LED 极性的。单色直插式 LED 帽檐的切边一面下方的引脚是 LED 的________，在未焊接之前，引脚短针一侧是 LED 的________。

2．数码管驱动方式分为________驱动与________驱动。

3．共阴极数码管静态驱动是将________直接接地，数码管段选线与一个 8 位________端口相连。

4．数码管工作电流在________之间，考虑到数码管亮度及寿命，通常在电路中串联________。

5．在图 5.9 中，要在 2 位共阴极数码管中显示 5、6，P1=0X________，P2=0X________。

5.1.3 动态显示电路设计及编程

扫一扫看教学课件：动态显示电路设计及编程

扫一扫看微课视频：动态显示电路设计及编程

扫一扫看文档：动态显示电路设计及编程代码

主题讨论：4 位数码管动态显示

图 5.10 所示为 4 位共阳极数码管动态显示接口电路。P2 口接 2 个数码管的段码 a、b、c、d、e、f、g、dp，P1.4～P1.7 分别做数码管 1～4 的位选通信号。当 P2 口输出字形码时，需要哪一个数码管显示字形，只需控制相关数码管位选通信号为高电平即可。没有选通的数码管不会显示。通过分时轮流控制 4 个数码管的 COM 端，数码管就会轮流受控显示相应字形。现在我们完成以下任务：开机显示 OP51；按下 K1，数码管从 00～99 计数，一秒计数一次。

（1）电路设计分析。4 位共阳极数码管段码与 P2 口相接，数码管各段与 P2 口引脚的对应关系如表 5.7 所示。4 个数码管的 COM 端与 P1.4～P1.7 相连。K1 与 P3.2 相接，外部中断 0，下降沿触发。

表 5.7　数码管各段与 P2 口引脚的对应关系

P2.7	P2.6	P2.5	P2.4	P2.3	P2.2	P2.1	P2.0	0～9
dp	g	f	e	d	c	b	a	十六进制
1	1	0	0	0	0	0	0	0xc0(0)
1	1	1	1	1	0	0	1	0xf9(1)
1	0	1	0	0	1	0	0	0xa4(2)
1	0	1	1	0	0	0	0	0xb0(3)
1	0	0	1	1	0	0	1	0x99(4)
1	0	0	1	0	0	1	0	0x92(5)
1	0	0	0	0	0	1	0	0x82(6)
1	1	1	1	1	0	0	0	0xf8(7)
1	0	0	0	0	0	0	0	0x80(8)
1	0	0	1	0	0	0	0	0x90(9)

（2）编程分析。依据表 5.7，4 位共阳极数码管的字形码 0～9 要存放在程序存储区。

代码如下：

```
char code dis_num[]={0xc0,0xf9,0xa4,0xb0,0x99,0x92,0x82,0xf8,0x80,0x90}
```

① 主程序流程设计。主程序承担对整个任务的控制。在主程序中，首先对外部中断 0、定时器 0 进行初始化，使中断源具备突发事件的应急处理能力；然后依据设计要求编程显示 OP51。当判断到有按键被按下时，启动定时器以秒为单位开始计时，并显示计数 00～99。主程序中一般完成分析判断及具体功能实现（函数调用），观看 main.c 及图 5.12（a）主程序流程图。

② 定时器 0 中断初始化及中断服务程序设计。定时器 0 中断初始化，任务要求一秒计数一次，根据前面学习的定时器相关知识，这里选用定时器 0，方式 0 工作，1T 模式，一次计时 1 ms。观看定时器 0 初始化函数 void Time0_init( )。

定时器 0 中断服务程序。1 ms 定时时间到时，CPU 响应定时器 0 中断服务程序，转入定时器 0 中断入口（ROM 000BH），中断编号为 1，执行定时器 0 中断服务程序。累计进入 1 000

次，计数值加1，加到99时清零。观看定时器0中断服务函数Run_Timer0( ) interrupt 1 using 1，如图5.12（b）所示。

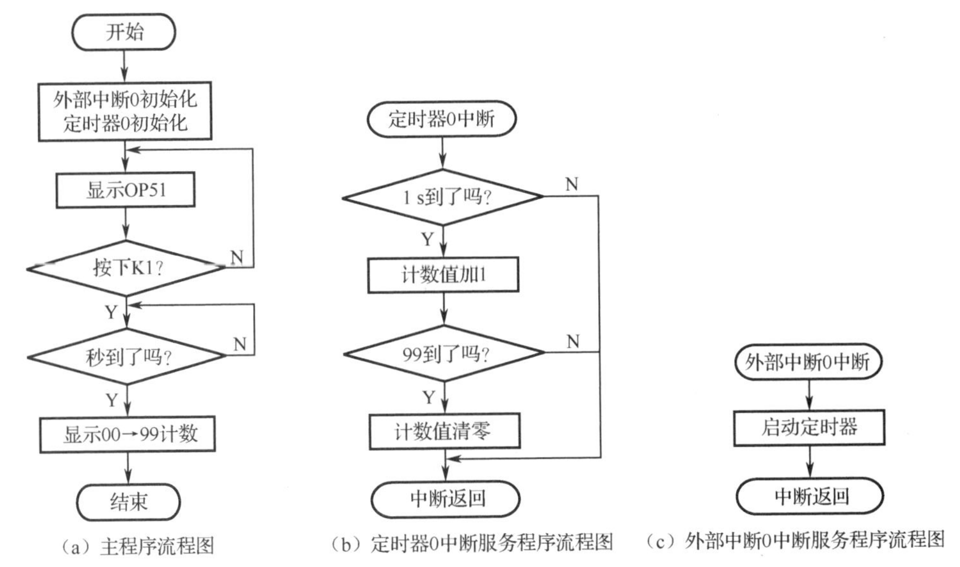

图5.12 4位数码管动态显示流程图

③ 外部中断0初始化及中断服务程序设计。外部中断0初始化主要完成中断源触发方式设定及允许向CPU申请中断（开中断），观看外部中断0初始化函数void Init_Int0( )。

外部中断0中断服务程序。按任务要求按下K1，开始计数，故在外部中断0中断服务程序中启动定时器0开始定时。即按下K1，CPU响应外部中断0中断服务程序，转入外部中断0中断入口（ROM 0003H），中断编号为0，执行外部中断0中断服务程序。观看外部中断0中断服务函数Run_Int0( ) interrupt 0 using 1，如图5.12（c）所示。

④ 显示函数设计。从图5.10原理设计分析驱动方式为动态驱动，P2=dis_OP51[0],P1.4=1，显示O；P2=dis_OP51[1],P1.5=1，显示P，P2=dis_OP51[2],P1.6=1，显示5；P2=dis_OP51[3],P1.7=1，显示P。利用人眼视觉暂留现象及LED的余晖效应，分时轮流控制4个数码管的COM端，虽然4个数码管并非同时点亮，但只要扫描的速度在20 ms以内，给人的感觉就是一组稳定的显示数据，不会有闪烁感。观看显示函数void Disp_OP51()及void Disp_num()。

代码如下：

```
void Init_Int0( )
{
    IT0=1;                  //外部中断0，下降沿触发
    EX0=1;                  //外部允许中断
    EA=1;
}
```

外部中断0中断服务程序控制定时器启动，代码如下：

```
Run_Int0( ) interrupt 0 using 1
{
    TR0=1;
}
```

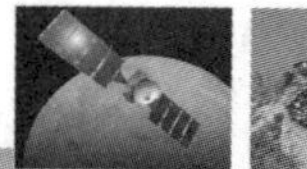

定时器 0 用来产生 1 ms 定时，初始化程序，代码如下：

```
#define FOSC 12000000                    //12 MHz
#define C1_ms (65536-FOSC/1000)          //1 ms
void Time0_init( )                       //定时器 0 初始化函数
{
    AUXR = 0x80;        //定时器 0,1T 模式
     TMOD = 0x00;
    TL0=C1_ms;
     TH0=C1_ms>>8;
     TF0=0;
     //TR0 = 1;         //定时器 0 启动计时
     ET0 = 1;           //使能定时器 0 中断
     EA = 1;
}
//定时器 0 中断服务函数获取计数值
Run_Timer0() interrupt 1 using 1
{
    i++;
    if(i==1000)
    {
        flag=1;
        numberL++;
        i=0;
      if(numberL==10)
        {
            numberL=0;
            numberH++;
            if(numberH==10){numberH=0; }
            }
        }
}
```

（3）创建工程项目 Disp_OP51.uvproj，新建文件 Disp_OP51.c、main.c、disp_OP51_Dy.h。Disp_OP51.c：

```
/*****************************************************/
//功能描述：开机显示 OP51，按下 K1 开始从 00～99 计数
//硬件电路：Disp_OP15 仿真设计
//调用函数：Time0_init( )，Init_Int0()
/*****************************************************/
#include"STC15Fxxxx.H"
#include"disp_OP51_Dy.h"
#include<intrins.h>
uchar numberH=9;
uchar numberL=6;
uint i=0;
uchar code dis_num[]
={0xc0,0xf9,0xa4,0xb0,0x99,0x92,0x82,0xf8,0x80,0x90}; //0～9
```

```
uchar code dis_OP51[]={0xc0,0x8c,0x92,0xf9};               //OP51
bit flag=0;                                  //秒到标志
void DelayX1_ms(uint count)                  //crystal=12 MHz
{
    …
}
//外部中断0初始化函数
void Init_Int0( )
{
    …
}
//外部中断0中断服务函数
Run_Int0() interrupt 0 using 1
{
   …
   }
void Time0_init( )
{
   …
    }
Run_Timer0() interrupt 1 using 1
{
    …
}
//显示OP51
void Disp_OP51()
{
    P1=0x10;                    //00010000
    P2=dis_OP51[0];             //0xC0;
    DelayX1_ms(1);
    P1=0x20;                    //00100000
    P2=dis_OP51[1];             //0x8C;
    DelayX1_ms(1);
    P1=0x40;                    //01000000
    P2=dis_OP51[2];             //0x92;
    DelayX1_ms(1);
    P1=0x80;                    //10000000
    P2=dis_OP51[3];             //0xF9;
    DelayX1_ms(1);
    }
//显示00~99
void Disp_num()
{
    P1=0x00;                    //00000000
    P2=0xff;                    //全灭;
    DelayX1_ms(1);
    P1=0x00;                    //00000000
    P2=0xff;                    //全灭;
```

```
    DelayX1_ms(1);
    P1=0x40;                    //01000000
    P2=dis_num[numberH];
    DelayX1_ms(1);
    P1=0x80;                    //10000000
    P2=dis_num[numberL];
    DelayX1_ms(1);
    }
```

main.c：

```
#include"STC15Fxxxx.H"
#include"disp_OP51_Dy.h"
#include"intrins.h"
void main()
{
    P2M1 = 0;   P2M0 = 0;           //设置为准双向口
    Time0_init();                   //定时器 0 初始化
    Init_Int0();                    //外部中断 0 初始化
    do
    {
        Disp_OP51();
        while(flag)                 //秒到，显示计数值
        {
            Disp_num();
            }
    }while(1);
}
```

Disp_OP51_Dy.h：

```
#ifndef DISP_Dy_H
#define DISP_Dy_H
#define uchar unsigned char
#define uint  unsigned int
#define OSC_FREQ  12000000
#define C1_ms (65536-OSC_FREQ/1000)     //1T 模式，12 MHz
extern uchar numberH,numberL;
extern uint i;
extern bit flag;                        //秒到标志
sbit a=P2^0;                            //二极管 a 共阳极
sbit b=P2^1;                            //二极管 b 共阳极
sbit c=P2^2;                            //二极管 c 共阳极
sbit d=P2^3;                            //二极管 d 共阳极
sbit e=P2^4;                            //二极管 e 共阳极
sbit f=P2^5;                            //二极管 f 共阳极
sbit g=P2^6;                            //二极管 g 共阳极
sbit dp=P2^7;                           //二极管 dp 共阳极
sbit LED1=P1^4;                         //第 1 个数码管 COM 端
sbit LED2=P1^5;                         //第 2 个数码管 COM 端
sbit LED3=P1^6;                         //第 3 个数码管 COM 端
```

```
sbit LED4=P1^7;                    //第 4 个数码管 COM 端
sbit K1=P3^2;                      //K1 做中断源用
void Init_Int0();                  //函数声明
void Disp_OP51();
void DelayX1_ms();
void Disp_num();
void Time0_init();
#endif
```

（4）编译生成目标文件 Disp_OP51.hex。

（5）模拟仿真调试。

（6）下载至仿真图观看实际效果。

总结：动态驱动从引脚数量、功耗等方面优于静态驱动，但需要较多 LED 构成文字、图形时，如给 1 个汉字显示至少需要 16×16 点阵，尽管可以扩展 I/O 端口，但动态驱动仍然显得力不从心。所以常需要使用串行口输出，经串/并转换达到多个 LED 构成的文字或图形。

扫一扫看教学课件：串并转换应用技术

扫一扫看微课视频：串并转换应用技术

任务 5.2　串/并转换应用技术

扫一扫看文档：串并转换应用技术编程代码

5.2.1　串行口驱动数码管显示接口

LED 不仅可以用于照明、状态指示，还可以被封装成阵列，用于信息显示。当需要较多 LED 构成文字、图形时，常采用 74HC595 作为 LED 的显示扩展接口，其引脚图如图 5.13 所示。

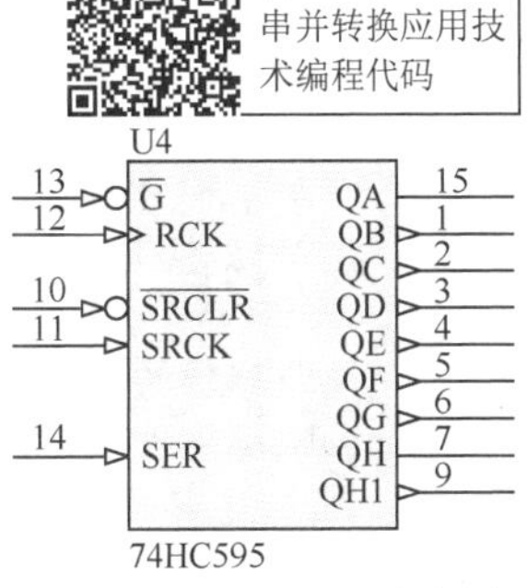

图 5.13　74HC595 引脚图

1. 74HC595 驱动数码显示接口电路分析

串行口驱动 8 位数码管显示电路如图 5.14 所示。P16RXD 串行数据输出与 74HC595 的 14 脚 SER 相接；P1.7TXD 与 74HC595 的 11 脚 SRCK 相接，产生同步移位脉冲；P5.4 用作 8 位三态输出锁存器的时钟输入脉冲，与 74HC595 的 12 脚 RCK 相连。

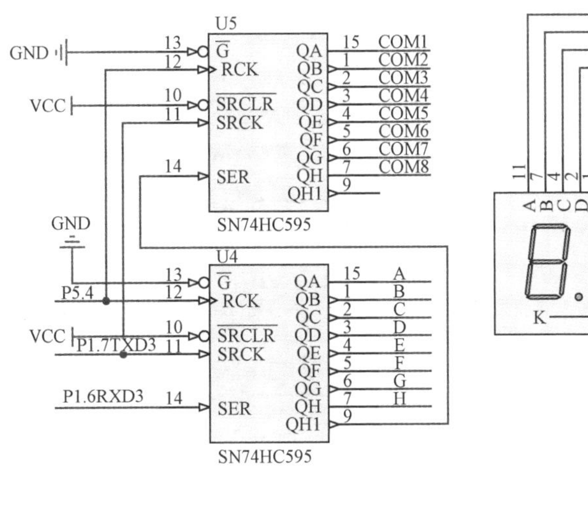

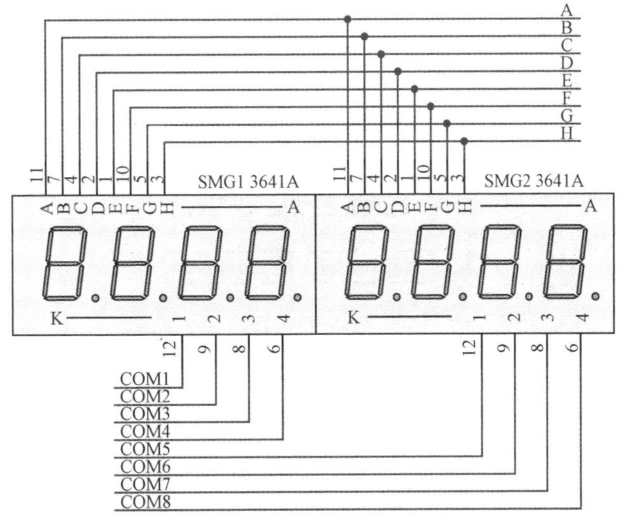

图 5.14　串行口驱动 8 位数码管显示电路

第 1 个 74HC595 的 QH1 和第 2 个 74HC595 的 SER 相接，在 SRCK 的第 9 个上升沿，数据开始从 QH1 移出，送入第 2 个 74HC595。可以任意接多个 74HC595，实现多个 74HC595 的级联控制。

串行数据发送时序图如图 5.15 所示。在每个 SRCK 的上升沿，SER 上的数据移入移位寄存器，数据全部送完后，给 RCK 一个上升沿，寄存器中的数据置入锁存器中，此时，如果 $\overline{G}$ 为低电平，那么数据从并行口 QA～QH 输出。

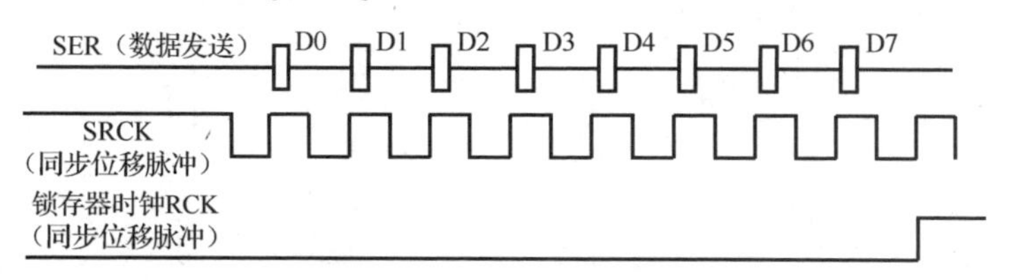

图 5.15 串行数据发送时序图

2. 74HC595 驱动数码显示编程分析

1）串行数据发送→74HC595→数码管流程

单片机串行口 P1.6RXD（与 SER 相连）的串行数据，在数据输入时钟线 P1.7TXD（与 SRCK 相连）上升沿，按位发送至 74LS595 移位寄存器，低位在前。当 8 位数据发送结束时，编程 P54=0,P54=1（与 RCK 相连），存储器锁存时钟线 RCK 产生上升沿，移位寄存器数据进入三态输出锁存器，$\overline{G}$ 接低电平，高阻态撤销，8 位并行数据输出。串行数据发送流程图如图 5.16 所示。

传输数据时先发数码管显示的位选通信号（COM1～COM8），再发送段码（A～H），待数据传输完成后，编程 RCK=0，RCK=1，即完成了串行数据（字形码）在并行口输出的过程。传输数据时，先关闭输出存储器锁存时钟线（RCK），避免数码管在传输过程中出现闪烁，一个字形码送显示流程图如图 5.17 所示。逐位扫描循环 8 次完成一个数码管动态扫描显示。

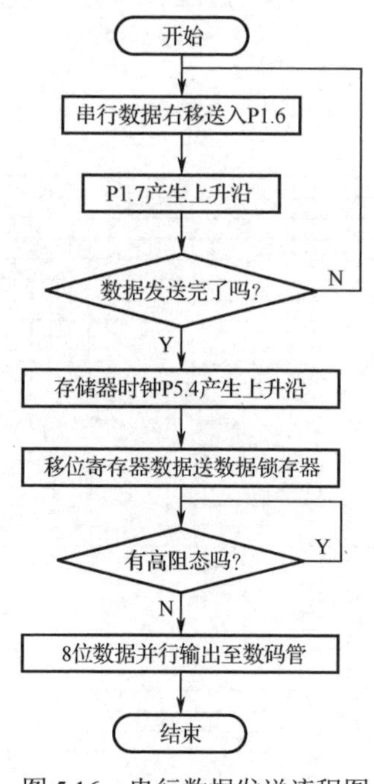

图 5.16 串行数据发送流程图

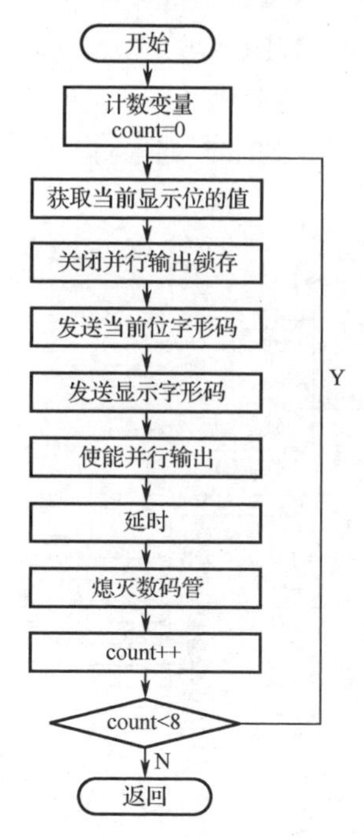

图 5.17 一个字形码送显示流程图

2）字形码计算

单片机串行口 P1.6RXD 按位发送至 74LS595 移位寄存器时，低位在前。数码管（选用共阴极）各段与串行数据的对应关系如表 5.8 所示。

表 5.8　数码管各段与串行数据的对应关系

QA	QB	QC	QD	QE	QF	QG	QH	0~9
A	B	C	D	E	F	G	DP	十六进制
1	1	1	1	1	1	0	0	0xfc(0)
0	1	1	0	0	0	0	0	0x60(1)
1	1	0	1	1	0	1	0	0xda(2)
1	1	1	1	0	0	1	0	0xf2(3)
0	1	1	0	0	1	1	0	0x66(4)
1	0	1	1	0	1	1	0	0xb6(5)
1	0	1	1	1	1	1	0	0xbe(6)
1	1	1	0	0	0	0	0	0xe0(7)
1	1	1	1	1	1	1	0	0xfe(8)
1	1	1	1	0	1	1	0	0xf6(9)

小知识： 74HC164 与 74HC595 功能相仿，都是 8 位串行输入转并行输出移位寄存器。可以选择 74HC164 代替 74HC595。74HC164 的驱动电流（25 mA）比 74HC595 的（35 mA）要小，14 脚封装，体积也小一些。

另外，74HC595在移位的过程中，输出端的数据可以保持不变。这在串行速度慢的场合很有用处，数码管没有闪烁感。

3）8 位数码管显示 12345678 测试程序

创建工程项目 disp_test，新建文件 disp_test.c，数码管显示 12345678 代码如下：

```
#include <intrins.h>
#define     MAIN_Fosc       24000000L  //下载时设置的运行时钟
#include   "STC15Fxxxx.H"
void smgDisplay(u32 num);                //声明数码管显示子函数
void delay(u16 t);                       //声明延时子函数
void putout595(u8 dat);                  //74HC595 串行数据发送
//定义 74HC595 接口
sbit smgDat = P1^6;                      //串行数据输入
sbit smgClk = P1^7;                      //数据输入时钟线
sbit smgRck = P5^4;                      //输出存储器锁存时钟线
//定义共阴极数码管 0~9 字形码
u8 smgTable[]={0xfc,0x60,0xda,0xf2,0x66,0xb6,0xbe,0xe0,0xfe,0xf6};
void smgDisplay(u32 num) {
     u8 count=0;
     for(count=0;count<8;count++){
```

```
        smgRck = 0;                          //关闭并行输出锁存
        putout595(_crol_(0xfe, count));      //共阳极数码管为 0x01
        putout595(smgTable[num%10]);         //显示字形码
        smgRck = 1;
        num= num/10;
        delay(1);                            //每位显示 1 ms，保证显示亮度均匀
        smgRck = 0;
        putout595(0X00);
        putout595(0X00);
        smgRck = 1;
        }
    }
    void delay(u16 t) {
      u16 i;
        do{
            i = 2000;
             while(--i);
           }while(--t);
     }
    void putout595(u8 dat) {
        u8 i;
        for(i=0; i<8; i++) {
        smgClk = 0;
        smgDat = dat&0x01;
        smgClk = 1;
        dat = _cror_(dat, 1);
        }
    }
    void main(void) {
        u32 Dis_Var=0;
        P1M1 = 0;   P1M0 = 0;                //设置 P1 口为准双向口
        P5M1 = 0;   P5M0 = 0;                //设置 P5 口为准双向口
        while(1) {
        Dis_Var=12345678;
        smgDisplay(Dis_Var);                 //实参传递需要显示的数值或变量
          }
    }
```

4）启动 stc-isp-v6.89.exe

（1）选择单片机型号，这里要求与实物单片机型号一致，如图 5.18 所示。

（2）选择与计算机连接的 COM 端口 USB-SERIAL CH340，如果未看到 USB-SERIAL CH340，那么需要检查学习板中的 CH340 芯片连接情况及驱动程序是否安装。

（3）打开编译生成的十六进制文件 disp_test.hex。

（4）单击“下载编程”按钮。

（5）从学习板中观看显示结果。

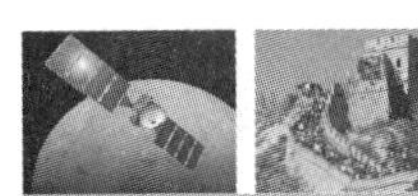

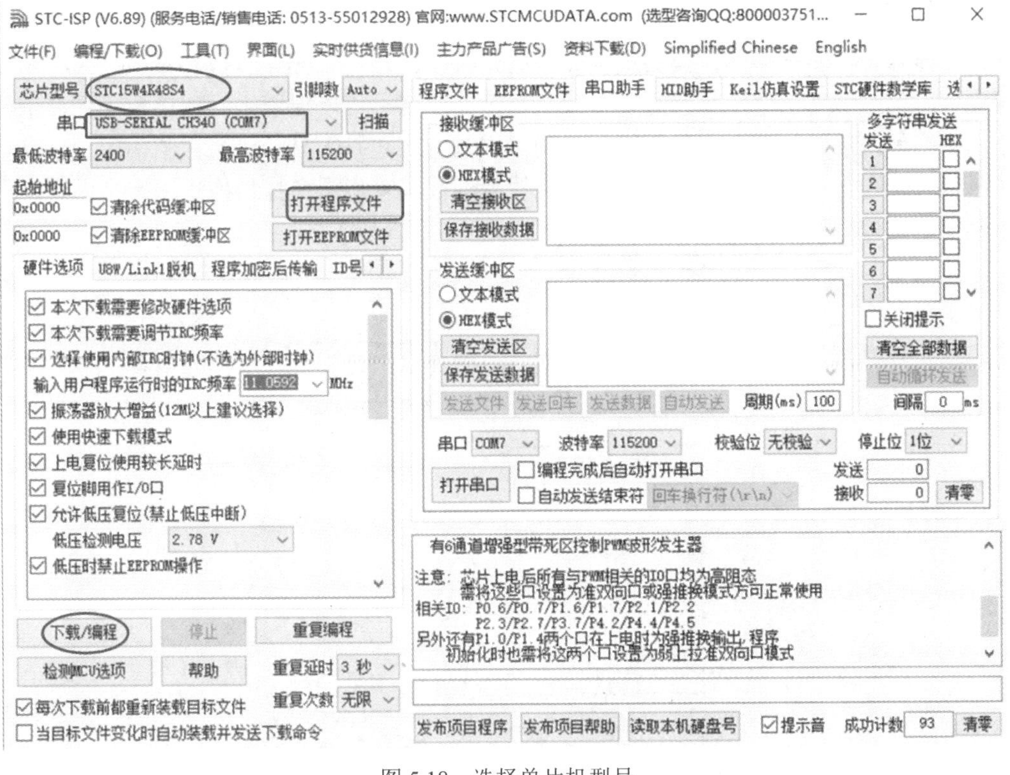

图 5.18　选择单片机型号

5.2.2　定时扫描显示的原理

填空题（每空 1 分，共 10 分）

1．74HC595 是一个 8 位________输入、并行输出的位移缓存器（又称移位寄存器），可实现 8 位串行输入/8 位串行或________输出。

2．观看图 5.14，定义 sbit smgDat = P1^6；sbit smgClk = P1^7；sbit smgRck = P5^4；smgDat 是 74HC595 串行数据________端，smgClk 是串行数据的________。

3．如果要在 smgRck 产生上升沿，应编程 smgRck=________，smgRck=________。

4．若要经过 74HC595 驱动数码管显示 OP，则显示 O=________，P=________。

5．若设置 P5 为准双向口，则 P5M1 =________；P5M0 =________。

5.2.3　显示界面设计

分组任务：HELLO---编程

（1）开机，显示 HELLO---。

（2）依据项目 2，根据表 2.3 的 4×4 矩阵键盘定义，按下相应数字键，在数码管第 1 位分别显示 0～9。

（3）按下 RUN 键，后 2 位数码管开始 00～99 计数，要求用定时器控制计数时间。

（4）按下 STOP 键，显示 HELLO---。

（5）绘制程序设计流程图。

参考答案：依据学习板原理图，图 5.14 的数码管接口电路中选用共阴极数码管。

若按照任务 5.1 直接在主程序中调用数码管显示函数，则在主程序执行其他操作时，数码管扫描显示工作将会暂停，当其他操作含有延时等待时会直接导致数码管熄灭或有明显的闪烁现象。为了保障足够的显示亮度，开机显示完成后，可以使用定时切换数码管显示位的方法，始终保持数码管有一位是正常显示的。定时切换数码管显示位流程图如图 5.19 所示。为规范模块化程序函数，可将在定时中断中执行的数码管显示扫描切换程序定义为一个子函数，由中断函数调用。

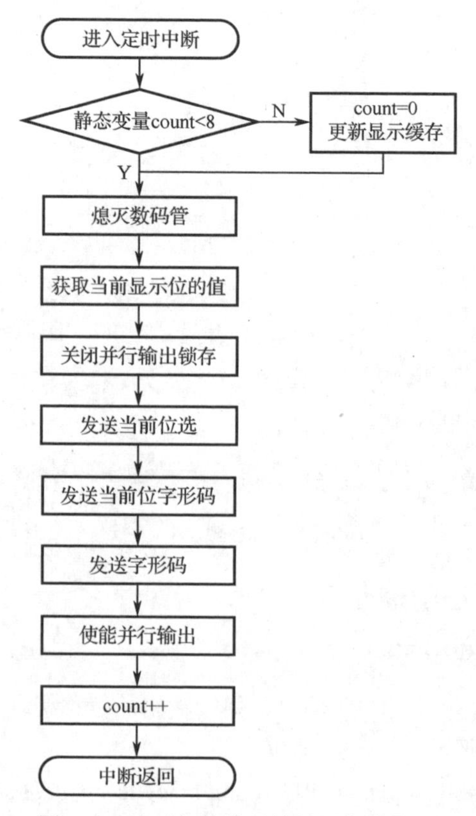

图 5.19　定时切换数码管显示位流程图

参考代码如下：

```
#define    MAIN_Fosc        24000000L    //下载时设置的运行时钟
#include   "STC15Fxxxx.H"
void delay(u16 t);
void putout595(u8 dat);
void displayHello();
void Display0_9(u8 num);
void Display_time(u8 num);
u8 key_get();
//设定 74HC595 控制引脚
sbit smgDat = P1^6;
sbit smgClk = P1^7;
sbit smgRck = P5^4;
//共阴极数码管字形码、按键查表
u8  smgTable[] = {0xfc,0x60,0xda,0xf2,0x66,0xb6,0xbe,0xe0,0xfe,0xf6};
```

```
u32 time=0;
void Timer0Init(void)            //1 ms@24.000MHz
{
    AUXR |= 0x80;                //定时器时钟 1T 模式
    TMOD &= 0xF0;                //设定定时器模式
    TL0 = 0x4;                   //设置定时初值低位
    TH0 = 0xA2;                  //设置定时初值高位
    TF0 = 0;                     //清零 TF0
    TR0 = 1;                     //定时器 0 开始计时
    ET0 = 1;                     //使能定时器 0 中断
    EA = 1;
}
void main(void) {
    int mode_key=12;
    u8 val_key=0xFF;
    P0M1 = 0;     P0M0 = 0;      //设置为准双向口
    P1M1 = 0;   P1M0 = 0;        //设置为准双向口
    P5M1 = 0;   P5M0 = 0;        //设置为准双向口
    Timer0Init();
    while(1) {
       val_key=key_get();        //获取按键值
           if(val_key!=255){  //对按键值进行功能定义
               switch(val_key){
                   case 0:mode_key=9;
                   break;
                   case 1:     //预留
                   break;
                   case 2: mode_key=-1;
                   break;
                   case 3: mode_key=10;//OPEN
                   break;
                   case 4:mode_key=6;
                   break;
                   case 5:mode_key=7;
                   break;
                   case 6:mode_key=8;
                   break;
                   case 7:
                       time=0;
                       mode_key=11;//RUN
                   break;
                   case 8:mode_key=3;
                   break;
                   case 9:mode_key=4;
                   break;
                   case 10:mode_key=5;
                   break;
                   case 11:mode_key=1;
```

```
                        break;
                        case 12:mode_key=0;
                        break;
                        case 13:mode_key=1;
                        break;
                        case 14:mode_key=2;
                        break;
                        case 15:mode_key=12;//STOP
                        break;
                    }
                }
                if((mode_key>=0) && (mode_key<=9)){
                Display0_9(mode_key);
                }else if(mode_key==11){
                    Display_time(time/1000);
                }
                else if(mode_key==12){
                    displayHello();
                }
        }
    }
    void timer0_int (void) interrupt 1  //定时器 0 中断服务程序
    {
      time++;
      if(time>99999)
      time=0;
    }
    void delay(u16 t) {
        u16 i;
        do{
           i = 200;
           while(--i);
        }while(--t);
     }
    void putout595(u8 dat) {
        u8 i;
        for(i=0; i<8; i++) {
            smgClk = 0;
            smgDat = dat&0x01;
            smgClk = 1;
            dat = _cror_(dat, 1);
        }
    }
    void displayHello() {
        u8 HELLO[]={0x6E,0x9e,0x1C,0x1C,0x3a,0x02,0x02,0x02};//hello--- 字
形码
        u8 i;
        for(i=0; i<8; i++) {
```

```
        smgRck = 0;
        putout595(_cror_(0x7f, i));            //数据从左到右开始显示
        putout595(HELLO[i]);                   //共阳极数码管需要取反
        smgRck = 1;
        delay(1);
        //显示 1 ms 后关闭数码管 保持每个数码管的显示亮度均匀
        smgRck = 0;
        putout595(0X00);
        putout595(0X00);
        smgRck = 1;
    }
    }
u8 key_get(){
    u8 val_key=255;
    P1=0x0F;
    delay(1);
  if(P1!=0x0F){
        /////////////扫描第 1 行，如行列方向选择则高低位对调
        P1=0xEF;
        delay(1);
        if((P1&0x0F) == 0x0E){
          val_key=0;
          }
        if((P1&0x0F) == 0x0D){
          val_key=1;
          }
        if((P1&0x0F) == 0x0B){
          val_key=2;
          }
        if( (P1&0x0F) == 0x07){
          val_key=3;
          }
          /////////////扫描第 2 行
        P1=0xDF;
          delay(1);
        if((P1&0x0F) == 0x0E){
          val_key=4;
          }
        if((P1&0x0F) == 0x0D){
          val_key=5;
          }
        if((P1&0x0F) == 0x0B){
          val_key=6;
          }
        if((P1&0x0F) == 0x07){
          val_key=7;
          }
          /////////////扫描第 3 行
```

```
            P1=0xBF;
            delay(1);
            if((P1&0x0F) == 0x0E){
              val_key=8;
              }
            if((P1&0x0F) == 0x0D){
              val_key=9;
              }
            if((P1&0x0F) == 0x0B){
              val_key=10;
              }
            if((P1&0x0F) == 0x07){
              val_key=11;
              }
              /////////////扫描第 4 行
            P1=0x7F;
            delay(1);
            if((P1&0x0F) == 0x0E){
              val_key=12;
              }
            if((P1&0x0F) == 0x0D){
              val_key=13;
              }
            if((P1&0x0F) == 0x0B){
              val_key=14;
              }
            if((P1&0x0F) == 0x07){
              val_key=15;
              }
          }
       return val_key;
      }
void Display0_9(u8 num) {
     smgRck = 0;
     putout595(0x7F);                    //共阴为 0xfe 共阳为 0x01
     putout595(smgTable[num]);           //共阳极数码管需要取反
     smgRck = 1;
     delay(1);
     smgRck = 0;
     putout595(0X00);
     putout595(0X00);
     smgRck = 1;
}
void Display_time(u8 num) {
     smgRck = 0;
     putout595(0xFE);                    //共阴为 0xfe 共阳为 0x01
     putout595(smgTable[num%10]);        //共阳极数码管需要取反
     smgRck = 1;
```

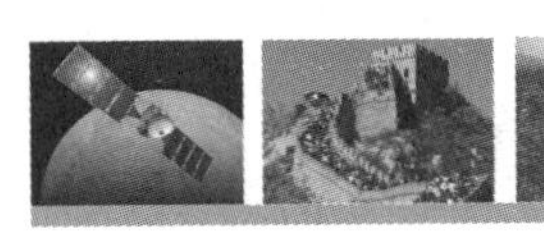


```
        delay(1);
        smgRck = 0;
        putout595(0X00);
        putout595(0X00);
        smgRck = 1;
        smgRck = 0;
        putout595(0xFD);                    //共阴为 0xfD 共阳为 0x02
        putout595(smgTable[num/10]);    //共阳极数码管需要取反
        smgRck = 1;
        delay(1);
        smgRck = 0;
        putout595(0X00);
        putout595(0X00);
        smgRck = 1;
    }
```

任务 5.3　记录你的人生岁月（选学）

扫一扫看教学课件：认识液晶显示模块

扫一扫看微课视频：认识液晶显示模块

扫一扫看文档：认识液晶显示模块编程代码

5.3.1　认识液晶显示模块

1. 液晶显示模块的类型

液晶显示模块从应用角度，常分为 4 种类型。

（1）字段型液晶显示模块。主要用来显示数字，它是基于数字“8”的字形结构变化形成的。例如，电话上的来电显示功能，就只需要显示出电话号码。字段型液晶显示模块被广泛应用于便携式及袖珍式电子设备中，如计时器、数字仪表、计数器等，可以取代 LED 7 段数码管。

（2）字符型液晶显示模块。主要用于显示字母、数字及符号，其电极的图形就是由若干 5×8、5×11 等点阵组成的字符块集。内部的字符发生存储器（CGROM）可以存储 200 多个不同的点阵字符图形，CGROM 中包含的字符是阿拉伯数字、常用符号、大小写英文字母、日文片假名及其他外文字。

（3）图形型液晶显示模块。图形型液晶显示模块能够显示图形、文字等信息。点阵像素和模块内部显示存储器的字节位都是一一对应的。利用其控制/驱动芯片可以实现液晶屏上图像的上下滚动、左右移动等功能。图形型液晶显示模块广泛应用于手机、MP3、PDA、数码相机等高端消费类电子产品中，实现复杂的图形及文字显示功能。

（4）综合型液晶显示模块。综合型液晶显示模块除了具有字符显示及图形显示功能，还具有比较独特的硬件初始值设置的功能。显示驱动所需的参数都是由引脚电平设置的。

2. 12864 液晶显示模块与单片机接口

带汉字字库的 12864 液晶显示模块共有 20 个引脚，其引脚功能如表 5.9 所示。

表 5.9　12864 液晶显示模块的引脚功能

Pin No.	名　称	电　平	并行通信	串行通信
1	VSS	0V	电源地	
2	VDD	+3.3 V/+5 V	模块工作电源	

续表

Pin No.	名　称	电　平	并行通信	串行通信
3	V0/NC	—	对比度调节端	NC
4	RS(CS)	H/L	寄存器选择端：H—数据；L—指令	片选，H—有效
5	R/W(SID)	H/L	读/写选择端：H—读；L—写	串行数据线
6	E(SCLK)	H，H->L	使能端	串行同步时钟
7～14	DB0～DB7	H/L	8 位数据总线	NC
15	PSB	H/L	并行口/串行口选择：H—并行口	NC
16	NC	—	NC	NC
17	/RST	L	复位信号，低有效	NC
18	Vout/NC	—	显示器驱动	NC
19	LEDA	+5 V	背光源	
20	LEDK	0 V		

依据引脚功能，12864 液晶显示模块与单片机接口如图 5.20 所示。12864 液晶显示模块与单片机接口采用并行口发送。

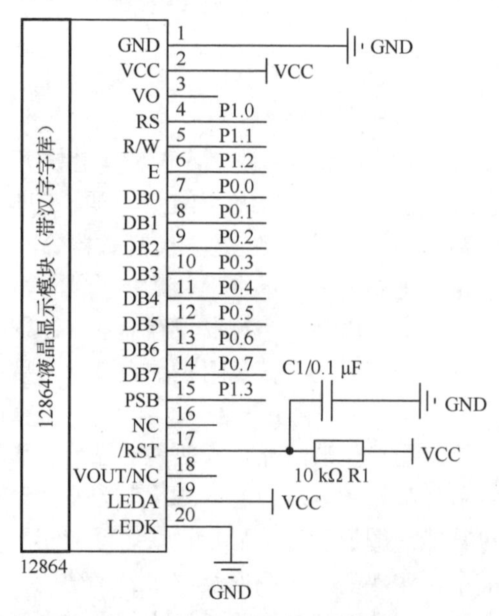

图 5.20　12864 液晶显示模块与单片机接口

12864 液晶显示模块 8 位数据总线与单片机 P0 口相连，寄存器选择端 RS、读/写选择端 R/W、使能端 E 分别接 P1.0～P1.2，实现寄存器选择、读/写选择及使能信号编程控制，P1.3 连接 PSB 控制并行口数据读/写。相关代码如下：

```
#define LCD_DATAPORT P0            //LCD12864 数据端口定义
sbit LCD_PSB=P1^3;                 //8 位或 4 位并行口/串行口选择
sbit LCD_RS=P1^0;                  //数据命令选择
sbit LCD_RW=P1^1 ;                 //读/写选择
sbit LCD_E=P1^2;                   //使能信号
```

8 位并行口写操作时序图如图 5.21 所示。相关延时时间可查阅汉字字库点阵液晶显示模块使用手册。

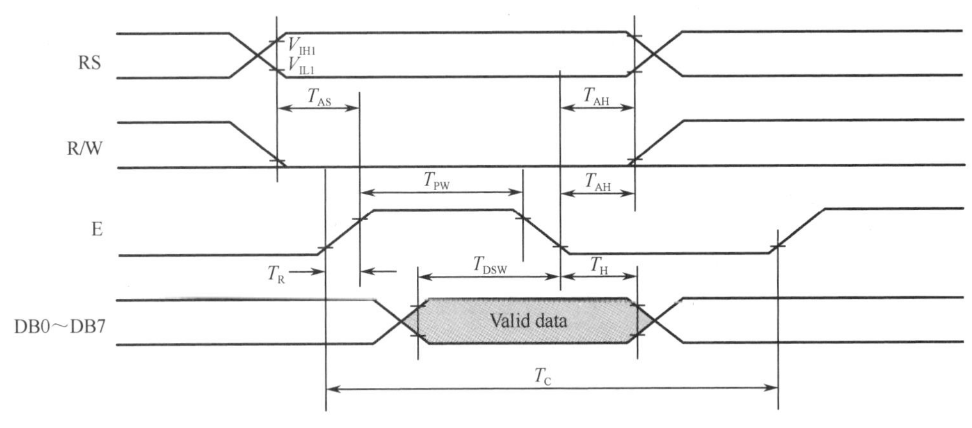

图 5.21　8 位并行口写操作时序图

3. 单片机写指令/数据至 12864 液晶显示模块的过程分析

1）写指令

编程 RS=0；R/W=0；E=1；P0=data（指令）…，延时等待写入结束，编程 E=1。

按照图 5.21 说明，写指令/数据的过程示意图如图 5.22 和图 5.23 所示。

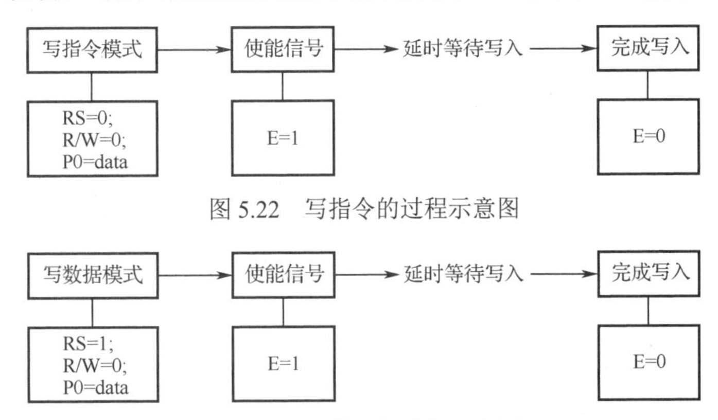

图 5.22　写指令的过程示意图

图 5.23　写数据的过程示意图

2）写数据

先通过 RS、R/W 设置指令/数据模式、读/写模式，并将数据输出到数据总线端口，之后使能 E=1 进行写操作，延时等待写入后恢复 E=0 即完成写操作，观看函数 lcd_writecmd(u8 cmd)、lcd_writedata(u8 dat)代码。

3）12864 初始化流程

按照数据手册，12864 初始化流程依次进行功能设定发送控制字→延时后再进行功能设定发送控制字→显示开关→清除屏幕→进入设定点，如图 5.24 所示。12864 液晶显示模块初始化函数 lcd_init(void)。

4. 编程，开机，12864 液晶显示模块显示

代码如下：

```
"广东技术师范大学"
"自动化学院---"
"欢迎你的到来!! "
"-单片机实践项目"
```

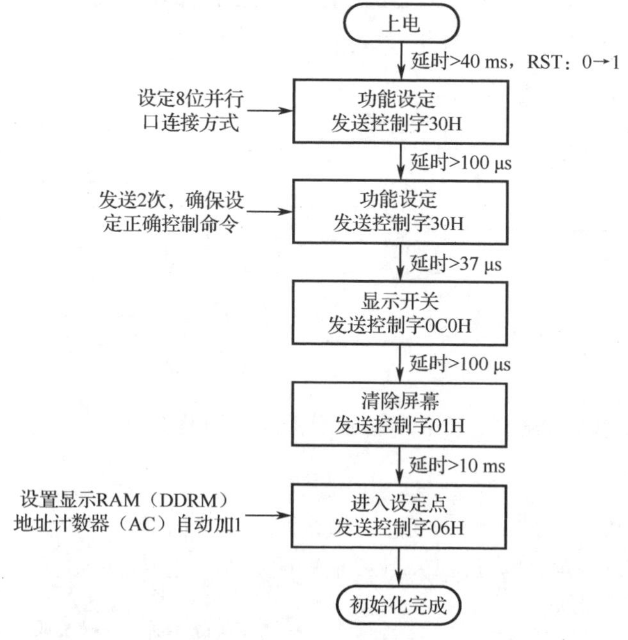

图 5.24　12864 初始化流程图

（1）依据图 5.20，外接 12864 扩展版或使用杜邦线完成 12864 液晶显示模块与单片机的接口连接。

（2）参考程序。创建工程 display_12864.uvproj，新建文件 main.c、function.c、other.h。

main.c：

```
/****************************************
LCD12864 与单片机连接引脚
      P0^0-P0^7  DB0-DB7
      P1^0  RS
      P1^1  RW
      P1^2  EN
      P1^3  PSB
*****************************************************/
#include "other.h"
void main()
{
    lcd_init();//LCD12864 初始化
    delay_ms(10);
    lcd_showshort(0, 0,"广东技术师范大学");
    delay_ms(500);
    lcd_showshort(1, 0,"自动化学院---");
    delay_ms(500);
    lcd_showshort(2, 0,"欢迎你的到来!! ");
```

```
    delay_ms(500);
    lcd_showshort(3, 0,"-单片机实践项目");
    delay_ms(1000);
    lcd_clear();
    while(1)
    {

    }
}
```

function.c：

```
#include "other.h"
void delay_10us(u16 ten_us)
{
    while(ten_us--);
}
void delay_ms(u16 ms)
{
    u16 i,j;
    for(i=ms;i>0;i--)
    for(j=1100;j>0;j--);
}
/***************************************
写命令，lcd12864 根据功能表有多种命令可以写入
实现多种操作，如初始化和送显示区域地址等
***************************************/
void lcd_writecmd(u8 cmd)
{
    LCD_RS=1;
    LCD_RW=1;//选择写命令模式
    LCD_EN=0;
    delay_ms(1);
    LCD_EN=1;
    LCD_DATAPORT=cmd;
    delay_ms(1);
    LCD_EN=0;
}
/*******************************************
写数据，把要显示的内容写进去，会自动去字库中比对寻找
*******************************************/
void lcd_writedata(u8 dat)
{
    LCD_RS=1;
    LCD_RW=0;//选择写数据模式
    LCD_EN=0;
    delay_ms(1);
    LCD_EN=1;
```

```
    LCD_DATAPORT=dat;
    delay_ms(1);
    LCD_EN=0;
}
/*************************************************
LCD12864 初始化，按照数据手册流程依次进行发送位数--显示开关--清除屏幕--进入设定点
*************************************************/
void lcd_init(void)
{
    LCD_PSB=1;//选择 8 位或 4 位并行口方式
    lcd_writecmd(0x30);//功能设定为与芯片 8 位接口
    lcd_writecmd(0x30);//功能设定为与芯片 8 位接口
    lcd_writecmd(0x0c);//整体显示开，游标显示关
    lcd_writecmd(0x01);//清除屏幕
    lcd_writecmd(0x06);//写入新数据后光标右移，显示屏不移动
}
/****************************************
LCD12864 清除屏幕
****************************************/
void lcd_clear()
{
    lcd_writecmd(0x30);
    delay_ms(10);
    lcd_writecmd(0x01);
    delay_ms(10);
}
/*****************************************************
显示想要的字符，以一行为单位 输入 x，y 的坐标，"字符"
*************************************************/
void lcd_showshort (u8 x, u8 y,u8*word)
{
    u8 pos;
    u8 i=y;
    if(x==0)
    {x=0x80;        }              //第 1 行
    else if(x==1)
    {x=0x90;    }                  //第 2 行
    else if(x==2)
    {x=0x88;  }                    //第 3 行
    else if(x==3)
    {x=0x98;    }                  //第 4 行
    pos=x+y;                       //具体某个字存储位置
    lcd_writecmd(pos);
    while(word[i]!='\0')           //结束标志，当没看到结束标志时会一直在循环内
  {
    if(i<16)                       //汉字 16*16
  {lcd_writedata(word[i]);
    i++;}
```

```
    }
    }
    /*******************
    显示定义的数组的内容
    ***************************/
    void lcd_showlong (u8 code*address)
    {
        u8 i=0;
        lcd_writecmd(0x30);
        delay_ms(37);
        lcd_writecmd(0x01);
        delay_ms(10);
        lcd_writecmd(0x80);             //送命令表示第 1 行第 1 个地址
        for(i=0;i<16;i++){
        lcd_writedata(*address);
        address++;
    }
        lcd_writecmd(0x90);             //送命令表示第 2 行第 1 个地址
        for(i=0;i<16;i++){
        lcd_writedata(*address);
        address++;
    }
        lcd_writecmd(0x88);             //送命令表示第 3 行第 1 个地址
        for(i=0;i<16;i++){
        lcd_writedata(*address);
        address++;
    }
        lcd_writecmd(0x98);             //送命令表示第 4 行第 1 个地址
        for(i=0;i<16;i++){
        lcd_writedata(*address);
        address++;
    }
    }
```

other.h：

```
    #ifndef _other_H
    #define _other_H
    #include "STC15xxxx.H"
    typedef unsigned int u16;           //对系统默认数据类型进行重定义
    typedef unsigned char u8;
    typedef unsigned long u32;
    #define LCD_DATAPORT    P0          //LCD12864 数据端口定义
    sbit LCD_PSB=P1^3;                  //8 位或 4 位并行口/串行口选择
    sbit LCD_RS=P1^0;                   //数据命令选择
    sbit LCD_RW=P1^1 ;                  //读写选择
    sbit LCD_EN=P1^2;                   //使能信号
    /****   R S  R/W          功能
    写命令  0    0         单片机写命令到指令寄存器
```

```
          0    1         读出忙标志位 BF 和地址计数器 AC 的状态
写数据 1    0            单片机写入显示数据到数据暂存器
         1    1          单片机从数据暂存器读数据
***********************************************************/
//函数声明
void delay_10us(u16 ten_us);
void delay_ms(u16 ms);
void lcd_writecmd(u8 cmd);
void lcd_writedata(u8 dat);
void lcd_init(void);
void lcd_clear();
void lcd_showshort(u8 x, u8 y,u8*word);
void lcd_showlong (u8 code*address);
void AD_display();
#endif
```

（3）调试，运行程序，观看显示结果。

5.3.2　12864 液晶显示模块常规参数分析

扫一扫看文档：12864液晶模块常规参数分析测验题答案

填空题（每空 1 分，共 10 分）

1．12864 是一种图形点阵液晶显示器，主要由行驱动器/列驱动器及________全点阵液晶显示器组成。12864 液晶显示模块的串行/并行通信模式由________引脚的电平选择。

2．12864 液晶显示模块绘图显示方式下第 33 行第 1 个字节的垂直地址、水平地址分别为________、________。

3．带汉字字库的 LCD 12864 可显示________行 8 列共 32 个 16×16 点阵的汉字，每个汉字用________字节表示。

4．LCD 12864 显示分辨率为________，属于________图形液晶显示模块。

5．使用 12864 液晶显示模块，最少需要________个单片机的________端接口。

5.3.3　课堂挑战：友好项目界面设计

1．设计液晶显示模块与 STC15W 系列单片机的接口电路。

2．使用 12864 液晶显示模块记录你的人生岁月。

参考界面：可设计 4 个参考界面。

（1）按下 OPEN 键：你好（问候界面）。

（2）按下 RUN 键：你的初心、使命。

（3）按下加 1 键：大学入读时间。

（4）按下 STOP 键：姓名、性别、出生年月。

项目6 连接物联网

通信最主要的目的就是传递信息。通信技术是当代生产力中最为活跃的技术因素，对生产力的发展和人类社会的进步起着直接的推动作用。在古代，人类通过驿站、飞鸽传书、烽火报警、符号、身体语言、眼神、触碰等方式进行信息传递。现代科学水平的飞速提升，相继出现了无线电、固定电话、移动电话、互联网、视频电话等通信方式。通信技术拉近了人与人之间的距离，提高了经济的效率，深刻地改变了人类的生活方式和社会面貌。

物联网技术（Internet of Things，IoT）起源于传媒领域，是信息科技产业的第三次革命。物联网是指通过信息传感设备，按约定的协议，将任何物体与网络相连接，物体通过信息传播媒介进行信息交换和通信，以实现智能化识别、定位、跟踪、监管等功能。

随着物联网技术的广泛应用和计算机网络技术的普及，计算机的通信功能越来越重要，将位于不同国家和地区的采购、生产、流通和消费有机地连接在一起，形成一个全球化的产业分工体系，该体系中的各节点不仅连成了一体形成了一个个链条，而且把产业分工的各环节都串联在一起，形成了一个“你中有我、我中有你”的命运共同体，如图 6.1 所示。

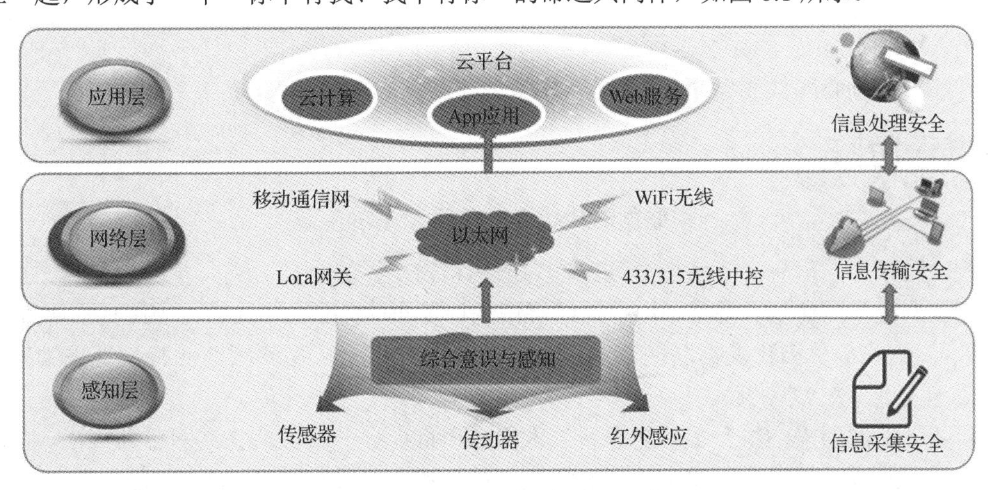

图 6.1　物联网与单片机串行通信

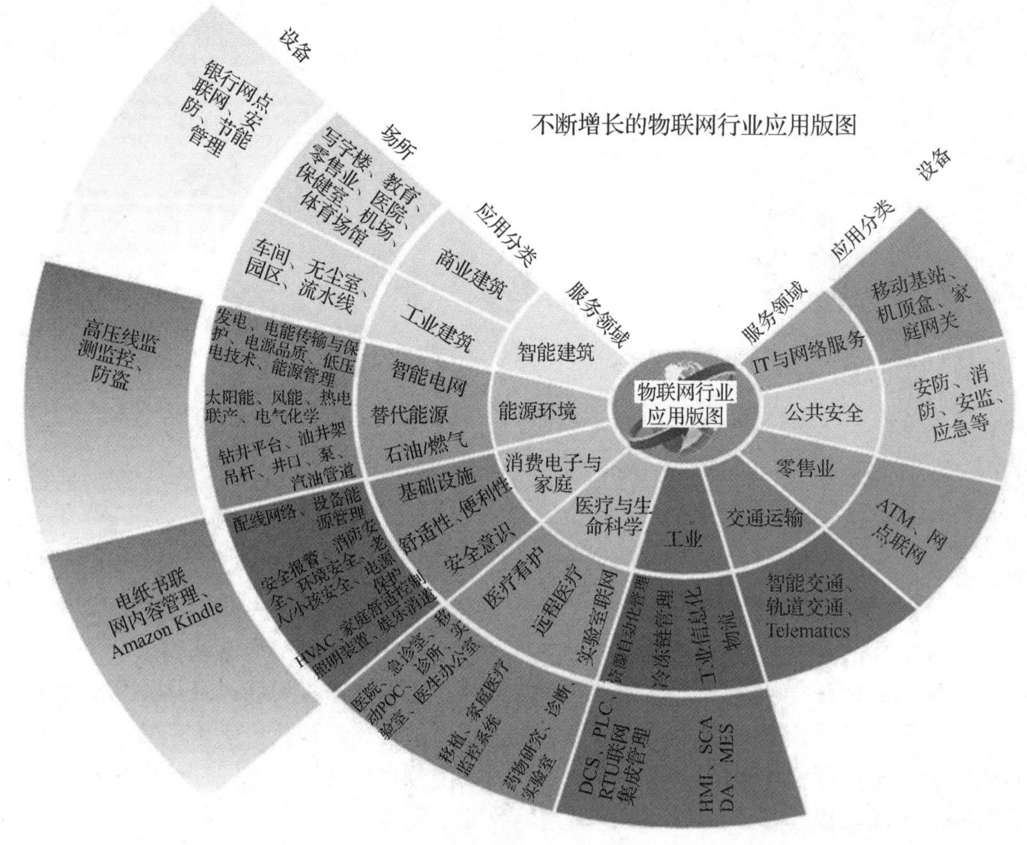

图 6.1　物联网与单片机串行通信（续）

本项目主要学习如何利用单片机串行通信技术，将物理世界采集、获取的数据供人类或人工智能分析和利用。

单片机构成的智能传感、测控系统在进行数据采集或工业控制时，往往作为下位机安装在工业现场，远离主机。现场数据采用异步串行通信、WiFi、SPI、I^2C、ZigBee 等实现物联网。智能设备物联网构成如图 6.2 所示。

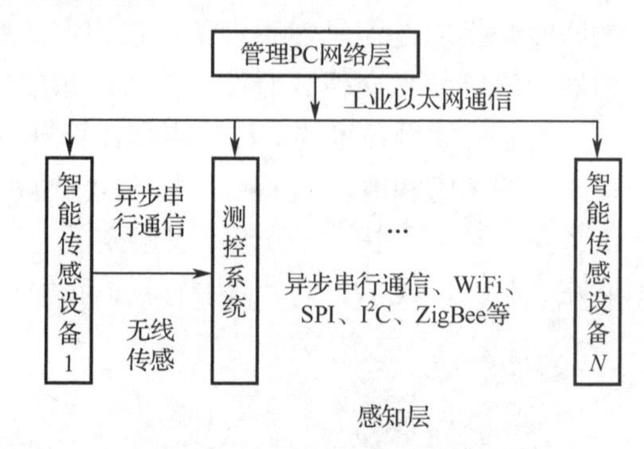

图 6.2　智能设备物联网构成

课程思政

物联网时代给人类生活带来的变化

物联网带来的信息变革席卷全球，作为信息科技发展的重要方向，备受全球各国重视，我国物联网呈现高速增长态势，由中国经济信息社发布的《2018—2019 中国物联网发展年度报告》显示，2018 年我国物联网产业规模已超 1.2 万亿元，物联网产业将呈现蓬勃发展的态势。

伴随 5G 的到来，与人工智能等新技术相结合将会进一步激活物联网市场规模，加速万物互联时代到来，届时将引发全社会的智能变革。那么，对普通百姓来说，在物联网时代，

我们的工作、生活与娱乐将会发生哪些翻天覆地的变化呢？

智慧生活。以智慧来驱动社区生活成为发展趋势，未到家就可以对家庭场景设备进行控制，炎热的夏天提前开启空调；进入小区刷脸，不用担心忘带门禁卡，将成为智能平安小区标配技术，方便又安全；快递自助服务；自助借阅图书、预约健身服务；自助缴纳物业费、停车费，报修等便民服务，丰富了人们的生活。

健康医疗。物联网开启智慧医疗新时代，使精准医疗成为可能。例如，通过可穿戴设备收集人体数据，智能手表、智能手环、智能内衣等可穿戴设备由于贴近身体皮肤，检测数据更精准，这些设备成为人们的私人健康助手。另外，随着 5G 网络的部署，远程医疗也成为可能，同时，建立一个健康大数据平台，运用物联网+AI 技术帮助人们做健康管理。

金融生活。在物联网浪潮下，物联网+AI 技术让金融科技席卷全球，推进传统金融服务智能化改造。新技术与金融行业深度融合，把数据连接起来，通过数据来洞悉客户，感知客户需求，提升金融服务效率，并助力普惠金融发展。

物联网产业生态体系逐渐完善，当部署规模日益扩大时，跨界融合成为产业发展趋势，行业与行业的边界会越来越模糊，大量新服务、新模式和新物种不断涌现，并在人工智能技术的促进下，进入全新的万物智能时代。

学习目标

本项目主要从 STC15W 系列单片机的串行口结构、工作方式及应用角度，叙述单片机串行通信的基础应用知识，通过项目任务，读者可以掌握串行通信的应用。希望通过本项目能达到如表 6.1 所示的学习目标。

表 6.1　学习目标

知识目标	能力目标	情感态度与价值观目标
认识单片机串行口； 双机通信应用设计； 主/从机通信网络设计	掌握单片机串行通信的各项基本概念； 具备设计和调试单片机串行口双机通信程序的能力； 具备设计和调试单片机串行口多机通信程序的能力	物联网时代给人们生活带来的变化； 发挥网络载体功能

任务设计与实现

任务 6.1　认识单片机串行口

扫一扫看教学课件：认识单片机串行口

6.1.1　STC15W 系列单片机串行口

1. STC15W 系列单片机串行口介绍

STC15W 系列单片机具有 4 个采用 UART（Universal Asynchronous Receiver/Transmitter）工作方式的全双工异步串行通信接口（串行口 1、串行口 2、串行口 3 和串行口 4）。由 2 个数据缓冲器、1 个移位寄存器、1 个串行控制器和 1 个波特率发生器等组成。串行口的数据缓冲器由 2 个相互独立的发送缓冲器和接收缓冲器构成，可以同时发送和接收数据。发送缓冲器只能写入不能读出，接收缓冲器只能读出不能写入，因而 2 个缓冲器可以共用一个地址码。串行口 1 的 2 个缓冲器（统称 SBUF）共用的地址码是 99H；串行口 2 的 2 个缓冲器（统称

S2BUF）共用的地址码是 9BH；串行口 3 的 2 个缓冲器（统称 S3BUF）共用的地址码是 ADH；串行口 4 的 2 个缓冲器（统称 S4BUF）共用的地址码是 85H。串行口内部结构如图 6.3 所示。

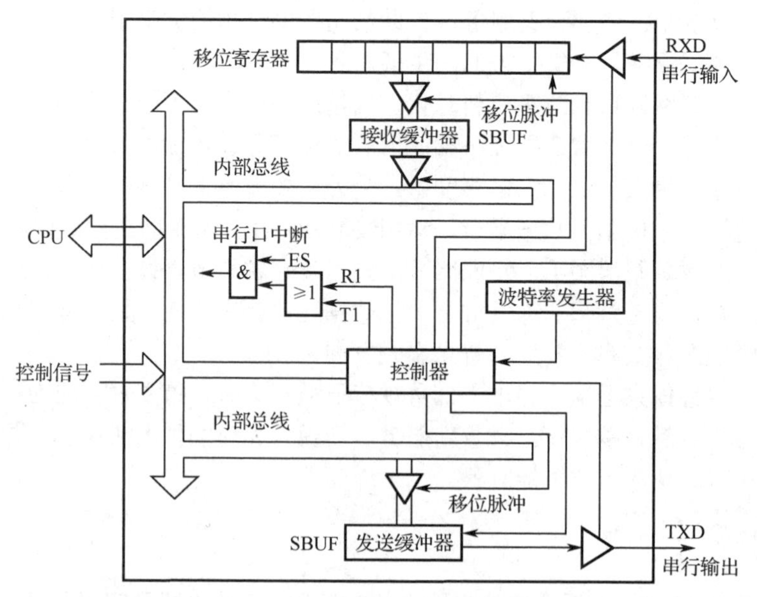

图 6.3　串行口内部结构

2. 串行口 1 的相关寄存器

单片机串行口的初始化寄存器根据不同型号芯片提供的串行口数量会有所区别，不过每个串行口的初始化寄存器的名称和配置基本相同。这里我们以串行口 1 为例，具体学习单片机串行口的相关寄存器配置，其他串行口可以参考查阅对应型号芯片的数据手册。

串行口 1 是一个异步接收器/发送器 URAT，用于串行全双工异步通信，也可作为同步寄存器使用。由控制器（电源控制、发送控制器 TI、接收控制器 RI）、移位寄存器、SBUF（Serial Buffer）、输出控制门等组成，如图 6.3 所示。SBUF 在物理上独立，占用同一地址 99H。TXD（P3.1/22）为串行数据发送端，用来发送数据，RXD（P3.0/21）为串行数据接收端，用来接收数据。SBUF 用各自的时钟源控制发送、接收数据。

在串行通信中，数据是一位一位按顺序进行传送的，而计算机内部的数据是并行传输的。因此当计算机发送数据时，必须先将并行数据通过移位脉冲控制转换为串行数据，然后发送；反之，当计算机接收数据时，必须先将串行数据通过移位脉冲转换为并行数据，然后输入。

接收数据时，串行数据先由 RXD 端经接收门进入移位寄存器，再经移位寄存器输出并行数据到接收缓冲器，最后通过数据总线送到 CPU，是一个双缓冲结构，以避免在接收过程中出现帧重叠错误。

发送数据时，CPU 将数据经过数据总线发送给发送缓冲器后，直接由控制器控制发送缓冲器移位，经发送门输出至 TXD 端，为单缓冲结构，不会出现帧重叠错误。

接收和发送数据的速度由控制器发出的移位脉冲控制，其可由内部定时器 1 或 2 产生的时钟获得。STC15W 系列单片机串行口的相关寄存器列表如表 6.2 所示。

表 6.2　STC15W 系列单片机串行口的相关寄存器列表

符号	描述	地址	位地址及符号 MSB　　LSB	复位值
T2H	定时器 2 高 8 位	D6H		0000 0000B
T2L	定时器 2 低 8 位	D7H		0000 0000B
AUXR	辅助寄存器	8EH	T0x12|T1x12|UART_M0x6|T2R|T2_C/T|T2x12|EXTRAM|S1ST2	0000 0001B
SCON	Serial Control	98H	SM0/FE | SM1| SM2 | REN |TB8 | RB8 | TI | RI	0000 0000B
SBUF	Serial Buffer	99H		xxxx xxxxB
PCON	Power Control	87H	SMOD | SMOD0| LVDF| POF| GF1 | GF0 | PD | IDL	0011 0000B
IE	Interrupt Enable	A8H	EA | ELVD | EADC | ES | ET1 | EX1 | ET0 | EX0	0000 0000B
IP	Interrupt Priority Low	B8H	PPCA|PLVD | PADC | PS | PT1 | PX1 | PT0 | PX0	0000 0000B
SADEN	Slave Address Mask	B9H		0000 0000B
SADDR	Slave Address	A9H		0000 0000B
AUXR1	辅助寄存器 1	A2H	S1_S1|S1_S0|CCP_S1|CCP_S0|SPI_S1|SPI_S0|0|DPS	0000 0000B
PCON2	时钟分频寄存器	97H	MCK0_S1|MCK0_S0|ADRJ|Tx_Rx|MCLKO_2|CLKS2|CLKS1|CLKS0	0000 0000B

其中，T2H、T2L 和 AUXR 是串行口波特率产生时钟定时器 2 设置的相关寄存器，由于 STC15W 系列单片机的串行口 1 允许用户设置定时器 1 为波特率发生器，所以当采用定时器 1 为波特率产生时钟时，需要对定时器 1 相关的寄存器进行配置。

（1）AUXR：辅助寄存器（不可位寻址）（见表 6.3）。

表 6.3　AUXR：辅助寄存器（不可位寻址）各位定义

名称	地址	B7	B6	B5	B4	B3	B2	B1	B0
AUXR	8EH	T0x12	T1x12	UART_M0x6	T2R	T2_C/T	T2x12	EXTRAM	S1ST2

辅助寄存器与定时器相关位已在项目 4 中介绍。

UART_M0x6：串行口 1 模式 0 的通信速度设置位。置 0 表示串行口 1 模式 0 的速度是传统 8051 单片机串行口的速度，12 分频；置 1 表示串行口 1 模式 0 的速度是传统 8051 单片机串行口速度的 6 倍，2 分频。

EXTRAM：内/外部 RAM 存取控制位。置 0 表示允许使用逻辑上在外部、物理上在内部的扩展 RAM；置 1 表示禁止使用逻辑上在外部、物理上在内部的扩展 RAM。

串行口 1 可以选择定时器 1 作为波特率发生器，也可以选择定时器 2 作为波特率发生器。当设置 AUXR 中的 S1ST2（串行口波特率选择位）为 1 时，串行口 1 选择定时器 2 作为波特率发生器，此时定时器 1 可以被释放出来作为定时器/计数器/时钟输出使用。

S1ST2：串行口 1（UART1）选择定时器 2 作为波特率发生器的控制位。置 0 表示选择定时器 1 作为串行口 1 的波特率发生器；置 1 表示选择定时器 2 作为串行口 1 的波特率发生器，此时定时器 1 得到释放，可以作为独立的定时器使用。复位默认置 1。

小提示：对于 STC15W 系列单片机，串行口使用哪个定时器作为波特率发生器是有严格规定的。

串行口 1 默认选择定时器 2，也可以通过寄存器配置选择定时器 1 作为波特率发生器；

串行口 2 只能使用定时器 2，不能够选择其他定时器作为波特率发生器；

串行口 3 默认选择定时器 2，也可以通过寄存器配置选择定时器 3 作为波特率发生器；

串行口 4 默认选择定时器 3，也可以通过寄存器配置选择定时器 4 作为波特率发生器。

这里只对串行口 1 的寄存器进行介绍，其他串行口的定时器选择配置需要查询芯片手册。

（2）SCON：串行控制寄存器（可位寻址）（见表 6.4）。

表 6.4　SCON：串行控制寄存器（可位寻址）各位定义

名称	地址	B7	B6	B5	B4	B3	B2	B1	B0
SCON	98H	SM0/FE	SM1	SM2	REN	TB8	RB8	TI	RI

SM0/FE：当 PCON 寄存器中 SMOD0 为 1 时，该位用于帧错误检测。当检测到一个无效停止位时，通过 UART 接收器设置该位，需要由软件清零；当 PCON 寄存器中 SMOD0 为 0 时，该位和 SM1 一起设定串行通信的工作方式，如表 6.5 所示。

表 6.5　串行通信的工作方式设定

SM0	SM1	工作方式	功能说明	波特率
0	0	方式 0	同步位移串行方式	当 UART_M0x6=0 时，波特率是 SYSclk/12； 当 UART_M0x6=1 时，波特率是 SYSclk/2
0	1	方式 1	8 位 UART 波特率可变	定时器 1 或定时器 2 作为波特率发生器（16 位自动重装模式）时，波特率=定时器溢出率/4； 定时器 1 作为波特率发生器（8 位自动重装模式）时，波特率=$(2^{SMOD}/32)\times$定时器溢出率
1	0	方式 2	9 位 UART	波特率为$(2^{SMOD}/64)\times$SYSclk
1	1	方式 3	9 位 UART 波特率可变	定时器 1 或定时器 2 作为波特率发生器（16 位自动重装模式）时，波特率=定时器溢出率/4； 定时器 1 作为波特率发生器且工作模式为 8 位自动重装模式时，波特率=$(2^{SMOD}/32)\times$定时器溢出率
※当定时器 1 工作于 16 位自动重装模式且 AUXR 中 T1x12=0 时， 定时器 1 溢出率=SYSclk/12/(65536−[TH1,TL1])； ※当定时器 1 工作于 16 位自动重装模式且 AUXR 中 T1x12=1 时， 定时器 1 溢出率=SYSclk/(65536−[TH1,TL1])； ※当定时器 1 工作于 8 位自动重装模式且 AUXR 中 T1x12=0 时， 定时器 1 溢出率=SYSclk/12/(256−TH1)； ※当定时器 1 工作于 8 位自动重装模式且 AUXR 中 T1x12=1 时， 定时器 1 溢出率=SYSclk/(256−TH1)； ※当 AUXR 中 T2x12=0 时，定时器 2 溢出率=SYSclk/12/(65536−[TH2,TL2])； ※当 AUXR 中 T2x12=1 时，定时器 2 溢出率=SYSclk/(65536−[TH2,TL2])				

SM2：允许串行口工作方式2或方式3的多机通信控制位。

在方式2或方式3工作时，如果SM2为1且REN为1，那么接收机处于地址帧筛选状态。此时可以利用接收到的第9位数据（RB8）来筛选地址帧：若RB8=1，则说明该帧是地址帧，地址信息可以写入SBUF，并使RI置1，进而在中断服务程序中进行地址比较；若RB8=0，则说明该帧不是地址帧，应丢掉且保持RI置0。在方式2或方式3工作时，如果SM2为0且REN为1，那么接收机处于地址帧筛选禁止状态。不论收到的RB8为0或1，均可使接收到的信息写入SBUF，并使RI置1，此时RB8通常为校验位。方式1和方式0是非多机通信方式，在这2种方式工作时，要设置SM2为0。

REN：允许/禁止串行接收控制位。软件置位REN，即REN=1时允许串行接收，可启动串行接收器RxD，开始接收信息；软件复位REN，即REN=0时禁止串行接收。

TB8：在方式2或方式3工作时，它是要发送的第9位数据，按需要由软件置位或清零。例如，可作为数据的校验位或在多机通信中表示地址帧/数据帧的标志位。在方式0和方式1工作时，该位不用。

RB8：在方式2或方式3工作时，它是接收到的第9位数据，作为奇偶校验位或地址帧/数据帧的标志位。方式0中不用RB8（置SM2=0）；方式1中也不用RB8（置SM2=0，RB8是接收到的停止位）。

TI：发送中断申请标志位。在方式0工作时，当串行发送数据第8位结束时，由内部硬件自动置位，即TI=1，申请中断，响应中断后，TI必须用软件清零，即TI=0。在其他方式中，在停止位开始发送时由内部硬件置位，即TI=1，响应中断后，TI必须用软件清零。

RI：接收中断申请标志位。在方式0工作时，当串行接收到第8位数据结束时，由内部硬件自动置位RI=1，申请中断，响应中断后，RI必须用软件清零，即RI=0。在其他方式中，串行接收到停止位的中间时刻由内部硬件置位，即RI=1，触发中断申请，响应中断后，RI必须用软件清零。

SBUF：串行口数据缓冲器。

STC15W系列单片机的每个串行口数据缓冲器虽然对应1个地址，但实际上是2个缓冲器，写SBUF的操作完成发送数据的加载，读SUBF的操作获取接收到的数据。2个操作分别对应2个缓冲器。

由于接收通道内数据接收完成装入SBUF后，可立即开始接收下一帧信息，因此用户应在下一帧数据接收结束前从SUBF中取走数据，否则前一帧数据将丢失。

小经验：在实际应用中，当我们初始化串行口1时，一般选择默认的定时器2作为波特率发生器，先进行定时器溢出参数的配置，具体参考配置代码如下：

```
#define MAIN_Fosc 12000000L     //单片机下载时设置的运行时钟
#define BAUD 9600               //波特率
T2L = (65536 - (MAIN_Fosc / 4 / BAUD));
T2H = (65536 - (MAIN_Fosc / 4 / BAUD)) >> 8;
AUXR = 0X15;                    //设置定时器2为1T模式并启动
SCON = 0X50;                    //串行口1，8位波特率可变
```

（3）PCON：电源控制寄存器（不可位寻址）（见表6.6）。

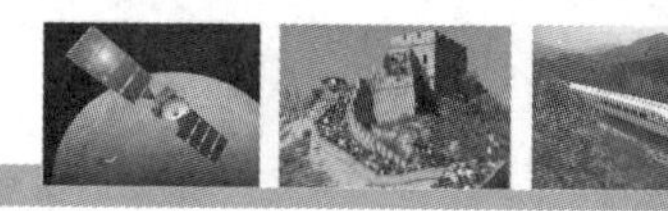

表 6.6 PCON：电源控制寄存器（不可位寻址）各位定义

名称	地址	B7	B6	B5	B4	B3	B2	B1	B0
PCON	87H	SMOD	SMOD0	LVDF	POF	GF1	GF0	PD	IDL

SMOD：波特率选择位。当用软件置位 SMOD，即 SMOD=1 时，使串行口模式 1、2、3 的波特率加倍，如波特率设定为 4 800 bit/s，当 SMOD=1 时，波特率提升为 9 600 bit/s；当 SMOD=0 时，各工作模式的波特率不加倍。复位时 SMOD=0。

SMOD0：帧错误检测有效控制位。当 SMOD0=1 时，SCON 寄存器中的 SM0/FE 用于帧错误检测（FE）功能；当 SMOD0=0 时，SCON 寄存器中的 SM0/FE 用于 SM0 功能，和 SM1 一起指定串行口的工作模式。复位时 SMOD0=0。

PCON 寄存器中的其他位都与串行口无关，在此不进行介绍。

小提示：在实际应用中，波特率只需通过定时器进行配置，所以 SMOD 采用默认值即可。SMOD0 设置 SCON 寄存器的 SM0 的作用，很多时候我们都是使用 SM0 进行工作模式选择的，而不用于帧错误检测，所以采用默认值 0 即可。那么对于串行口初始化，该寄存器可以不需要进行配置，直接使用上电后的默认值。

（4）IE 和 IP：中断相关寄存器，详情见中断对应项目的内容。其中对于使用到串行口中断的情况，需要对 EA 和 ES 进行初始化配置。

（5）SADEN 和 SADDR：从机地址控制寄存器。

为了方便多机通信，STC15W 系列单片机设置了从机地址控制寄存器 SADEN 和 SADDR。其中 SADEN 是从机地址掩模寄存器（复位值 00H），SADDR 是从机地址寄存器（复位值 00H）。使用串行口自动地址识别功能，需要工作在方式 2 和方式 3 并开启从机 SCON 寄存器的 SM2，单片机自动过滤掉非地址数据，而对 SBUF 中的地址数据与 SADDR 和 SADEN 所设置的本机地址进行比较，若地址匹配，则将 RI 置 1，申请中断；否则不予处理本次接收的串行口数据。

小提示：SADDR 作为从机地址寄存器，直接确定了从机的本机地址具体值。而从机地址掩模寄存器 SADEN 则控制 SADDR 是否有效，只有对应位 SADEN 为 1，SADDR 才有效。这可以使用户在不改变 SADDR 中的从机地址的情况下灵活地寻址多个从机。

例如，当 SADDR=0X03，SADEN=0X01 时，从机地址虽然设置为 0X03，但其中只有最后一位有效，即发送给 0X01/0X03/0X05 地址（只要最后一位为 1）的信息，该从机也可以接收。

小经验：在多机通信场景中，我们对从机地址和工作模式进行如下配置。

```
SADDR = 0X01;
SADEN = 0XFF;
SCON = 0XF0; //串行口 1，9 位波特率可变
```

这样该从机只有在主机呼叫 0X01 地址时才会响应接收到的数据，进入串行口中断函数，而对于其他所有串行口数据则忽略。

（6）AUXR1：串行口 1 切换寄存器（P_SW1）（见表 6.7），引脚切换位定义（见表 6.8～表 6.10）。

表 6.7 AUXR1：串行口 1 切换寄存器（P_SW1）各位定义

名称	地址	B7	B6	B5	B4	B3	B2	B1	B0
AUXR1	A2H	S1_S1	S1_S0	CCP_S1	CCP_S0	SPI_S1	SPI_S0	0	DPS

表 6.8 S1_S1/S1_S0：串行口 1 引脚切换位定义

S1_S1	S1_S0	说 明
0	0	串行口 1 使用 P3.0/RXD 和 P3.1/TXD
0	1	串行口 1 使用 P3.6/RXD 和 P3.7/TXD
1	0	串行口 1 使用 P1.6/RXD 和 P1.7/TXD， 串行口 1 在 P1 口时要使用内部时钟
1	1	无效

表 6.9 CCP_S1/CCP_S0：CCP 功能引脚切换位定义

CCP_S1	CCP_S0	说 明
0	0	CCP 使用 P1.2/ECI P1.1/CCP0 P1.0/CCP1 P3.7/CCP2
0	1	CCP 使用 P3.4/ECI P3.5/CCP0 P3.6/CCP1 P3.7/CCP2
1	0	CCP 使用 P2.4/ECI P2.5/CCP0 P2.6/CCP1 P2.7/CCP2
1	1	无效

表 6.10 SPI_S1/SPI_S0：SPI 功能引脚切换位定义

SPI_S1	SPI_S0	说 明
0	0	SPI 使用 P1.2/SS P1.3/MOSI P1.4/MISO P1.5/SCLK
0	1	SPI 使用 P2.4/SS P2.3/MOSI P2.2/MISO P2.1/SCLK
1	0	SPI 使用 P5.4/SS P4.0/MOSI P4.1/MISO P4.3/SCLK

小经验：在实际应用中，往往需要同时用到单片机的多个功能，如果存在功能引脚冲突，那么在硬件设计阶段，对各功能引脚的选择应该考虑到编写代码时是否允许引脚功能切换。如非必要，尽量选用该功能的默认引脚，以达到降低软件初始化代码复杂度的目的。

（7）PCON2：时钟分频寄存器。PCON2 中与串行口相关的设置是 Tx_Rx，该位设置串行口 1 的中级广播方式，置 0 为正常工作方式，置 1 为中继广播方式。中继广播方式即将 RXD 端输入的电平状态实时输出到 TXD 端上，该功能在实际应用中很少使用，所以一般串行口初始化时不会对 PCON2 进行配置。

3. 串行口的工作方式

STC15W 系列单片机的串行口 1 有 4 种工作方式，其中两种方式的波特率是可变的，另外两种是固定的，以供不同应用场合选用。串行口 2～4 只有 2 种工作方式，其波特率都是可变的。用户可用软件设置不同的波特率和选择不同的工作方式。主机可通过查询或中断方式对接收/发送进行程序处理，使用十分灵活。STC15W 系列单片机串行口的工作方式，可以通过软件对 SCON 寄存器中 SM0、SM1 的设置进行选择。

小提示： 串行口 1 建议放在 P3.6/P3.7 或 P1.6/P1.7 上。在本教材的实例中没有对串行口寄存器进行配置，即使用默认值 0，串行口 1 引脚为 P3.0 和 P3.1。

1）方式 0

方式 0 主要用于串行口的 I/O 端口扩展。SCON 寄存器中的 SM2、TB8、RB8 均无意义，默认为 0。发送和接收均为 8 位数据，低位在前。设定当 SCON 寄存器中的 SM0=0，SM1=0 时，串行口工作于方式 0，即 8 位移位寄存器方式，主要用于扩展并行输出口。数据由 RXD（P3.0）端输出，同步移位脉冲由 TXD（P3.1）端输出。发送和接收均为 8 位数据，低位在前，高位在后。由 AUXR 寄存器的 UART_M0x6 设定发送波特率。当 UART_M0x6=0 时，波特率=SYSclk/12；当 UART_M0x6=1 时，波特率=SYSclk/2，如图 6.4 所示，外接 74HC595 串/并移位寄存器可将数据通过串/并转换输出。

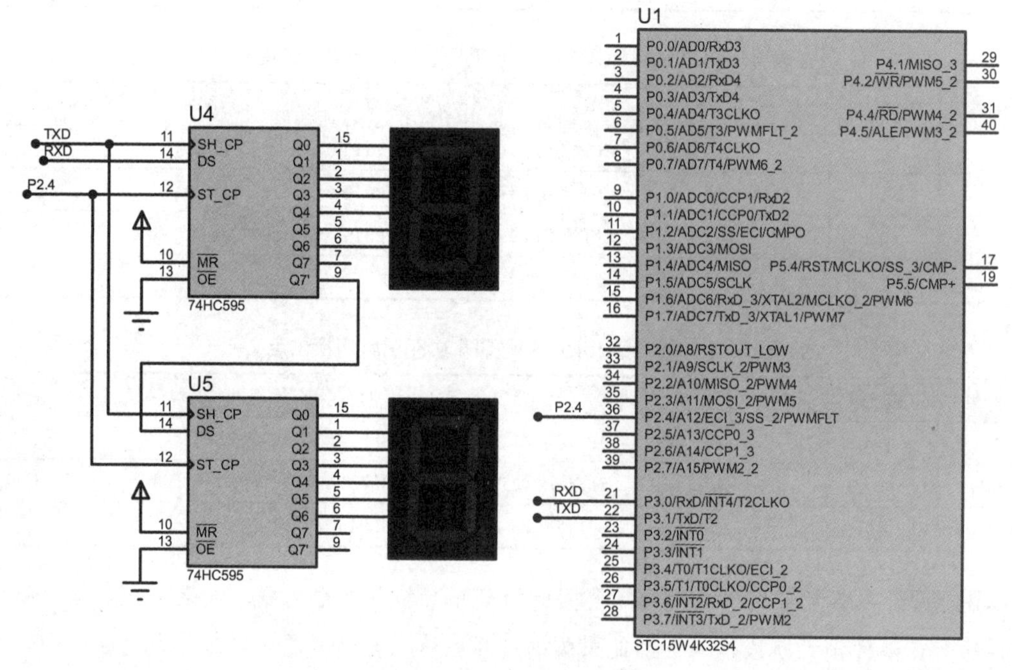

图 6.4　串/并转换驱动电路

发送（输出）：发送寄存器是主动的，有数据就发送。CPU 将数据写入发送缓冲器，串行口开始发送。8 位数据以波特率为 SYSclk/12 或 SYSclk/2 从 RXD 端输出，TXD 端输出同步脉冲，一帧数据 8 位结束时，自动将 TI 置 1。此时，如果允许串行口向 CPU 申请中断，那么 CPU 执行完当前指令，保护断点地址后，转入串行口中断服务程序入口执行串行口中断服务程序，TI 必须由软件清零。方式 0 发送数据时序图如图 6.5 所示。

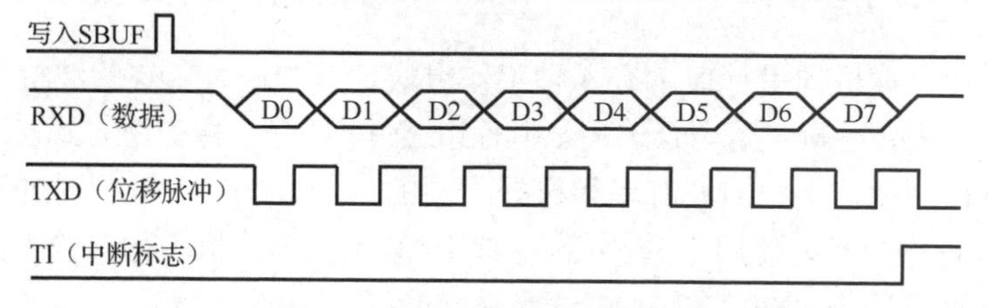

图 6.5　方式 0 发送数据时序图

2）方式0应用

根据图6.4，通过串行口控制数码管开机显示OP。

单片机串行口为计算机间的通信提供了极为便利的通道。利用单片机串行口还可以方便地扩展键盘和显示器。图6.4所示为串行口方式0工作，串入/并出驱动2位LED显示电路。

（1）硬件电路分析。

① 从项目5中我们了解了74HC595具有8位移位寄存器和一个存储器，三态输出功能。移位寄存器有一个串行移位输入（SEG或DS）、一个串行输出（QH1或Q7′）及一个异步的低电平复位$\overline{\text{SRCLR}}$。移位寄存器和存储器有各自的时钟，SRCK（SH_CP）是移位寄存器的时钟，RCK（ST_CP）是存储器的时钟。数据在SRCK的上升沿输入移位寄存器，在RCK的上升沿输入存储器。存储器有一个并行8位的、具备三态的总线输出，当使能$\overline{G}$为低电平时，存储器的数据QA～QH输出到8段数码管输出端，驱动数码管显示。图6.4与图5.14中的74HC595引脚标记不同（来自不同的库元件），但引脚号一致。

② 当通过串行口发送第2个数据时，第1个数据通过串行输出（QH1）送到第2个74HC595的输入端SEG。

（2）软件编程分析。

① 串行通信初始化。根据图6.4所示的电路及设计需求，串行口1工作于方式0。

② 定时器1作为波特率发生器，当UART_M0x6=0时，波特率=SYSclk/12，即1 Mbit/s。

③ 若串行口1工作于方式0，则SCON=0X00。TXD移位脉冲控制RXD端串行发送数据，先发送低位，数据存入74HC595存储器。当8位串行数据发送结束时，P2.4（RCK）产生上升沿信号，将74HC595存储器中的数据输出，从而驱动数码管显示，选用共阴极数码管。根据图6.4所示的电路，可计算出“O”的字形码为0xFC；“P”的字形码为0xCE。注意，发送数据时，先发送低位，即数据最低位对应数码管a段，依次类推。

（3）启动Keil uVision5，创建项目Serial_OP.uvproj，编写录入程序Serial_OP.c、Serial_OP.h、main.c。

main.c：

```
#include<reg51.h>
#include"Serial_OP.h"
void main()
{
    AUXR=0X00;          //波特率=SYSclk/12，即1 Mbit/s
    SCON=0x00;          //串行口1工作于方式0
    for(;;)
    {
        while(1)
        {
          Disp_Ser_OP();
        }
    }
}
```

Serial_OP.c：

```
#include<reg51.h>
#include"Serial_OP.h"
```

```
void Disp_Ser_op()
{
    RCK=0;
    SBUF=0XFC;          //发送 O 字符 11111110
    while(!TI);         //等待 P 字符发送结束
    TI=0;
    RCK=1;              //产生上升沿信号,将 74HC595 存储器数据输出
    RCK=0;
    SBUF=0XCE;          //发送 P 字符 11001110
    while(!TI);
    TI=0;
    RCK=1;              //产生上升沿信号，将 74HC595 存储器数据输出
  DelayX1 ms(1);        //调整数码管显示效果
}
void DelayX1 ms(uint count)         //crystal=12 MHz
{
    uint j;
    while(count--!=0)
    {
        for(j=0;j<72;j++);
    }
}
```

Serial_OP.h：

```
#ifndef FUN_H
#define FUN_H
#define uchar unsigned char
#define uint  unsigned int
sbit RCK=P2^4;          //74HC595 存储器锁存时钟信号
void DelayX1 ms(uint count);
void Disp_Ser_OP();
#endif
```

（4）编译生成目标文件 Serial_OP.HEX，启动 Proteus 仿真，观看显示结果。

小经验：传输数据时，先关闭输出存储器锁存时钟线（RCK），待数据全部发送结束，再打开上升沿时钟线，避免数码管在传输过程中出现闪烁或错码。

6.1.2　STC15W 系列串行口知识

扫一扫看文档：STC15W 4K32S4 单片机串行口知识测验题答案

填空题（每空 1 分，共 10 分）

1．串行通信是指计算机主机与外部设备，以及主机系统间数据的串行传送，串行通信使用________条数据线，将数据________位依次传输，每位数据占据一个固定的时间长度。

2．STC15W 系列单片机具有________个采用 UART 工作方式的全________工异步串行通信接口。

3．STC15W 系列单片机接收和发送数据的速度由控制器发出的________控制，其可由内部定时器________或 T2 产生的时钟获得。

4. 串行口 1 可以选择定时器 1 作为________，也可以选择定时器 2 作为波特率发生器。当设置 AUXR 寄存器中的 S1ST2（串行口波特率选择位）为 1 时，串行口 1 选择________作为波特率发生器。

5. 串行口 1 工作于方式 1 时，________由 TXD（P3.1）输出。发送和接收均为________位数据，低位在前，高位在后。由 AUXR 寄存器的 UART_M0x6 设定发送波特率。

6.1.3　串行口扩展驱动显示编程技术

1. 主题讨论：8 位数码管串行口驱动编程设计

观看学习板原理图，选用原理图中的独立按键做信息输入，串行口扩展驱动显示电路设计如图 6.6 所示。串行口驱动数码管做输出显示，P0 口驱动 LED 做霓虹灯控制，将串行口 1 切换到 P1.6/RXD 和 P1.7/TXD，完成以下任务。

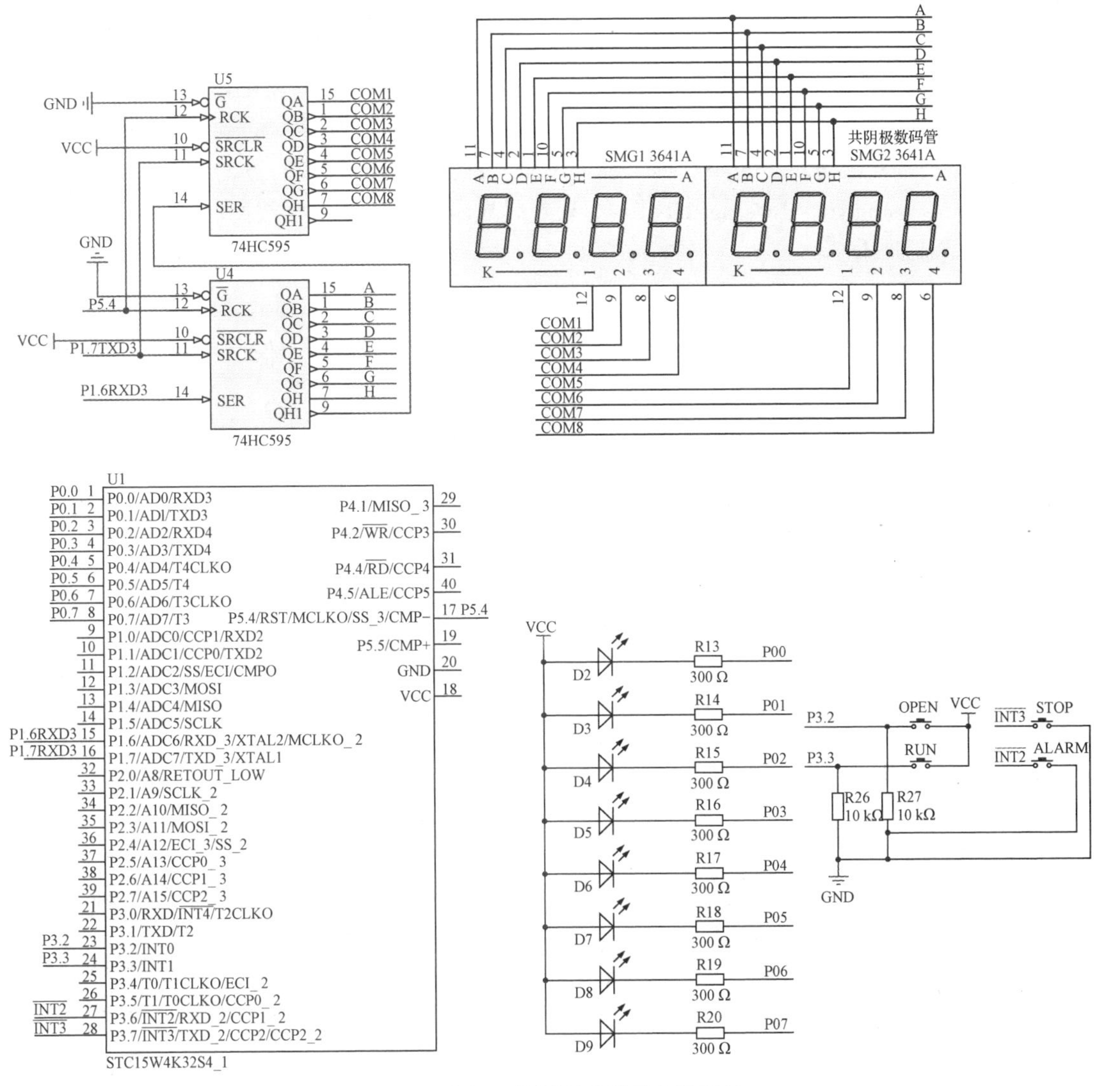

图 6.6　串行口扩展驱动显示电路设计

（1）按下 OPEN 键，显示 HELLO---。

（2）按下 RUN 键，后两位数码管开始 00～99 计数，要求用定时器控制计数时间。

（3）按下 ALARM 键，停止计数，霓虹灯闪烁报警。

（4）按下 STOP 键，霓虹灯熄灭，显示 HELLO---。

2. 硬件电路分析

1）输入电路设计

输入电路由 4 个按键构成，P3.2 构成 OPEN 键，可以将 P3.2 用作基本输入或外部中断 0，上升沿触发。P3.3 构成 RUN 键，可以将 P3.3 用作基本输入或外部中断 1，上升沿触发。本设计将 P3.2、P3.3 用作基本输入。P3.6 构成 ALARM 键，用作基本输入或外部中断 2，下降沿触发。P3.7 构成 STOP 键，用作基本输入或外部中断 3，下降沿触发。本设计将 P3.6、P3.7 用作外部中断 2、3，用来完成系统报警及消除报警。

2）显示电路设计

显示电路通过 74HC595 串/并转换，驱动 8 位数码管完成相关显示工作。串/并转换应用技术详见项目 5 中的任务 2。观看图 6.6，串行口 1 自带同步脉冲及 SBUF。将所要发送的数据送入 SBUF，同步脉冲 TXD 每来一次上升沿，便从 RXD 端发送一位数据，判断到 TI==1（while(!TI)），即发送完一个完整数据，编程产生一次上升沿，发送的数据进入 74HC595 三态输出锁存器（smgRck=0，smgRck=1）驱动数码显示。发送完一个数据后需要编程 TI=0，以便于再次发送数据。

3）霓虹灯控制电路

通过 P0 口与 8 个霓虹灯阴极相连。当霓虹灯发光时，P0 口输出低电平。

3. 软件设计思路

创建工程项目 Serial_disp_hello.uvproj、Serial_disp_hello.h、Serial_disp_hello.c 及主函数 main.c，程序设计流程图如图 6.7 所示。

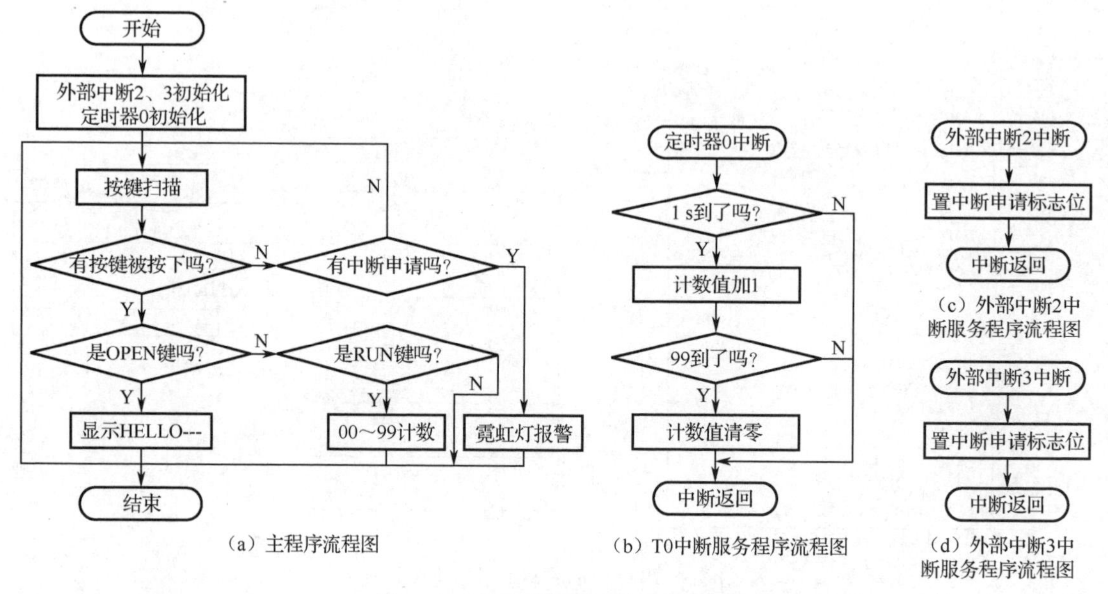

（a）主程序流程图

（b）T0中断服务程序流程图

（c）外部中断2中断服务程序流程图

（d）外部中断3中断服务程序流程图

图 6.7　8 位数码管驱动显示流程图

1）创建 Serial_disp_hello.h

头文件中包含主函数调用函数声明，串行口 P1.6（RXD3）、P1.7（TXD3）、P5.4 使用定义，如 sbit smgDat=P1^6、sbit smgClk=P1^7、sbit smgRck=P5^4，程序中使用的变量定义，如 extern char code smgTable[]、extern int i（注意，头文件中不能给变量赋值）。

Serial_disp_hello.h：

```
#ifndef FUN_H
#define FUN_H
#define u8 unsigned char
#define u16 unsigned int
#define MAIN_Fosc 24000000L //下载时设置的运行时钟
void delay(u16 t);
void putout595(u8 dat);
void displayHello();
void Display_NUM(u8 num);
void Timer0Init(void);
char key_scanf();
void putout595_Serial(u8 dat);
void uartInit();
void Init();
void Init_XInt23( );
//设定 74HC595 的控制引脚
sbit smgDat=P1^6;
sbit smgClk=P1^7;
sbit smgRck=P5^4;
sbit OPEN=P3^2;
sbit RUN=P3^3;
sbit STOP=P3^7;
sbit ALARM=P3^6;
//共阴极数码管字形码、按键查表
extern char code smgTable[];
extern char Key;
extern bit flag;
extern bit flag2;
extern bit flag3;
extern int i;
extern char numberH,numberL;
#endif
```

2）中断源初始化及中断服务程序设计

设计中使用了 3 个中断源：外部中断 2、3，定时器 0。

定时器 0，工作于方式 0，1T 模式，一次定时 1 ms，定时溢出 1 000 次，即可获得 1 s 计数一次，计数 00～99。

```
void Timer0Init(void)   //1 ms@12.000 MHz
{
    AUXR |= 0x80;        //定时器时钟 1T 模式
    TMOD &= 0xF0;        //设定定时器模式
```

```
    TL0 = 0x20;          //设置定时初值低位
    TH0 = 0xD1;          //设置定时初值高位
    TF0=0;               //清零 TF0 标志位
//  TR0=1;               //定时器 0 开始计时
    ET0=1;               //使能定时器 0 中断
    EA=1;
}
Run_Timer0() interrupt 1 using 1
{
    TF0=0;
    i++;
    if(i==1000)
    {
        flag=1;
        numberL++;
        i=0;
    if(numberL==10)
        {
         numberL=0;
         numberH++;
        if(numberH==10){numberH=0; }
        }
    }
}
```

外部中断 2 完成系统报警工作，外部中断 3 消除系统报警。外部中断 2、3 中断申请标志位对用户不可见。当 CPU 响应外部中断 2、3 中断服务程序后，中断申请标志位会被自动清零。外部中断 2、3 中断允许由 INT_CLKO 设定。外部中断 2、3 中断服务程序仅设置了标志位，证明 CPU 响应了中断。

代码如下：

```
void Init_XInt0123( )
{
    INT_CLKO=0X30;  //INT23Enable
}
void Run_Int2( )interrupt 10 using 3
{
    flag2=1;
}
//外部中断 3 中断服务函数
Run_Int3( ) interrupt 11 using 1
{
    flag3=1;
}
```

3）主程序设计

主程序主要完成中断源初始化，包括定时器、外部中断 2、外部中断 3 初始化，按键值获取，HELLO 显示，霓虹灯闪烁报警等相关工作。

main.c：

```
#include"STC15Fxxxx.H"
#include"Serial_disp_hello.h"
void main(void)
{
    Init();
    uartInit();
    Timer0Init();
    Init_XInt0123( );
    while(1)
      {
          key_scanf();
          if(Key==2)
          {
              displayHello();
              }
          else if(Key==1)
              {
                  TR0=1;      //定时器0开始计时
                  Display_NUM();
                  }
          else if(flag2==1)
              {
                  TR0=0;
                  P0=~P0;
                  delay(1000);
                  P0=~P0;
                  delay(1000);
                  P0=~P0;
                  delay(1000);
                  P0=~P0;
                  delay(1000);
              }
          else if(flag3==1)
              {
                  flag2=0;
                  P0=0xFF;
                  displayHello();
              }
              P0=Key;
      }
}
```

除中断源以外的其他参考程序如下。

Serial_disp_hello.c：

```
#include"STC15Fxxxx.H"
#include"Serial_disp_hello.h"
#define MAIN_Fosc   24000000L   //下载时设置的运行时钟
```

```
#define BAUD        9600          //波特率
//共阴极数码管字形码、按键查表
char code smgTable[]={0xfc,0x60,0xda,0xf2,0x66,0xb6,0xbe,0xe0,0xfe,0xf6};
                                          //0～9
bit flag=0;      //flag=1 秒到标志
bit flag2=0;     //flag2=1 外部中断 2 中断标志
bit flag3=0;     //flag3=1 外部中断 3 中断标志
char Key;
int i=0;
char numberH=0,numberL=0;
void delay(u16 t)
{
    u8 j;
   do{
       j=200;
       while(--j);
            }while(--t);
}
void uartInit()
{
    T2L=(65536-(MAIN_Fosc/4/BAUD));
    T2H=(65536-(MAIN_Fosc/4/BAUD))>>8;
    AUXR|=0X01;        //设置定时器 2 为 1T 模式并启动
    SCON=0X00;         //串行口工作于方式 0
    AUXR1=0x80;        //串行口 1 切换到 P1.6、P1.7
}
void putout595_Serial(u8 dat)
{
   SBUF=dat;
    while(!TI);
    TI=0;
    }
void displayHello()
{
   …                          //观看项目 5
    }
}
char key_scanf()            //按键扫描，返回按键值
{
    P3=0xf3;
    if (P3!=0Xf3)
    {
        delay(10);          //延时去抖
        if (OPEN== 1)
        Key = 1;
        }
    if (RUN == 1)
    {
```

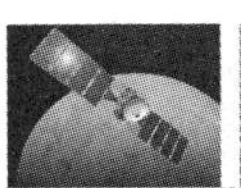

```
            delay(10);          //延时去抖
            if (RUN == 1)
            Key = 2;
            }
        if (STOP ==0)
        {
            delay(10);          //延时去抖
            if (STOP== 0)
            Key = 3;
            }
        if (ALARM== 0)
        {
            delay(10);          //延时去抖
            if (ALARM ==0)
            Key = 4;
            }
        return  Key;
    }
    void Display_NUM(char num)
    {
        smgRck=0;
        putout595_Serial(0xFE);                     //共阴为 0xfe  共阳为 0x01
        delay(1);
        putout595_Serial(smgTable[numberL]);    //共阳极数码管需要取反
        smgRck=1;
        delay(1);
        smgRck=0;
        putout595_Serial(0XFF);
        putout595_Serial(0X00);
        smgRck=1;
        smgRck=0;
        putout595_Serial(0xFD);                     //共阴为 0xfD  共阳为 0x02
        putout595_Serial(smgTable[numberH]);    //共阳极数码管需要取反
        smgRck=1;
        delay(1);
        smgRck=0;
        putout595_Serial(0XFF);
        putout595_Serial(0X00);
        smgRck=1;
    }
    void Init()
    {
        P0M0 = 0x00;
        P0M1 = 0x00;
        P1M0 = 0x00;
        P1M1 = 0x00;
        P5M0 = 0x00;
        P5M1 = 0x00;
```

```
        P3M0 = 0x00;
        P3M1 = 0x00;
    }
```

4. 编译

生成目标文件 disp_hello.hex。

5. 启动运行

启动运行 stc-isp-v6.89.exe，下载目标文件至单片机程序存储空间。

6. 运行测试

运行测试，观看程序执行效果。

任务 6.2 双机通信应用设计

扫一扫看教学课件：双机通信应用设计

扫一扫看微课视频：双机通信应用设计

6.2.1 串行方式 1、2、3

1. 方式 1

串行口为 8 位 UART。当 SCON 寄存器中的 SM0=0，SM1=1 时，串行口设定为方式 1，波特率可根据需要进行设置。1 帧数据包括 1 位起始位、8 位数据位（低位在前）和 1 位停止位。在大多数情况下，单片机的通信应用选用方式 1。

发送过程：初始化设定后，数据写入 SBUF，CPU 启动，将数据从 TXD 端输出，发送完数据后，置中断标志位 TI 为 1。在继续发送数据前，TI 用指令清零。方式 1 发送数据时序图如图 6.8 所示。

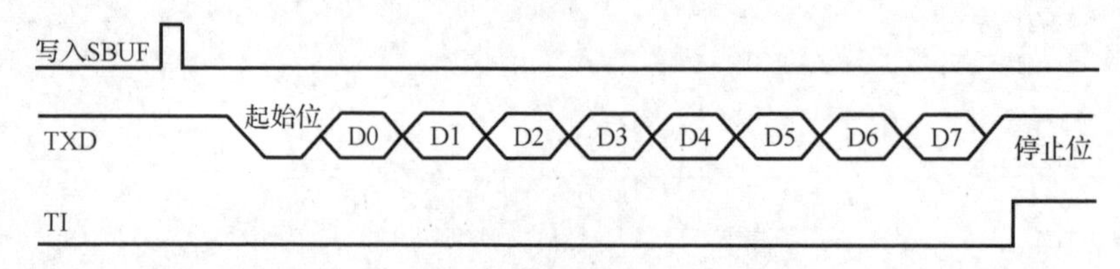

图 6.8 方式 1 发送数据时序图

接收过程：当 REN 置 1 且 RI=0 时，CPU 检测到 RXD 端有从 1 到 0 的跳变信号，开始接收，并复位内部 16 分频接收器实现同步。计数器的 16 个状态把一位时间等分成 16 份，并在第 7、8、9 个计数状态时采样 RXD 端的电平。每位数值采样 3 次，3 次中至少有 2 次相同才被确认接收，将其移入输入移位寄存器，并开始接收这一帧数据的其余位。在接收过程中，数据从输入移位寄存器右边移入，起始位移至输入移位寄存器最左边。

在产生最后一次移位脉冲时能满足下列两个条件。

（1）RI=0。

（2）接收到的停止位为 1，或者 SM2=0 时停止位进入 RB8，8 位数据写入 SBUF，且置位 RI。

若上述两个条件不能同时满足，则丢失接收的帧。RI 必须由用户在中断服务程序中或再次接收前清零。由于 SM2 是用于方式 2 和方式 3 的多机通信标志位，因此在工作于方式 1 时，SM2 应设置为 0。方式 1 接收数据时序图如图 6.9 所示。

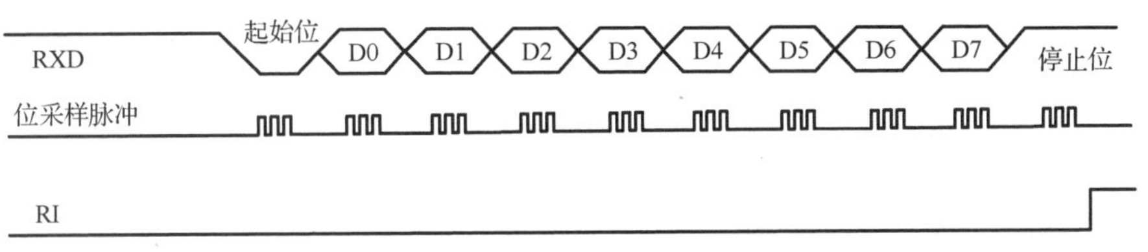

图 6.9　方式 1 接收数据时序图

2. 方式 2

设置串行口为 9 位 UART，波特率固定不可设置。1 帧数据包括 1 位起始位、8 位数据位（低位在前）、1 位可编程位（第 9 位数据）和 1 位停止位。可编程位由 SCON 寄存器中的 TB8 确定。波特率–$2^{SMOD}/64\times$SYSclk 系统工作时钟频率。

3. 方式 3

设置串行口为 9 位 UART，波特率可变，1 帧数据包括 1 位起始位、8 位数据位（低位在前）、1 位可编程位（第 9 位数据）和 1 位停止位。可编程位由 SCON 寄存器中的 TB8/RB8 确定。

方式 2 或方式 3 发送数据的帧格式被定义为 9 位数据加起始位和停止位。当 SCON 寄存器中的 SM0=1，SM1=0 时，选定方式 2；当 SM0=1，SM1=1 时，选定方式 3。TXD 为数据发送端，RXD 为数据接收端。1 帧数据的格式如图 6.10 所示。

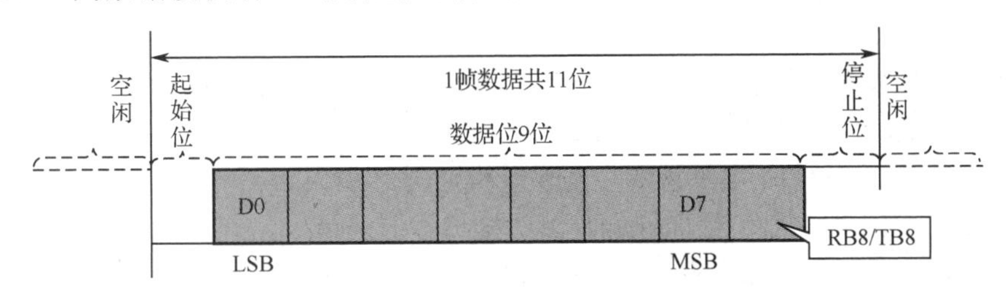

图 6.10　1 帧数据的格式

1 帧数据的格式由低电平起始位 0，8 位数据，1 位地址/数据帧识别位或奇偶校验位（RB8/TB8）及高电平 1 停止位组成。方式 2 和方式 3 发送、接收数据的过程类似方式 1，不同的是需要对第 9 位数据进行设置。

方式 2 和方式 3 输出（发送数据）：首先将作为多机通信的标志位或数据的奇偶校验位装入 TB8（软件置 1 或清零），再将数据写入 SBUF，串行口自动将 TB8 取出装入第 9 位数据，即启动发送。发送完 1 帧数据后，硬件将 TI 置 1，CPU 便可以通过查询或中断方式判断 TI，并将其清零后，用相同的方法发送下一帧数据。方式 2 和方式 3 发送数据时序图如图 6.11 所示。

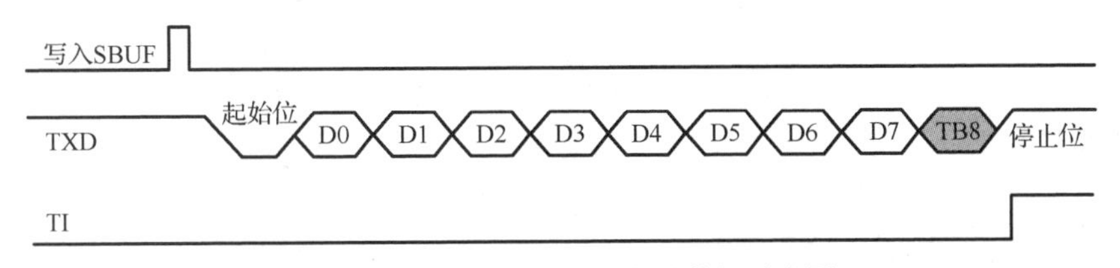

图 6.11　方式 2 和方式 3 发送数据时序图

方式 2 和方式 3 输入（接收数据）：接收的数据由 RXD 端输入，数据格式与发送数据相同。当 REN 置 1 且 RI=0 时，接收器采样到 RXD 端从 1 到 0 的跳变并断定有效后，开始接收 1 帧数据。当接收到第 9 位数据后，若满足 RI==0 且 SM2==0 或接收到的第 9 位数据为 1，

则将接收到的数据写入 SBUF，将第 9 位数据送入 RB8，并置位 RI。若条件不满足，则接收到的数据将丢失且 RI 也不置位。接收电路复位，重新检测 RXD 从 1 到 0 的变化，重新接收数据。方式 2 和方式 3 接收数据时序图如图 6.12 所示。

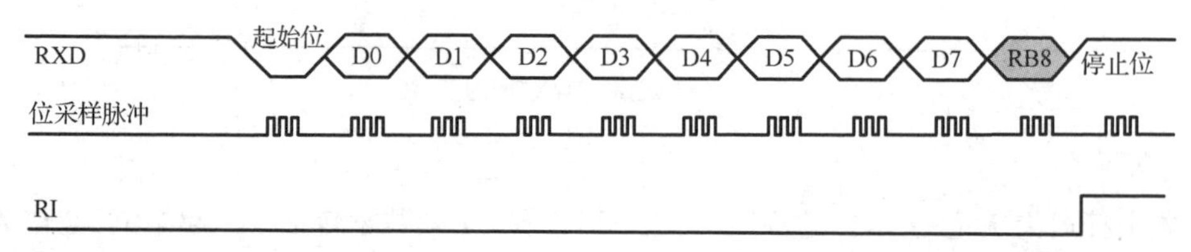

图 6.12　方式 2 和方式 3 接收数据时序图

STC15W 系列单片机除串行口 1 外，其他串行口的工作模式只有 8 位 UART 和 9 位 URAT 两种，波特率均可变。

6.2.2　实践课堂：双机通信（点对点）

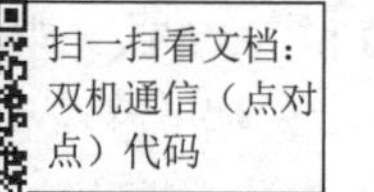

分组任务：双机通信（点对点）

（1）利用 2 个单片机的串行通信功能，实现点对点的双机数据收发。

（2）要求 2 个单片机互为收发方，发送方按一定频率间断发送 0x00～0xff 的数据，接收方接收后将数据输出到 P1 口控制 LED 亮灭。

（3）通信电路设计：双机通信（点对点）利用单片机串行口实现 2 个单片机之间的异步串行通信。如果 2 个单片机相距很近（1.5 m），那么将一方的 RXD 端接至另一方的 TXD 端并共地，即可将双机串行口硬件连接，实现双机通信。如果距离较远，那么可利用 RS232（15 m）、RS429、RS423/422、RS485 标准总线接口进行通信（1 200 m），此时需要使用电平转换芯片进行电平转换。双机通信电路设计如图 6.13 所示。

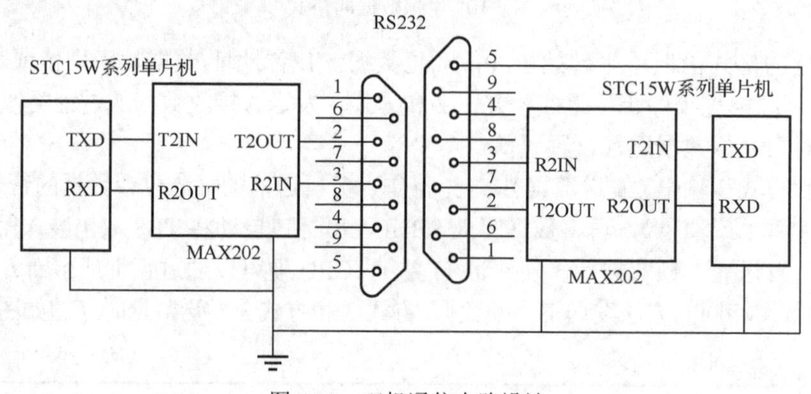

图 6.13　双机通信电路设计

小提示： 如果学习板未设计 DB9 插座，那么可用排线直接接至双方串行口，注意一方 RXD 端接另一方 TXD 端，且共地。

（4）程序设计思路：任务要求 2 个单片机互为收发方，因此通信双方均需设定为全双工通信，即同时处理发送数据和接收数据，发送数据在主函数的循环中处理，接收数据通过串行口接收中断函数处理。该程序可以同时适用到 2 个单片机中，只需将不同单片机发送过程中的间隔等待时间设置为不同的值即可。串行口方式 1 发送和接收数据的流程图如图 6.14 所示。

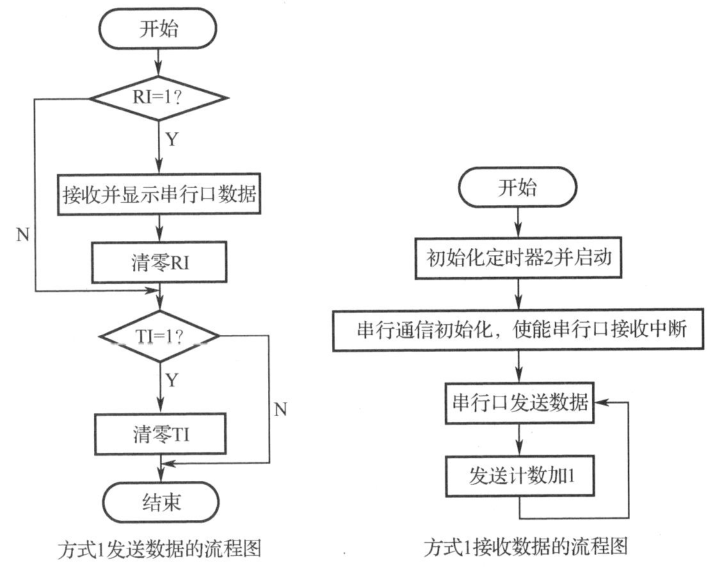

图 6.14 串行口方式 1 发送和接收数据的流程图

① 串行通信初始化。定时器 2 作为波特率发生器使用，串行口工作于方式 1。通信工作可通过查询、中断决定是否发送、接收完成。本程序使用串行口中断处理接收数据。初始化串行口 SCON=0X50 为 8 位 UART，波特率可变，允许串行口接收并打开串行口中断。串行口初始化代码封装为一个独立函数 uartInit()。

② 串行口 1 默认使用定时器 2 作为波特率发生器，定时器工作于方式 0（16 位自动重装），晶振选用 12 MHz，根据系统时钟和波特率初始化定时器 2 的计数 T2L 和 T2H，通过 AUXR=0x15 配置定时器 2 作为波特率发生器，波特率为 9 600 bit/s，并启动定时器 2。

```
#include "STC15Fxxxx.H"
#define MAIN_Fosc 12000000L          //下载时设置的运行时钟
#define BAUD 9600                    //波特率
void uartInit(){
   T2L = (65536 - (MAIN_Fosc / 4 / BAUD));
   T2H = (65536 - (MAIN_Fosc / 4 / BAUD)) >> 8;
   AUXR = 0X15;                      //设置定时器 2 为 1T 模式并启动
   SCON = 0X50;                      //串行口 1，8 位，波特率可变
    ES = 1;                          //串行口中断
    EA = 1;
}
```

③ 实现一个简单的串行口数据发送函数。串行口的数据发送需要将待发送数据填充到 SBUF 中。但是这里要注意的是，为了确保上一次的数据发送完毕，本次填充数据到 SBUF 前要等待发送完毕。发送完毕的判断可以通过发送完成后的 TI 中断实现，因此，我们声明一个全局变量 busy，填充数据后将该变量置 1，在发送完成中断处理中对该变量清零，通过判断 busy 变量即可知道数据是否发送完成。具体发送函数代码如下：

```
bit busy=0; //全局变量 需要在文件开头处声明
void sendChar(unsigned char dat)
{
```

```
        while (busy);
        busy = 1;
        SBUF = dat;
    }
```

④ 实现串行口中断函数的算法逻辑。单片机发送完毕和接收完毕都会触发中断进入中断函数，发送和接收的中断标志位分别是 TI 和 RI，因此我们分别判断 2 个标志位的情况进行对应的操作。当 RI=1 时，表示接收到数据，我们读取 SBUF 的值输出到 P0 口，清零 RI；当 TI=1 时，表示数据发送完毕，清零全局变量 busy 和 TI。具体代码如下：

```
void uart1_isr() interrupt 4 using 1
{
    if (RI)
    {
        RI = 0;      //清零接收中断标志
        P0 = SBUF;  //显示接收到的数据
    }
    if (TI)
    {
        TI = 0;      //清零发送中断标志
        busy = 0;   //串行口忙标志位
    }
```

⑤ 在主函数 main 中将上述实现的函数按图 6.14 思路进行正确调用。我们将主函数中的数据发送延时间隔设置为 2 个不同的值，编译后烧录到 2 个单片机中，查看调试程序运行的效果。代码如下：

```
/*-------------------------------------------------------------*/
/* 说明：本代码实现串行口的简单测试
/* 使用定时器 2 作为波特率发生器
/*-------------------------------------------------------------*/
#define MAIN_Fosc 12000000L     //下载时设置的运行时钟
#define BAUD 9600               //波特率
#include "STC15Fxxxx.H"
bit busy = 0;
void uartInit();
void sendChar(unsigned char dat);
void delay(unsigned int t)
{
    unsigned int i;
    do
    {
        i = 2000;
        while (--i);
    } while (--t);
}
void main(void)
{
```

```
    unsigned char count = 0;
    P0M1 = 0;
    P0M0 = 0;                   //设置 P0 口为准双向口
    uartInit();
    while (1)
    {
        sendChar(count);
        count++;
        delay(300);
    }
}
void uart1_isr() interrupt 4 using 1
{
    if (RI)
    {
        RI = 0;                 //清零接收中断标志
        P0 = SBUF;              //显示接收到的数据
    }
    if (TI)
{
TI = 0;                         //清零发送中断标志
busy = 0;                       //串行口忙标志位
    }
}
void sendChar(unsigned char dat)
{
    while (busy);
    busy = 1;
    SBUF = dat;
}
void uartInit(){
    T2L = (65536 - (MAIN_Fosc / 4 / BAUD));
    T2H = (65536 - (MAIN_Fosc / 4 / BAUD)) >> 8;
    AUXR = 0X15;                //设置定时器 2 为 1T 模式并启动
    SCON = 0X50;                //串行口 1，8 位，波特率可变
    ES = 1;                     //串行口中断
    EA = 1;
}
```

任务 6.3　主/从机通信网络设计

6.3.1　课堂讨论：RS232、RS422、RS485 串行口分析

串行口是一种接口标准，它规定了接口的电气标准，简单来说只是物理层的一个标准。没有规定接口插件电缆及使用的协议，所以只要我们使用的接口插件电缆符合串行口标准，就可以在实际中灵活使用，在串行口标准上使用各种协议进行通信及设备控制。

计算机与智能设备通信多借助 RS232、RS485、以太网等方式实现，主要取决于设备的接口规范。

6.3.2 课堂挑战：主/从机多机通信

主题讨论：数据通信技术是实现万物互联的一个途径

物联网是指通过各种信息传感器、射频识别技术、全球定位系统、红外感应器、激光扫描器等装置与技术，实时采集任何需要监控、连接、互动的物体或过程，采集其声、光、热、电、力学、化学、生物、位置等各种需要的信息，通过各类可能的网络接入，实现物与物、物与人的泛在连接，实现对物品和过程的智能化感知、识别和管理。物联网是一个基于互联网、传统电信网的信息承载体，它让所有能够被独立寻址的普通物理对象形成互联互通的网络。

任务：购置图 6.15 中所需的元器件，设计 1 主机对 3 从机原理图及 PCB，实现 1 主机对 3 从机的异步通信，进一步了解物联网的基本实现方法。

1. 硬件电路设计

单片机串行口方式 1 只能用于单机通信，而方式 2 和方式 3 具有多机通信功能，可构成各种分布式通信系统。

图 6.16 所示为由一台主机和多台从机组成的全双工多机通信系统示意图。

在多机通信系统中，为保证一台主机（发送）与多台从机（接收）之间能可靠通信，串行通信必须具备识别能力。串行通信控制寄存器 SCON 中设有多机通信选择位 SM2。当程序设置 SM2=1 时，串行通信工作于方式 2 或方式 3，发送端通过对 TB8 的设置以区别发送的是地址帧（TB8=1）还是数据帧（TB8=0），接收端通过对接收到的 RB8 进行识别：当 SM2=1 时，若接收到 RB8=1，则为地址帧，将该帧内容写入 SBUF，并置位 RI=1，向 CPU 申请中断，进行地址呼叫处理；若接收到 RB8=0，则为数据帧，不予理睬，接收的数据被丢弃。若 SM2=0，则无论是地址帧还是数据帧，均被接收，并置位 RI=1，向 CPU 申请中断，将该帧内容写入 SBUF。据此原理，可实现多机通信。

对于图 6.16 所示的多机通信系统，设从机的地址为 0,1,2,…,*n*。实现多机通信的过程步骤如下。

（1）置全部从机的 SM2=1，处于只接收地址帧的状态。

（2）主机首先发送呼叫地址帧，将 TB8 置 1，以表示发送的是呼叫地址帧。

（3）所有从机接收到呼叫地址帧后，将接收到的主机呼叫的地址与本机的地址相比较：若比较结果相等，则为被寻址从机，SM2=0，准备接收主机发送的数据帧，直至全部数据传输完；若比较结果不相等，则为非寻址从机，维持 SM2=1 不变，对其后发来的数据帧不予理睬，即接收到的数据帧内容不写入 SBUF，不置位 RI，不会产生中断申请，直至被寻址。

（4）主机在发送完呼叫地址帧后，发送一连串数据帧，其中 TB8=0，以表示数据帧。

（5）当主机改变与从机的通信时间后，再发送呼叫地址帧，寻呼其他从机，原先被寻址的从机经分析得知主机在寻呼其他从机时，恢复 SM2=1，对其后主机发送的数据帧不予理睬。

上述过程均在软件控制下实现。

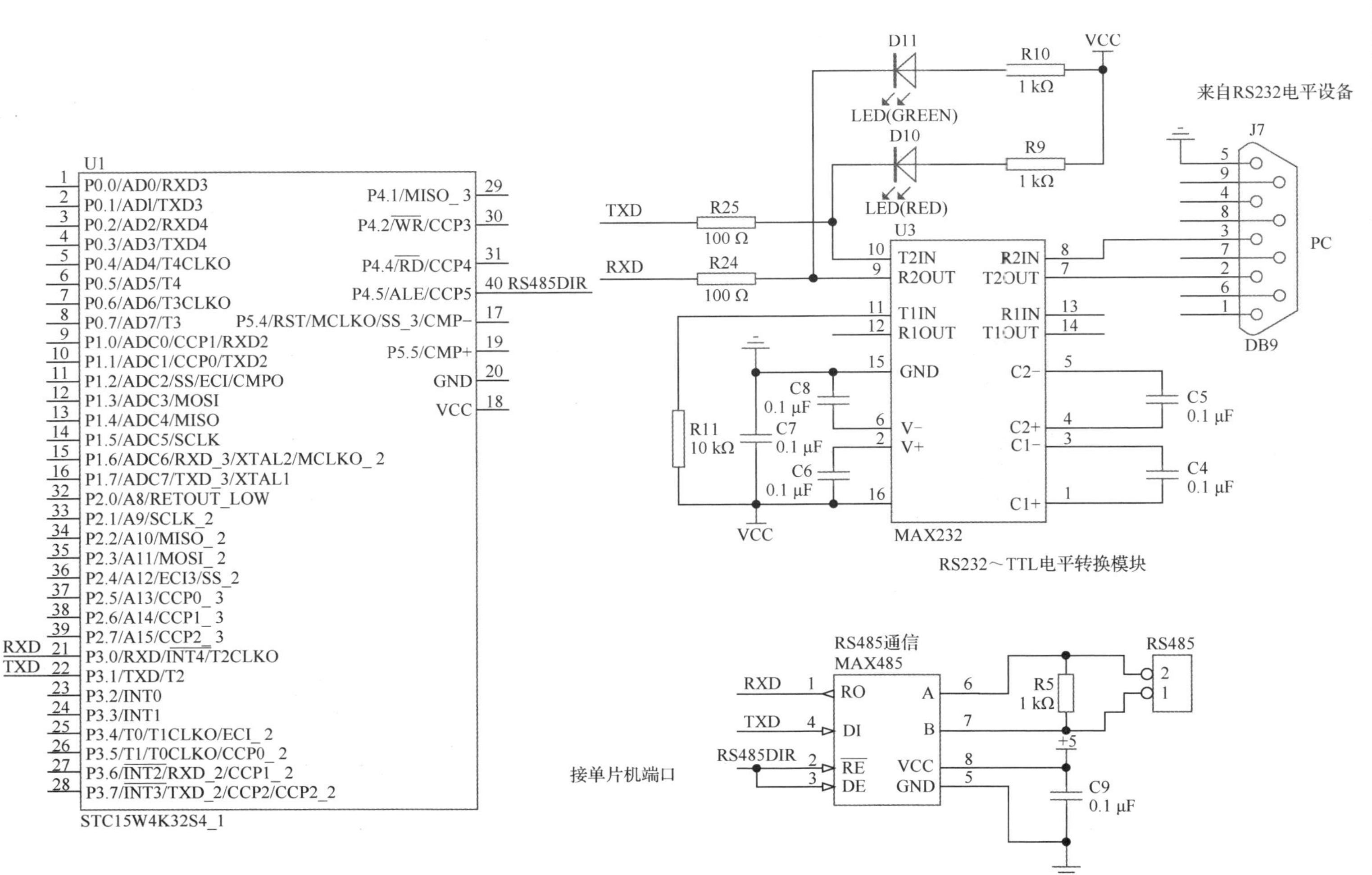

图 6.15　TTL、RS232、RS485 转换原理图

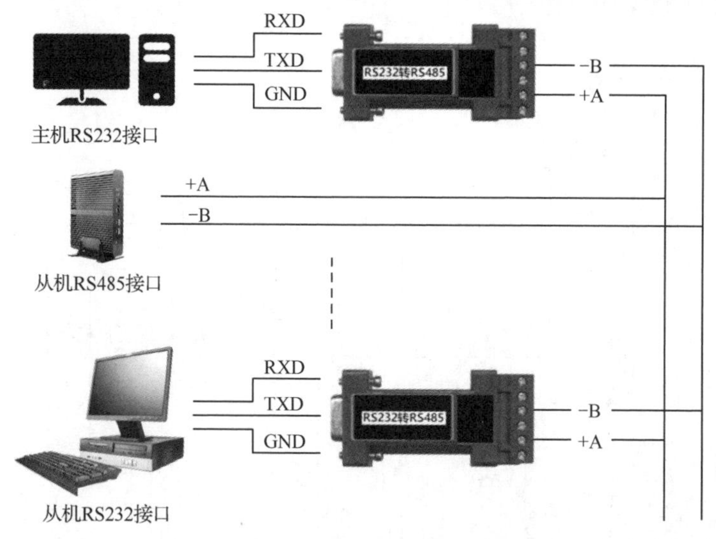

图 6.16　全双工多机通信系统示意图

2. 程序设计思路

本任务需要分别实现主机和从机的程序代码。其中主机代码的核心内容是初始化后循环输出从机的呼叫地址和数据，不考虑从机接收是否成功；而从机代码的核心内容则是中断函数主机呼叫本机地址后，将 SM2 置 0，开始接收数据帧。

串行口初始化配置 SCON=0XD0 表示 SM0、SM1 设置方式 3，允许串行口接收。主机主循环的流程图和从机中断处理函数的流程图如图 6.17 和图 6.18 所示。

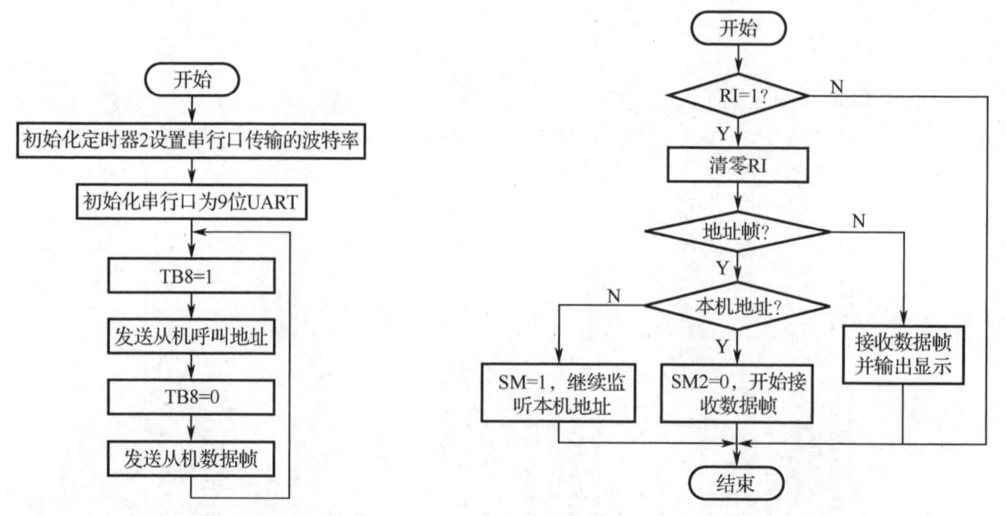

图 6.17　主机主循环的流程图

图 6.18　从机中断处理函数的流程图

1）主机程序的实现

（1）串行口进行初始化。与任务 6.2 不同的是，这里需要将串行口配置为 9 位 UART，波特率可变，因此修改 SCON=0XD0，其他代码不需要改变直接拷贝复用，具体代码如下：

```
#include "STC15Fxxxx.H"
#define MAIN_Fosc 12000000L      //下载时设置的运行时钟
#define BAUD 9600                //波特率
```

```
void uartInit(){
    T2L = (65536 - (MAIN_Fosc / 4 / BAUD));
    T2H = (65536 - (MAIN_Fosc / 4 / BAUD)) >> 8;
    AUXR = 0X15;     //设置定时器2为1T模式并启动
    SCON = 0XD0;     //串行口1，9位，波特率可变
    ES = 1;          //串行口中断
    EA = 1;
}
```

（2）串行口数据发送函数。直接复用任务6.2的数据发送函数sendChar()，不需要做任何修改。同样主机串行口中断处理函数也可以直接复用任务6.2的代码。

（3）主机代码的主函数，这里我们模拟1主机对3从机的通信，定义了3个从机地址分别对应不同的从机，用数组slaveAddr存储。与从机通信的顺序是先发送从机地址进行寻呼，再发送目标数据，地址帧和数据帧的区别可以通过TB8配置改变传输的第9位数据的值。

为了便于区分3个从机接收数据的识别，我们同样定义了变量count数组存储通信数据的内容。用循环分别实现对各从机的数据发送，具体代码如下：

```
u8 slaveAddr[] = {0x01, 0x02, 0x03};
void main(void)
{
    unsigned char count[] = {0, 0, 0};
    unsigned char i;
    uartInit();
    while (1)
    {
        for (i = 0; i < 3; i++)
        {
            //发送寻呼的从机地址
            TB8 = 1;
            sendChar(slaveAddr[i]);
            delay(10);
            //发送数据帧
            TB8 = 0;
            sendChar(count[i]);
            count[i]++;
            delay(30);
        }
    }
```

这样，我们便完成了主机程序的全部设计，可以看到有了任务6.2的代码基础，需要改动的地方并不多，完整主机程序如下：

```
/*---------------------------------------------------------------*/
/* 说明：本代码实现串行口的简单测试
/*         使用定时器2作为波特率发生器
/*---------------------------------------------------------------*/
#define MAIN_Fosc 12000000L     //下载时设置的运行时钟
```

```
#define BAUD 9600                 //波特率

#include "STC15Fxxxx.H"
u8 slaveAddr[] = {0x01, 0x02, 0x03};
bit busy = 0;
void uartInit();
void sendChar(unsigned char dat);
void delay(unsigned int t)
{
    unsigned int i;
    do
    {
        i = 2000;
        while (--i);
    } while (--t);
}
void main(void)
{
    unsigned char count[] = {0, 0, 0};
    unsigned char i;
    uartInit();
    while (1)
    {
        for (i = 0; i < 3; i++)
        {
            //发送寻呼的从机地址
            TB8 = 1;
            sendChar(slaveAddr[i]);
            delay(10);
            //发送数据帧
            TB8 = 0;
            sendChar(count[i]);
            count[i]++;
            delay(30);
        }
    }
}
void uart1_isr() interrupt 4 using 1
{
    if (RI)
    {
        RI = 0;      //清零接收中断标志
        P0 = SBUF;  //显示接收到的数据
    }
    if (TI)
    {
        TI = 0;      //清零发送中断标志
        busy = 0;   //串行口忙标志位
```

```
        }
    }
    void sendChar(unsigned char dat)
    {
        while (busy);
        busy = 1;
        SBUF = dat;
    }
    void uartInit(){
        T2L = (65536 - (MAIN_Fosc / 4 / BAUD));
        T2H = (65536 - (MAIN_Fosc / 4 / BAUD)) >> 8;
        AUXR = 0X15;      //设置定时器 2 为 1T 模式并启动
        SCON = 0XD0;      //串行口 1，9 位，波特率可变
        ES = 1;           //串行口中断
        EA = 1;
    }
```

2）从机程序的实现

编写从机的代码，我们的编程理念是尽量复用之前已经实现的函数。主机和从机串行口初始化函数是一样的，9 位波特率可变，波特率为 9 600 bit/s。

本任务中发送数据的只有主机，而从机只负责接收数据，不需要发送函数，那么可以去掉数据发送函数 sendChar()和延时函数 delay()。

对于从机的主函数，我们并不需要在主函数的循环中执行任何操作，只需完成串行口初始化即可。需要注意的是，串行口初始化后，需要将从机配置为只接收地址帧而忽略其他数据帧，执行 SM2=1。从机主函数代码简化后如下：

```
    void main(void)
    {
        uartInit();
        SM2 = 1; //从机只接收地址帧呼叫
        while (1);
    }
```

中断处理函数是从机的重点和难点，我们需要在中断处理函数中实现对接收到的数据进行地址帧和数据帧的判断，若是地址帧并与本机地址匹配，则接收数据帧，并将后续接收到的数据帧输出到 P0 口。

串行通信中 9 位数据格式由第 9 位数据表示该帧是数据帧还是地址帧，在单片机中，第 9 位数据存放在 RB8 中。我们将串行口中断函数修改如下，其中 SlaveAddr 是全局变量本机地址，根据不同的从机程序，需要在代码中单独修改：

```
    void uart1_isr() interrupt 4 using 1
    {
        if (RI)
        {
            RI = 0;                //清零接收中断标志
            if (RB8 == 1)          //判断是否接收到地址帧
```

```
        {
            if (SBUF == SlaveAddr)    //是本机地址
            {
             SM2 = 0;         //SM2 置 0，开始接收数据帧
            }
            else
            {
                //主机更换呼叫从机地址
                SM2 = 1;     //进入监听本机地址状态
            }
        }
        else
        {
            P0 = SBUF;       //显示接收到的数据
        }
    }
    if (TI)
    {
        TI = 0;              //清零发送中断标志
    }
}
```

小提示：SM2 = 1 时，本机串行口只接收地址帧（第 9 位数据为 1），对于数据帧（第 9 位数据为 0）不会触发中断；SM2 = 0 时，不论单片机接收到的是数据帧还是地址帧，都会触发中断，进入中断函数。

在从机的串行口中断处理函数中，我们利用了 SM2=0 时会接收到数据帧和地址帧的特性，这样当主机改变寻呼其他从机地址时，本机会收到一个地址帧，但是与本机地址不匹配，表示主机中断了与自身的通信，这时修改 SM2=1 切回到监听地址帧状态。

从机程序最终完整的参考代码如下：

```
/*-------------------------------------------------------------*/
/* 说明：本代码实现串行口多机通信系统的从机测试
/*         使用定时器 2 作为波特率发生器
/*-------------------------------------------------------------*/
#include "STC15Fxxxx.H"
#define MAIN_Fosc 12000000L       //下载时设置的运行时钟
#define BAUD 9600                 //波特率
#define SlaveAddr 0x01            //从机地址
void uartInit();
void main(void)
{
    uartInit();
    SM2 = 1;                      //从机 只接收地址帧呼叫
     while (1);
}
void uart1_isr() interrupt 4 using 1
```

```
{
    if (RI)
    {
        RI = 0;                     //清零接收中断标志
        //判断是否接收到地址帧
        if (RB8 == 1)
        {
            if (SBUF == SlaveAddr)
            {
                //是本机地址
                SM2 = 0;            //SM2 置 0，开始接收数据帧
            }
            else
            {
                //主机更换呼叫从机地址
                SM2 = 1;            //进入监听本机地址状态
            }
        }
        else
        {
            P0 = SBUF;              //显示接收到的数据
        }
    }
    if (TI)
    {
        TI = 0;                     //清零发送中断标志
    }
}
void uartInit(){
    T2L = (65536 - (MAIN_Fosc / 4 / BAUD));
    T2H = (65536 - (MAIN_Fosc / 4 / BAUD)) >> 8;
    AUXR = 0X15;                    //设置定时器 2 为 1T 模式并启动
    SCON = 0XD0;                    //串行口 1，9 位，波特率可变
    ES = 1;                         //串行口中断
    EA = 1;
}
```

项目7

海纳百川共扬帆

扫一扫看拓展知识文档：提取汉字信息

大是无数小的组合，能够容天下难容之事，乃心胸宽大；能不断积累和学习，乃知识的渊博；存在于宇宙万物的事物，一定在人的意识和活动中发生，能够包容世间万象和尝试了解不同领域，对于个人思想的成长有巨大的意义，人的伟大和渺小也在于此！

经过6个项目的不断积累和学习，从简单认识单片机外观，到理解单片机内涵，明白单片机系统对突发事件的处理、时钟源的设计与应用，学会单片机内部信息的展示，理解单片机在物联网技术中的地位。希望项目7中3个任务的综合训练，能作为我们闯荡知识海洋的导游，加深对专业概念的认识，巩固专业知识的基础，拓宽专业知识的领域，提升专业技能，达到理论与实践的有效结合，推动“自我”产生专业归属感。扬起风帆，在专业发展路上再启航。

单片机是嵌入式系统的独立发展之路，是寻求应用系统在芯片上的最大化解决方案。单片机发展经历了SCM、MCU、SOC三大阶段。随着微电子技术、IC设计、EDA工具的发展，基于SOC的单片机应用系统设计有了较大的发展，专用单片机的发展自然形成了SOC化趋势。中国本土MCU设计公司研发生产的STC15W系列单片机，在传统51单片机的基础上，集成了FLASH ROM/ADC/PWM/内振荡/复位等电路，新的STC15W系列基本实现了真正意义上的“单片机”。但在需要大量数据存取及I/O端口操作时，依然需要通过扩展获取资源。

1）单片机资源扩展

单片机资源扩展有并行和串行两种。并行扩展利用单片机的三总线（AB地址总线、DB数据总线、CB控制总线）进行扩展；串行扩展利用SPI三总线和I^2C双总线等协议设计进行扩展。串行扩展技术简化了硬件连接，明显减少了PCB空间和成本，但器件速度较慢，在高速应用的场合，还是并行扩展占主导地位。所以在进行应用系统设计时，应对单片机系统的扩展能力、应用特点了解清楚，才能顺利完成系统设计。STC15W系列40引脚及以上的单片机具有扩展64KB外部数据存储器和I/O端口的能力。

图7.1所示为在STC15W系列单片机外部并行扩展的32 KB静态RAM（IS62C256），简称SRAM。根据STC15W系列单片机地址总线宽度，扩展的32 KB SRAM数据存储器地址范围如表7.1所示。

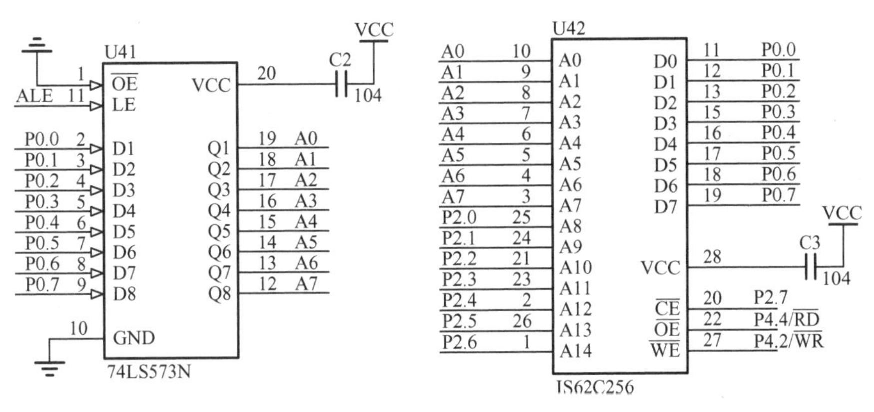

图 7.1　32 KB SRAM 扩展

表 7.1　32 KB SRAM 数据存储器地址范围

地址	P2.7(CS)	P2.6～P2.0							P0.7～P0.0							
0000H	0	0	0	0	0	0	0	0	0	0	0	0	0	0	0	0
7FFFH	0	1	1	1	1	1	1	1	1	1	1	1	1	1	1	1

数据存储器空间地址线计算：$32\times1\,024=2^X$，X=15（根），即需要 15 位地址。

2）地址线的连接

STC15W 系列单片机 P0 口复用数据线和低 8 位地址线。为了将数据线和低 8 位地址线分离出来，在单片机 P0 口输出端增加地址锁存器，地址锁存允许信号 ALE 的上升沿将地址低 8 位信息锁存至锁存器输出端，并送至 IS62C256 地址低 8 位。常用的地址锁存器芯片有 74LS373、74LS573 等。IS62C256 地址高 7 位从 P2 口获取，多出一根地址线 P2.7 做 IS62C256 片选线 $\overline{CE}$。

3）数据线的连接

IS62C256 数据线（D7～D0）直接挂到数据总线 P0 口（P0.7～P0.0）。

4）控制线的连接

控制线的连接包括单片机的专用控制线 ALE、$\overline{WR}/\overline{RD}$ 信号的连接。ALE 地址锁存允许，与 74LS573 锁存器锁存允许端相连。$\overline{WR}/\overline{RD}$（写/读信号）与 IS62C256 的 $\overline{WE}/\overline{OE}$ 信号相连，实现对外部扩展芯片的写/读操作。

STC15W 系列单片机内部集成了 4 000 字节的数据存储器 SRAM，包括常规的 256 字节 RAM 和内部扩展的 3 840 字节 XRAM <xdata>。内部扩展的 3 840 字节地址范围为 0000H～0EFFH。为了方便对内部、外部数据存储器数据进行存取，STC15W 系列单片机新增了一个控制数据总线速度的特殊功能寄存器——BUS_SPEED，用来控制访问内部、外部 RAM 数据存取速度，各位定义如表 7.2 所示。

表 7.2　BUS_SPEED 各位定义

名称	B7	B6	B5	B4	B3	B2	B1	B0	复位值
BUS_SPEED Control	—	—	—	—	—	—	EXRTS[1:0]		xxxx,xx10

EXRTS (Extend Ram Timing Selector)

0　0 :　Setup / Hold / Read and Write Duty　　- 1 clock cycle;　　EXRAC - 1

0　1 :　Setup / Hold / Read and Write Duty　　- 2 clock cycle;　　EXRAC - 2

1　0 :　Setup / Hold / Read and Write Duty　　- 4 clock cycle;　　EXRAC - 4

1　1 :　Setup / Hold / Read and Write Duty　　- 8 clock cycle;　　EXRAC - 8

EXRTS 用来设定内部、外部数据存储器的读/写速度，数据详细存取过程请查阅 STC 官方手册。

课程思政

海纳百川共扬帆

经过新中国成立以来特别是改革开放 40 多年的不懈奋斗，我国成为世界第二大经济体、第一大工业国、第一大货物贸易国、第一大外汇储备国，国内生产总值超过 100 万亿元，常住人口城镇化率超过 60%，中等收入群体超过 4 亿人。中国创造，是迫切要求也是全球红利。从苹果公司的例子不难看出，中国制造向中国创造转变势在必行，技术能力是骨骼，制造能力是肌肉，创新设计就是给躯体注入灵魂。乔布斯的伟大，在于其对工业设计苛刻甚至极端的追求。

"海纳百川，有容乃大；壁立千仞，无欲则刚"。大海因为有宽广的度量才容纳了成百上千条河流，高山因为没有勾心斗角的凡世杂欲才如此的挺拔。一个人做人要如海一样宽广，能容天下难容之事，此乃心胸宽大，如果能不断积累和学习，便会是知识渊博的人。百年交汇，千年梦圆。站在"两个一百年"奋斗目标的历史交汇点，我们肩负着推动中国制造向中国创造转变、中国产品向中国品牌转变的重担。夯实专业基石，成为高素质技术技能人才、能工巧匠，大国工匠；不断拓展自己的知识领域，培养解决理论和实际问题的能力，培养创新能力、实践能力和创业精神，提高人文素质和科学素质。有志气，爱专业，树立为民、为国家奉献的志向；壮骨气，增自信，做勇于担当让中华民族挺起脊梁的奋斗者；蓄底气，练内功，使自己有责任、有能力为这个伟大的时代做出贡献！

教学目标

本项目在单片机原理及接口技术的基础上，通过 3 个任务领悟单片机技术的简单应用，进而通过训练助力学生扬帆启航。学习目标如表 7.3 所示。

表 7.3　学习目标

知 识 目 标	能 力 目 标	情感态度与价值观目标
汉字显示屏设计； 倒车雷达测试； 环境温度检测	具备选用控制器完成相关项目的硬件设计能力； 具备环境温度、倒车雷达等相关任务的编程能力； 具备智能电子产品项目开发的基本技能	提高辨识能力和责任意识。将国家需求作为创新人才的使命担当； 中国创造技术，我们需要在哪些技术上突破

任务设计与实现

任务 7.1　汉字显示屏设计

选用 STC15W 系列单片机作为控制器，MAX7219 作为多路显示器，驱动 16×16 点阵动态显示“自动化”。

7.1.1　汉字显示相关器件介绍

随着计算机网络技术的发展，LED 显示屏在网络环境下的使用情况越来越多，在由多媒体、多种显示设备组成的信息显示系统中，采用智能化网络控制，联网控制多屏技术也在实际中得到应用。例如，城市广场上经常看到的电视墙、地铁和公共汽车上的信息显示屏，都是由 LED 点阵屏组成的。

1. LED 点阵屏

LED 点阵屏由多只 LED 以阵列的形式封装在一块平面上，通过对应 LED 的点亮和熄灭来组合出各种字符和图形。LED 点阵屏有各种颜色（常用的有红色、绿色、蓝色），也分为单色、双色（常见的是红、绿组合）、三色（红、绿、蓝组合实现全彩显示），有普通亮度和高亮度之分。尺寸规格一般按 LED 点阵屏中各 LED 的直径区分。根据同一模块上的点阵数量的不同也可分为 8×8、16×16、5×7 等。图 7.2 所示为 8×8 单色 LED 点阵屏的内部结构和外观示意图。采用的是阵列式接线方式，没有公共端，不分共阴极和共阳极。这种连接方式通常采用逐行扫描的方式来显示。图 7.3 所示为 8×8 双色 LED 点阵屏的内部结构。双色屏和三色屏需要在同一个 LED 里多出 1 个或 2 个颜色，为了节省引脚数量，就将同一个 LED 里的多个颜色按共阳极或共阴极方式并联。故双色屏和三色屏有共阴极、共阳极之分。

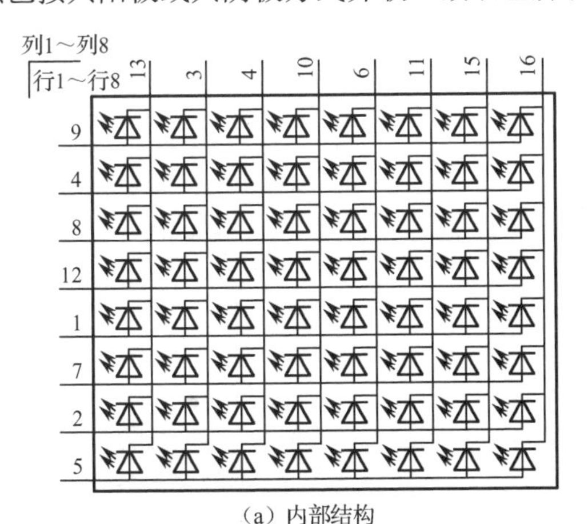

（a）内部结构

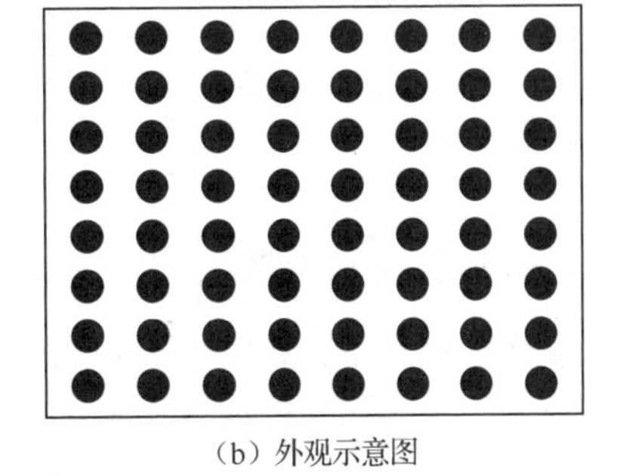

（b）外观示意图

图 7.2　8×8 单色 LED 点阵屏的内部结构和外观示意图

LED 点阵屏封装的后面引脚数量不一，一般的 8×8 单色 LED 点阵屏有 16 个引脚（8 个行引脚和 8 个列引脚），如图 7.2 所示。8×8 双色 LED 点阵屏有 24 个引脚，如图 7.3 所示。LED 点阵屏的引脚在封装上不是按行列顺序排列的，如果没有引脚资料，需要用万用表来测试。

（1）将万用表调整到二极管测试挡，红表笔放在某个引脚上，黑表笔分别按顺序接在其他引脚上测试，同时观察 LED 点阵屏是否有某个 LED 被点亮。如果发现没有任何 LED 被点亮，那么调换红、黑表笔再如法炮制。

（2）如果发现有 LED 被点亮，那么这时红、黑表笔对应的引脚正是被点亮 LED 所在的行列位置及正负极关系。

（3）依据此测试方法，逐个测试引脚。

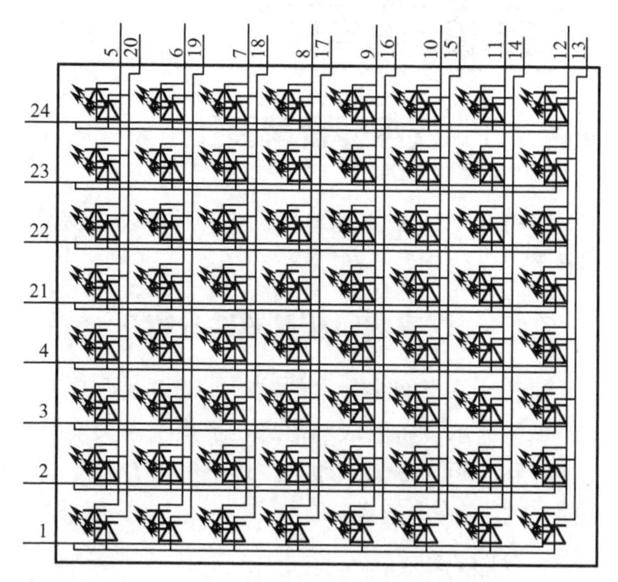

图 7.3　8×8 双色 LED 点阵屏的内部结构

LED 点阵屏的驱动方式和 LED 数码管动态显示的方式很相似。我们以 8×8 单色 LED 点阵屏为例，当 8 行全部接高电平，8 列全部接低电平时，LED 点阵屏上的所有 LED 被点亮。当第 2 行接高电平，8 列均接低电平时，只有第 2 行的 8 个 LED 被点亮。依次类推就可以任意控制 8 行、8 列的 64 个 LED 的点亮和熄灭。

例如，利用 8×8，显示“自动化”的“自”。第 1 行第 3 列接高电平，其余接低电平，即 0x20；第 2 行第 2～6 列接高电平，第 1、7、8 列接低电平，即 0x7C；同理，第 3 行=0x44，第 4 行=0x74，由此推算出“自”的字形码为{0x20,0x7C,0x44,0x74,0x44,0x74,0x44,0x7C}。

8×8 点阵只能显示简单笔画汉字，常规使用汉字至少需要 16×16 点阵。一个字节为 8bit，用 1 bit 来表示点阵中的一个点的话，16×16 点阵需要 16×16/8 = 32 字节才能达到显示一个普通汉字的目的。以常用的 HZK16 字库文件为例，该字库文件是符合 GB 2312 标准的 16×16 点阵字库。可以依据需求寻找相关字库及字模提取软件，如 PCtoLCD2018 字模提取软件。

小知识： GB 2312 标准共收录 6763 个汉字。其中一级汉字 3755 个，二级汉字 3008 个；还收录了包括拉丁字母、希腊字母、日文平假名及片假名字母、俄语西里尔字母在内的 682 个全角字符。

2. MAX7219 多位 LED 显示驱动器设计

单片机与 LED 的连接方式有并行和串行两种。由于串行方式占用单片机接口少，因而得到了广泛应用。MAX7219 是串行输入/输出共阴极显示驱动器，可实现微处理器与 7 段码的接口，可直接驱动 64 段 LED 点阵显示器。芯片上包括 BCD 段码译码器、多位扫描电路、段驱动器、位驱动器，内含 8 位静态 RAM。只需外接一个电阻就可为所有的 LED 提供段电流。当多个 MAX7219 级联时，可控制更多的 LED 点阵显示器。MAX7219 引脚排列如图 7.4 所示。

MAX7219 具有软件译码和硬件译码两种功能，软件译码是指根据各段笔画与数据位的对应关系进行编码；硬件译码采用 BCD 码（简称 B 码）译码。MAX7219 工作模式包括 150 μA 低压电源关闭模式、模拟数字亮度控制、限扫寄存器（允许用户从第 1 位数字显示到第 8 位数字）及测试模式（点亮所有 LED）。MAX7219 初始化函数如下：

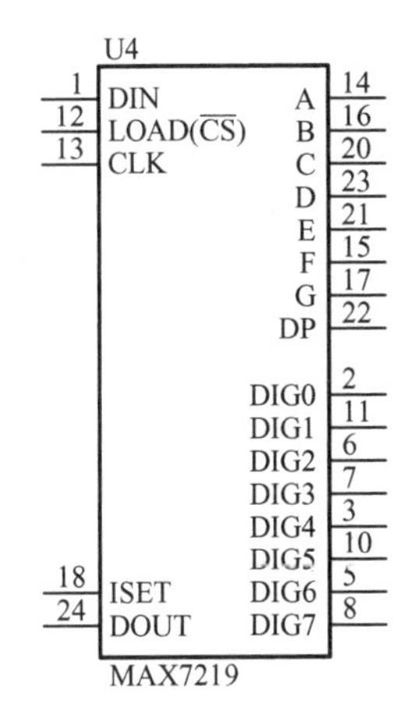

图 7.4　MAX7219 引脚排列

```
void Init_MAX7219(void)
{
    Write_Max7219_1(0x09, 0x00);          //译码方式：1；BCD 码，0；非 BCD 模式
    Write_Max7219_1(0x0a, 0x03);          //亮度 0～f     (0～16)
    Write_Max7219_1(0x0b, 0x07);          //扫描界限；8 个数码管显示
    Write_Max7219_1(0x0c, 0x01);          //掉电模式：0，普通模式：1
    Write_Max7219_1(0x0f, 0x00);          //显示测试：1；测试结束，正常显示：0

    Write_Max7219_2(0x09, 0x00);          //译码方式：1；BCD 码，0；非 BCD 模式
    Write_Max7219_2(0x0a, 0x03);          //亮度 0～f     (0～16)
    Write_Max7219_2(0x0b, 0x07);          //扫描界限；8 个数码管显示
    Write_Max7219_2(0x0c, 0x01);          //掉电模式：0，普通模式：1
    Write_Max7219_2(0x0f, 0x00);          //显示测试：1；测试结束，正常显示：0

    Write_Max7219_3(0x09, 0x00);          //译码方式：1；BCD 码，0；非 BCD 模式
    Write_Max7219_3(0x0a, 0x03);          //亮度 0～f     (0～16)
    Write_Max7219_3(0x0b, 0x07);          //扫描界限；8 个数码管显示
    Write_Max7219_3(0x0c, 0x01);          //掉电模式：0，普通模式：1
    Write_Max7219_3(0x0f, 0x00);          //显示测试：1；测试结束，正常显示：0

    Write_Max7219_4(0x09, 0x00);          //译码方式：1；BCD 码，0；非 BCD 模式
    Write_Max7219_4(0x0a, 0x03);          //亮度 0～f     (0～16)
    Write_Max7219_4(0x0b, 0x07);          //扫描界限；8 个数码管显示
    Write_Max7219_4(0x0c, 0x01);          //掉电模式：0，普通模式：1
    Write_Max7219_4(0x0f, 0x00);          //显示测试：1；测试结束，正常显示：0
}
```

3. MAX7219 读写数据时序

MAX7129 是 SPI 总线驱动方式。它不仅要向寄存器写入控制字，还需要读取相应寄存器的数据。与 MAX7129 通信需要遵循 SPI 总线协议。MAX7129 的控制字格式如表 7.4 所示。

表 7.4　MAX7129 的控制字格式

D15	D14	D13	D12	D11	D10	D9	D8	D7	D6	D5	D4	D3	D2	D1	D0
X	X	X	X	寄存器地址位						MSB		→		LSB	

MAX7219 读/写数据时一次接收 16 位数据，其中，D15～D12 与操作无关，可以任意写入，D11～D8 为内部寄存器地址，D7～D0 为待显示数据或初始化控制字。在 CLK 脉冲上升沿，DIN 的数据以串行方式依次移入内部 16 位寄存器，在一个 LOAD 上升沿的作用下，锁存到内部寄存器。串行口发送数据时，先发送高位数据。接收时，先接收的是最高位 D15，最后是 D0。MAX7219 读写数据时序图如图 7.5 所示。

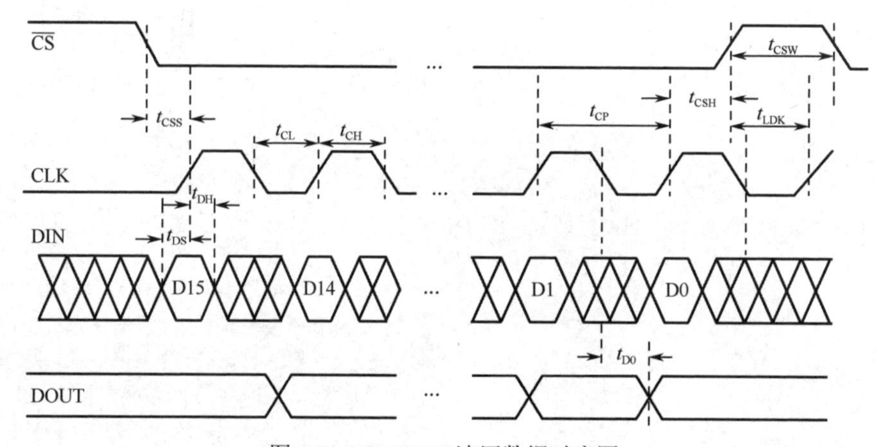

图 7.5　MAX7219 读写数据时序图

小知识：SPI 的通信以主/从方式工作。通常有一个主设备和一个或多个从设备，需要至少 4 根线，事实上 3 根也可以（单向传输时）。包括 MISO（主设备数据输入）、MOSI（主设备数据输出）、SCLK（时钟）、CS（片选）。MAX7129 单向通信传输，采用 3 根线。

7.1.2　16×16 汉字显示

分组任务

（1）绘制 8×8 单色 LED 原理图库元件。

（2）绘制 MAX7219 原理图库元件。

（3）设计基于 STC15W 系列单片机的 16×16 汉字显示屏原理图。

（4）编程动态显示“自”“动”“化”。

（5）硬件电路设计分析：基于 STC15W 系列单片机的 16×16 汉字显示屏原理图，如图 7.6 所示。

MAX7219 与单片机接口：

① P1.2 与 MAX7219（1 脚）DIN 相连，作为串行数据输入，在 CLK 时钟上升沿，数据被载入 SRAM。

② P1.3 与 MAX7219（12 脚）$\overline{\text{CS}}$ 相连，低电平时，串行数据被载入移位寄存器。

③ P1.4 与 MAX7219（13 脚）CLK 相连，用来产生时钟的上升沿控制串行数据装入 SRAM，产生下降沿控制 8 位并行数据输出。

MAX7219与8×8 LED点阵接口：MAX7219采用3线（SPI协议）串行口传送数据，适用于所有微处理器，单一位数据可被寻址和修正整个显示器，无须重写。选用4个MAX7219，各自静态控制8×8 LED点阵。观看参考程序（7）。

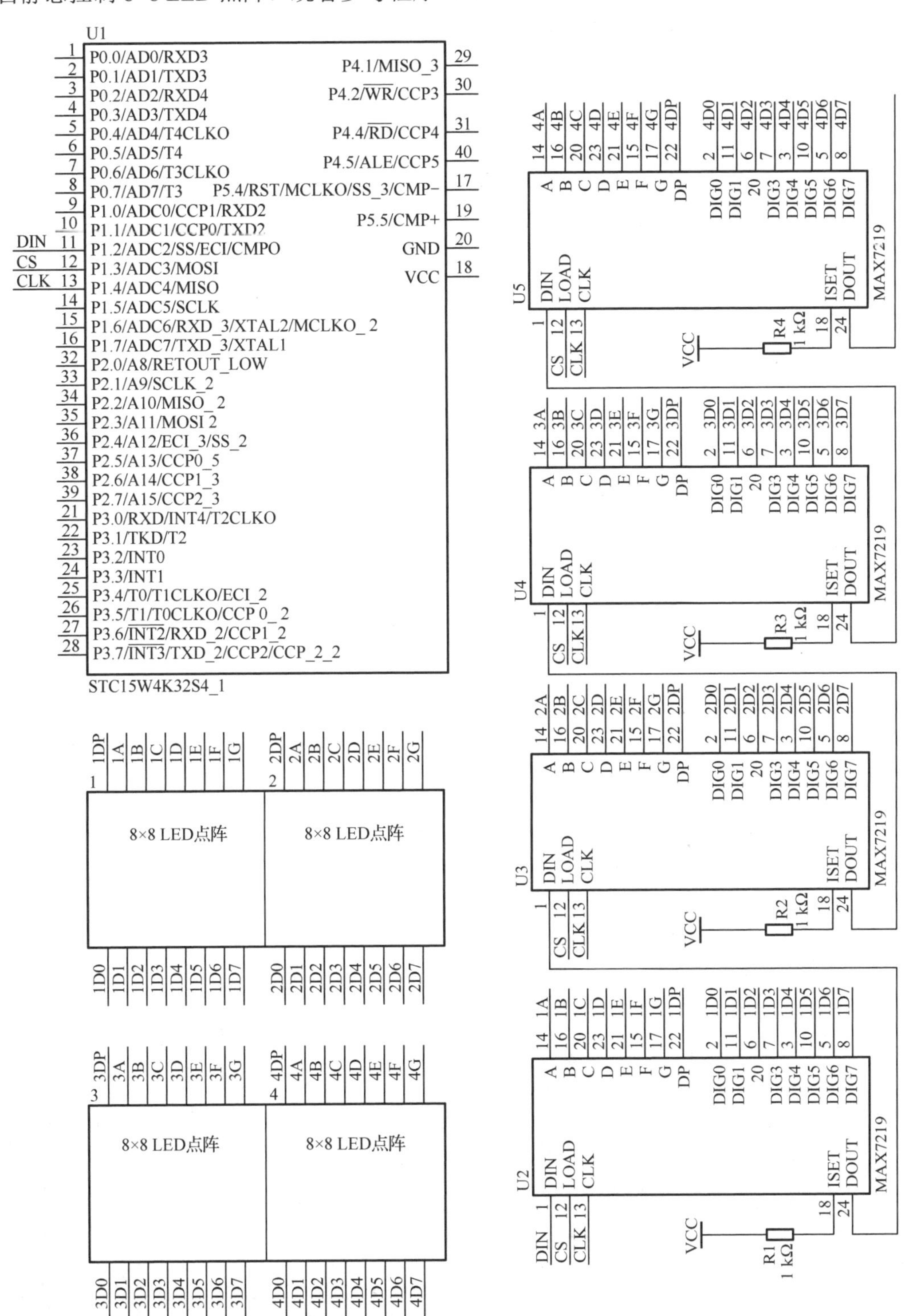

图7.6　基于STC15W系列单片机的16×16汉字显示屏原理图

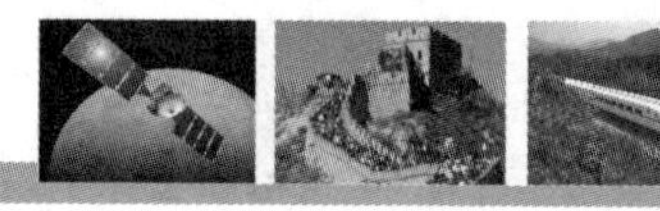

（6）汉字显示流程：通过字模提取软件，获取汉字点阵。将提取的点阵定义在程序存储区。

① 采用 MAX7219 驱动汉字显示时，首先依据需要进行 MAX7219 初始化工作，包括译码方式、显示亮度、显示器数量等。

② 依据 MAX7219 读/写时序，写入要显示的汉字点阵。

③ 注意在串行口发送数据时，先发送高位数据 D15。CLK 时钟上升沿是串行数据输入，时钟下降时数据从串行数据输出口输出。

（7）参考程序，动态显示“自”“动”“化”：

```
#include <stc15.h>
#define uchar unsigned char
#define uint  unsigned int
//定义MAX7219端口
sbit Max7219_pinCLK = P1^4;          //时钟输入端
sbit Max7219_pinCS  = P1^3;          //片选端
sbit Max7219_pinDIN = P1^2;          //数据输入端
//定义字符数组
uchar code disp1[][8] =
{
{0x01,0x02,0x04,0x1F,0x10,0x10,0x10,0x1F},
{0x10,0x10,0x1F,0x10,0x10,0x10,0x1F,0x10},
{0x00,0x00,0x00,0xF0,0x10,0x10,0x10,0xF0},
{0x10,0x10,0xF0,0x10,0x10,0x10,0xF0,0x10},/*"自",0*/

{0x00,0x00,0x7C,0x00,0x01,0x00,0xFE,0x20},
{0x20,0x20,0x48,0x44,0xFD,0x45,0x02,0x04},
{0x40,0x40,0x40,0x40,0xFC,0x44,0x44,0x44},
{0x44,0x84,0x84,0x84,0x04,0x04,0x28,0x10},/*"动",1*/

{0x08,0x08,0x08,0x10,0x10,0x30,0x30,0x50},
{0x91,0x12,0x14,0x10,0x10,0x10,0x10,0x10},
{0x80,0x80,0x84,0x88,0x90,0xA0,0xC0,0x80},
{0x80,0x80,0x80,0x82,0x82,0x82,0x7E,0x00},/*"化",2*/
                             };
void Delay_xms(uint x)       //延时函数
{
   uint i, j;
   for(i = x; i>0; i--)
   for(j = 125;j>0;j--);
}
void Delay(uint x)           //延时函数
{
   uint i;
   for(i = x; i>0; i--);
}
/**********************************************************************
功能：向MAX7219写入字节
入口参数：DATA
```

```
*****************************************************************/
void Write_Max7219_byte(uchar DATA)
{
    uchar i;
    Max7219_pinCS=0;
    for(i=8;i>=1;i--)
    {
        Max7219_pinCLK=0;
        Max7219_pinDIN=DATA&0x80;    //输出数据高 8 位
        DATA=DATA<<1;
        Max7219_pinCLK=1;            //时钟上升沿把数据送入寄存器锁定
    }
}
/*****************************************************************
功能：向第 1 个 MAX7219 写入数据
入口参数：address、dat
*****************************************************************/
void Write_Max7219_1(uchar address,uchar dat)
{
    Max7219_pinCS=0;
    Write_Max7219_byte(address);    //写入地址，即数码管编号（点阵的列）
    Write_Max7219_byte(dat);        //写入数据，即数码管显示数字（点阵的行）
  Max7219_pinCS=1;
}
/*****************************************************************
功能：向第 2 个 MAX7219 写入数据
入口参数：address、dat
*****************************************************************/
void Write_Max7219_2(uchar address,uchar dat)
{
    Max7219_pinCS=0;
    Write_Max7219_byte(address);    //写入地址，即数码管编号（点阵的列）
    Write_Max7219_byte(dat);        //写入数据，即数码管显示数字（点阵的行）

    Write_Max7219_byte(0x00);
    Write_Max7219_byte(0x00);
  Max7219_pinCS=1;
}
/*****************************************************************
功能：向第 3 个 MAX7219 写入数据
入口参数：address、dat
*****************************************************************/
void Write_Max7219_3(uchar address,uchar dat)
{
    Max7219_pinCS=0;
    Write_Max7219_byte(address);    //写入地址，即数码管编号（点阵的列）
    Write_Max7219_byte(dat);        //写入数据，即数码管显示数字（点阵的行）
    Write_Max7219_byte(0x00);
    Write_Max7219_byte(0x00);
```

```
    Write_Max7219_byte(0x00);
    Write_Max7219_byte(0x00);
  Max7219_pinCS=1;
}
/**************************************************************
功能：向第 4 个 MAX7219 写入数据
入口参数：address、dat
**************************************************************/
void Write_Max7219_4(uchar address,uchar dat)
{
    Max7219_pinCS=0;
    Write_Max7219_byte(address);     //写入地址，即数码管编号（点阵的列）
    Write_Max7219_byte(dat);         //写入数据，即数码管显示数字（点阵的行）
    Write_Max7219_byte(0x00);
    Write_Max7219_byte(0x00);
    Write_Max7219_byte(0x00);
    Write_Max7219_byte(0x00);
    Write_Max7219_byte(0x00);
    Write_Max7219_byte(0x00);
  Max7219_pinCS=1;
}
/**************************************************************
功能：MAX7219 初始化
入口参数：无
**************************************************************/
void Init_MAX7219(void)
{
   …
}
void main(void)
{
    uchar i,j;
    Init_MAX7219();                                          //MAX7219 初始化
    while(1)
     {
       for(j=0;j<3;j++)
       {
           for(i=1;i<9;i++)                                  //显示第 1 个点阵
            Write_Max7219_1(i,disp1[j*4][i-1]);              //向 MAX7219 写入数据
            for(i=1;i<9;i++)                                 //显示第 3 个点阵
            Write_Max7219_3(i,disp1[j*4+1][i-1]);            //向 MAX7219 写入数据
           for(i=1;i<9;i++)                                  //显示第 2 个点阵
           Write_Max7219_2(i,disp1[j*4+2][i-1]);             //向 MAX7219 写入数据
           for(i=1;i<9;i++)                                  /显示第 4 个点阵
           Write_Max7219_4(i,disp1[j*4+3][i-1]);             //向 MAX7219 写入数据
           Delay_xms(10000);
                     }
           }
}
```

任务 7.2　倒车雷达测试

使用 STC15W 系列单片机作为控制器，选用 HC-SR04 超声波测距模块作为传感器，动态显示与障碍物的距离，实现倒车雷达功能。

7.2.1　倒车雷达

1. 超声波测距模块技术参数

依据超声波测距原理可以设计超声波测距电路。这里我们选用 HC-SR04 超声波测距模块，该模块由 2 个压电晶片（利用其谐振来工作）和 1 个共振板组成，有 VCC、trig（控制端）、echo（接收端）、GND 4 个引脚。其相关技术参数如表 7.5 所示。

表 7.5　HC-SR04 超声波测距模块技术参数

技术参数	参数要求
工作电压	DC5V
工作电流	15 mA
工作频率	40 Hz
最远射程	4 m
最近射程	2 cm
测量角度	15°
输入触发信号	10 μs 的 TTL 脉冲
输出回响信号	输出 TTL 电平信号与射程对应

2. 超声波工作分析

1）触发信号控制

超声波触发时序图如图 7.7 所示。单片机 I/O 端口接至 trig，编程产生 10 μs 高电平触发信号，触发超声波发出 40 kHz 的方波。

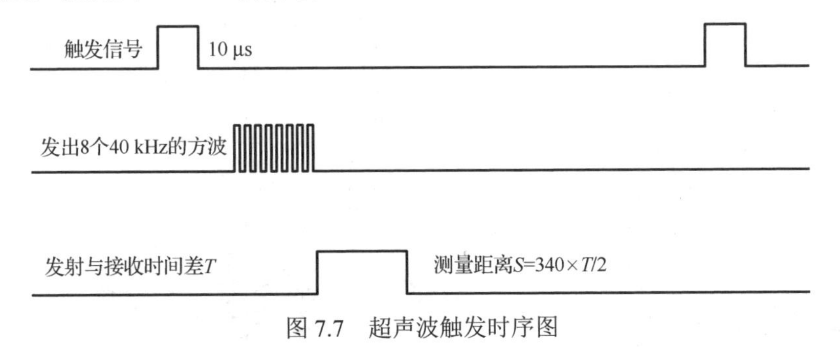

图 7.7　超声波触发时序图

2）激发超声波压电晶片共振

当 trig 接收到至少 10 μs 的高电平触发信号时，HC-SR04 超声波测距模块自动发送与超声波压电晶片固有振荡频率一致的 8 个 40 kHz 的方波，激发压电晶片共振，开始向外发送超声波，此时，在 echo（接单片机 I/O 端口）上产生高电平，表示开始发送超声波。

3）超声波发送时间计时

判断到 echo 有高电平后，启动定时器开始计时，直到 echo 接收到低电平，即超声波送出直到遇到障碍物返回的时间 T。

4）测距计算

由于定时器计时的是超声波→障碍物再返回到接收端的时间，所以到障碍物的时间为 $T/2$，超声波在空气中的传播速度为 340 m/s，测出的距离为 $S=340\times T/2$。

3. 倒车雷达系统组成

利用超声波测距原理，测量出障碍物到车体的距离，并通过数码管或 LCD 实时显示倒车距离。倒车雷达系统组成框图如图 7.8 所示。HC-SR04 超声波测距模块与单片机接口如图 7.9 所示。

trig 与 P2.0 相接，输出 10 μs 的高电平触发信号，用来触发超声波。echo 与 P2.1 相接，判定发出超声波及超声波返回信号。

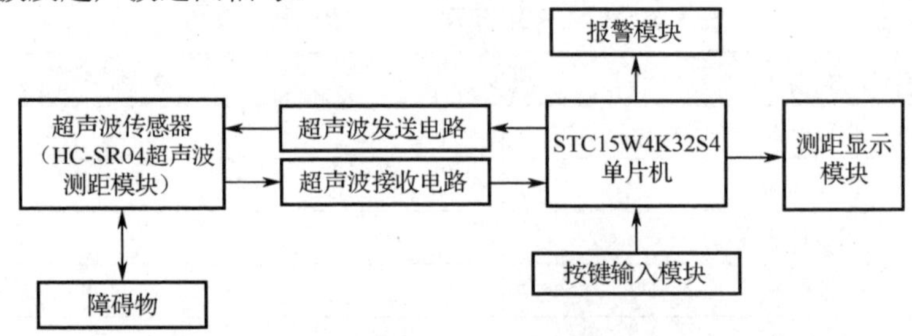

图 7.8　倒车雷达系统组成框图

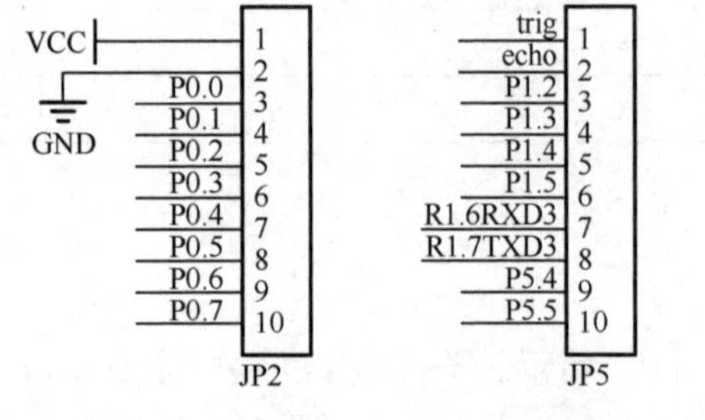

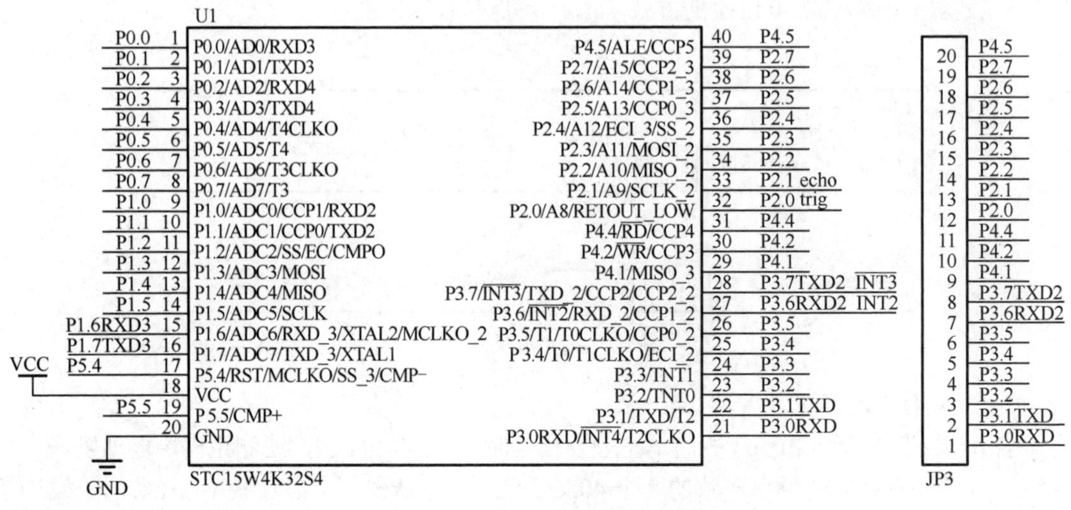

图 7.9　HC-SR04 超声波测距模块与单片机接口

4. 超声波测距流程

超声波测距流程图如图 7.10 所示。首先编程 P2.0 输出 10 μs 高电平触发信号，HC-SR04 超声波测距模块开始自动发出 8 个 40 kHz 的方波，待检测到 P2.1 变为高电平时，超声波测距模块开始发出超声波，此时启动定时器开始计时，待 P2.1 再次变为高电平，即超声波遇到障碍物返回时间。依据 S=340×T/2 即可实现倒车雷达测距。

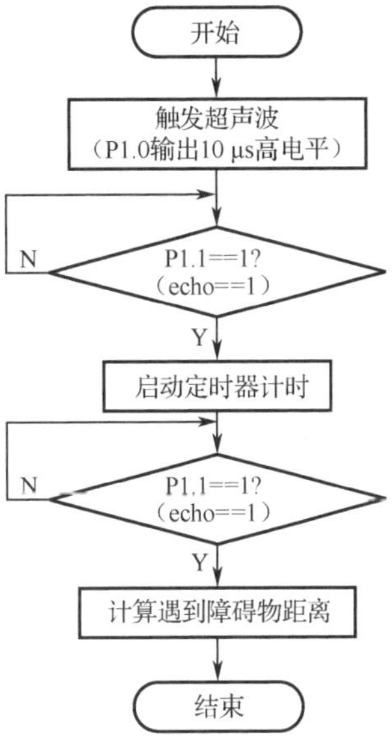

图 7.10 超声波测距流程图

测距参考程序如下：

```
u32 distance_get()
{
    u32 time=0;
    Trig=0;
    Trig=1;                    //高电平触发信号
    _nop_();
    _nop_();
    _nop_();
    _nop_();
    _nop_();
    _nop_();
    _nop_();
    Trig=0;
    while(!Echo);              //等待 echo 变为高电平
    TL0=0x00;
    TH0=0x00;
    TR0=1;                     //启动定时器 0 开始计时
    while(Echo);               //等待 echo 变为低电平
    TR0=0;                     //停止计时
    time = TH0*256+TL0;        //time μs
    distance=time*0.0170;      //cm 34000cm*10e-6*time/2
    return distance;
    }
_nop_()空指令，用来延时 10 μs，可以依据实际情况加减指令。
```

7.2.2 倒车雷达测试

分组任务

以 STC15W 系列单片机为控制器，使用 HC-SR04 超声波测距模块检测与障碍物的距离。要求系统能实时显示障碍物距离，并能超限报警（最大距离、最小距离）。

HC-SR04 超声波测距模块与单片机接口如图 7.9 所示，按键功能依据表 2.3 的 4×4 矩阵键盘定义，将预留键定义为测距按键。测距显示电路依据学习板原理图 8 位数码显示。

（1）完成以下任务。

① 绘制 HC-SR04 超声波测距模块原理图库元件。

② 绘制 HC-SR04 超声波测距模块与单片机接口电路。

③ 编程并测试障碍物距离及超限报警功能。

④ 撰写项目报告。

（2）实现以下功能。

① 开机，按下 OPEN 键，8 位数码管显示如下。

S	T	C	H	E	L	L	O

② 按下 RUN 键，程序运行，8 位数码管显示月份、日期、当前时间，如 8 月 8 日 8 时。

0	8	0	8	0	8.	0	O

③ 按下测距键，显示当前测试距离，保留小数点后 2 位。

S	T	C	-	3.	4	5	n

④ 按下 STOP 键，停止测试，显示如下。

S	T	C	H	E	L	L	O

⑤ 通过数字键设置最大距离、最小距离；超出最大距离或最小距离时，LED 闪烁报警。

（3）主程序流程。

主程序流程图如图 7.11 所示。参考程序为 u8 key_get()、void putout595(u8 dat)、void displayHello()、void putout595_Serial(u8 dat)，请查阅教材相关内容。

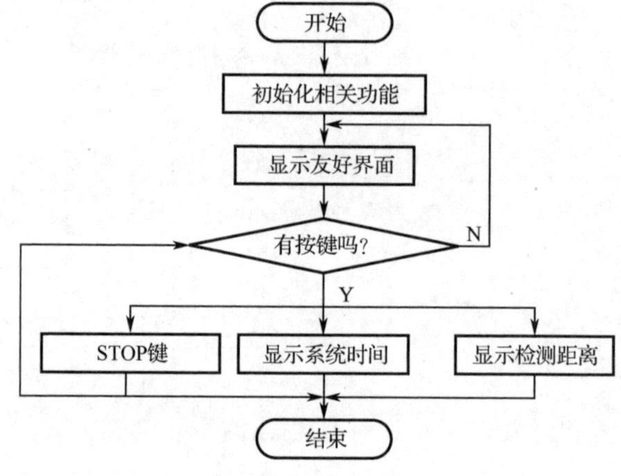

图 7.11　倒车雷达主程序流程图

任务 7.3　环境温度检测

选用 STC15W 系列单片机作为控制器，DS18B20 作为温度传感器，检测环境温度。

7.3.1　认识 DS18B20 温度传感器

1. DS18B20 时序分析

1）DS18B20 初始化时序图

DS18B20 间的任何通信都要以初始化序列开始，初始化时序图如图 7.12 所示。

（1）总线控制器先拉低总线并保持 480 μs 以发出一个复位脉冲，然后释放总线，进入接收状态。

（2）单总线由 4.7 kΩ 上拉电阻拉到高电平。

（3）当检测到 I/O 端口上的上升沿后，等待 15～60 μs，DS18B20 发出一个由 60～240 μs 低电平信号构成的存在脉冲。

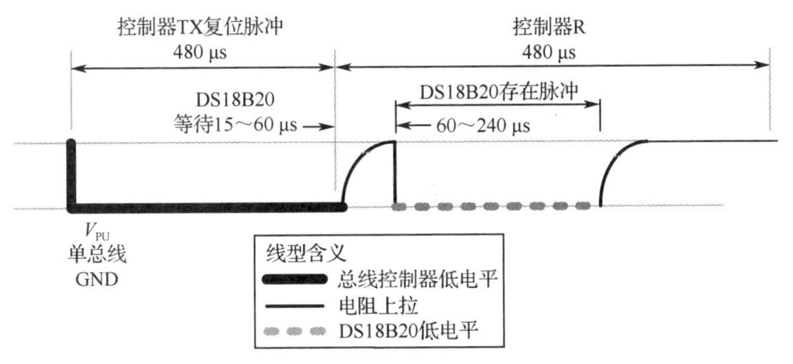

图 7.12　DS18B20 初始化时序图

小提示：图 7.12 是 1-Wire 总线信息，以不同的线型表示不同的信号。实粗线是总线控制器拉低这个引脚，虚粗线是 DS18B20 拉低这个引脚，细线是单片机和 DS18B20 释放总线后，依靠上拉电阻的作用把 I/O 端口拉上去。单片机释放总线输出高电平。

DS18B20 设备初始化，检测存在脉冲。代码如下：

```
bit Init_DS18B20(void)
{
    bit flag;
    DQ=1;
    _nop_();
    _nop_();
    _nop_();
    DQ=0;                            //拉低数据总线
    for(time=0;time<500;time++);     //延时 480～960 μs，主机产生复位信号
    DQ=1;                            //拉高电平释放总线
    for(time=0;time<45;time++);      //等待 15～60 μs
    flag=DQ;                         //读取传感器响应的复位信号，低电平
    for(time=0;time<500;time++);     //延时等待通信结束
    return flag;
}
```

2）控制器写时序图

写时序：总线控制器通过写 1、写 0 时序到 DS18B20。所有写时序必须最少持续 60 μs，包括 2 个写周期及至少 1 μs 的恢复时间。当总线控制器把数据线从逻辑高电平拉到低电平时，写时序开始，如图 7.13 所示。

（1）给 DS18B20 写入 0。控制器从 I/O 端口输出低电平，输出低电平时间为 60～120 μs。输出低电平 15 μs 后，DS18B20 开始对 I/O 端口采样 0，最早采样时间为 15 μs，典型采样时间为 30 μs，最多不会超过 60 μs。即 DS18B20 在 60 μs 以内采样完毕，控制器从 I/O 端口输

出低电平持续时间大于 60 μs 即可，释放总线。

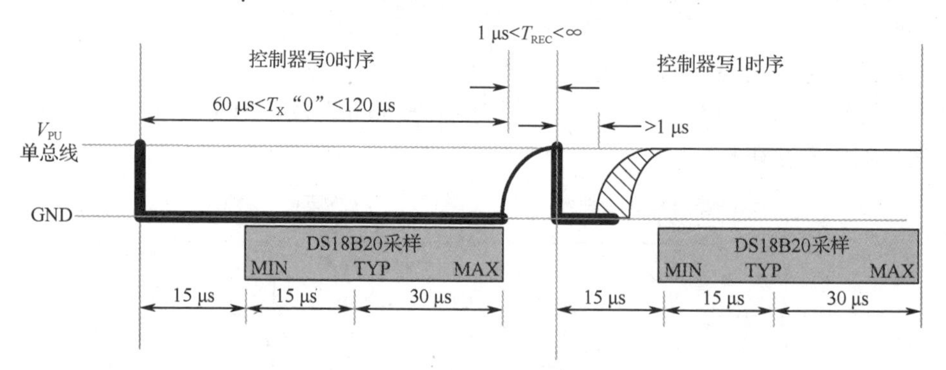

图 7.13 控制器写时序图

（2）给 DS18B20 写入 1。控制器从 I/O 端口输出大于 1 μs 的低电平后，输出高电平（释放总线），持续时间大于 60 μs。DS18B20 会在 15～60 μs 之间采样 1。

写数据至 DS18B20 参考程序：

```
void WriteOneChar(uchar dat)
{
    uchar i=0;
    for(i=0;i<8;i++)
    {
        DQ=1;
    _nop_();
    _nop_();
    _nop_();
        DQ=0;                                   //拉低数据总线
    _nop_();
    _nop_();
    _nop_();                                    //延时约 1 μs
    DQ=dat&0x01;                                //输出数据电平
    for(time=0;time<45;time++);                 //延时约 60 μs，DS18B20 在 15～60 μs
之间对数据采样
    DQ=1;                                       //释放数据线
    for(time=0;time<10;time++);                 //延时 4 μs，2 个写时序间至少需要 1 μs
的恢复期
        dat>>=1;
    }
    for(time=0;time<10;time++);
}
```

3）控制器读时序图

读时序：总线控制器发起读时序时，DS18B20 仅被用来传输数据给控制器。因此，总线控制器在发出读暂存器指令[0BEH]或读电源模式指令[0B4H]后必须立刻开始读时序，DS18B20 可以提供请求信息。除此之外，总线控制器在发出发送温度转换指令[44H]或召回 EEPROM 指令[B8H]之后开始读时序。

（1）控制器读取 DS18B20 信息 0 时，要先输出 1 μs 以上的低电平，然后释放引脚（输出高电平），释放后要尽快读取。从图 7.14 中可以看到，控制器从输出低电平到读取 DS18B20 信息的时间不能超过 15 μs。

（2）控制器读取 DS18B20 信息 1 时，从 I/O 端口输出大于 1 μs 的低电平后，输出高电平（释放总线），控制器采样时间同样不能超过 15 μs。

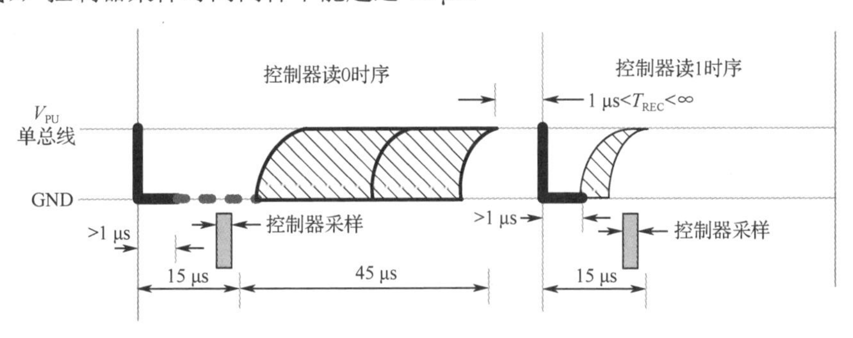

图 7.14 控制器读时序图

控制器读取 DS18B20 数据参考程序：

```
uchar ReadOneChar(void)
{
    uchar i=0;
    uchar dat;
    for(i=0;i<8;i++)
    {
      DQ=1;
    _nop_();
    _nop_();
    _nop_();
     DQ=0;         //拉低数据总线
    _nop_();
    _nop_();
    _nop_();
     DQ=1;         //人为拉高释放总线信号，为单片机检测 DS18B20 的输出电平做准备
     for(time=0;time<15;time++);
//延时约 8 μs，单片机在上面开始拉低起 15 μs 内对数据总线信号进行采样
     dat>>=1;
     if(DQ==1) dat|=0x80;
     else dat|=0x00;
     for(time=0;time<75;time++); //延时约 60 μs，2 个读时序间至少需要 60 μs 间隔
    }
    return dat;
}
```

读取温度值参考程序：

```
int ReadyReadTemp(void)
{
```

```
        uchar Temp_H, Temp_L;           //用于存储温度的高 8 位和低 8 位
        uint Temp;
        Init_DS18B20();                 //复位
        WriteOneChar(0xcc);             //跳过 ROM
        WriteOneChar(0x44);             //发送温度变换指令
        delayms(2);                     //等待 200 ms
        Init_DS18B20();                 //复位
        WriteOneChar(0xcc);             //跳过 ROM 读写
        WriteOneChar(0xbe);             //发送开始读取温度数据指令
        Temp_L = ReadOneChar();         //先读低 8 位数据
        Temp_H = ReadOneChar();         //再读高 8 位数据
        Temp = (Temp_H<<8)+Temp_L;
        if(Temp>0x8000)
        {
            return (~Temp)+1;           //温度为负值，DS18B20 输出为补码
        }
      Else
      {
            return Temp;
        }
}
```

小经验：1-Wire 总线开始前需要检测是否存在 DS18B20 这个设备。如果这条总线上存在 DS18B20，那么总线会根据时序要求返回一个低电平脉冲；如果不存在，那么总线保持为高电平，所以习惯上称为检测存在脉冲。

7.3.2 课堂挑战：环境温度检测

以 STC15W 系列单片机为控制器，使用 DS18B20 检测环境温度。要求能实时显示环境温度，并能通过按键输入上/下限温度。

DS18B20 与单片机接口电路如图 7.15 所示，按键功能依据表 2.3 的 4×4 矩阵键盘定义，将预留键定义为环境温度检测按键。温度显示电路依据学习板原理图 8 位数码显示。

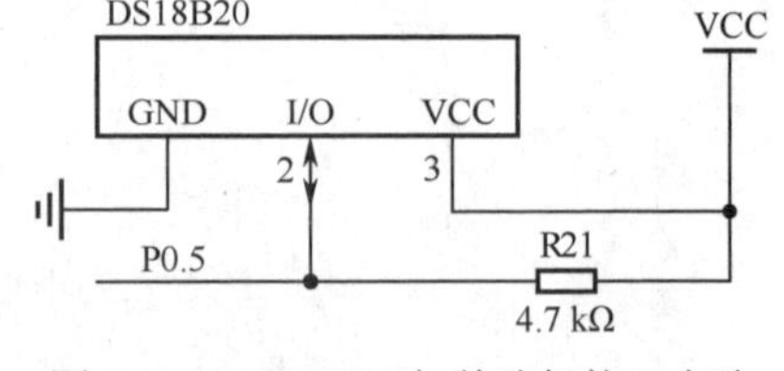

图 7.15　DS18B20 与单片机接口电路

（1）完成以下任务。

① 绘制 DS18B20 与单片机接口电路。

② 编程检测当前环境温度并在线显示。

③ 设定上/下限温度报警功能。

④ 绘制温度检测主程序流程图。

⑤ 绘制相关中断源流程图。

（2）实现以下功能。

① 开机，按下 OPEN 键，8 位数码管显示如下。

P	T	C	H	E	L	L	O

② 按下 RUN 键，程序运行，8 位数码管显示月份、日期、当前时间，如 8 月 8 日 8 时。

0	8	0	8	0	8.	0	0

③ 按下温度检测键，显示当前温度，保留小数点后 2 位。

P	T	C	-	3	0.	2	5

④ 按下 STOP 键，停止测试，显示如下。

P	T	C	H	E	L	L	O

⑤ 通过数字键设置上/下限温度；超出上/下限温度时，LED 闪烁报警。

（3）参考答案。

① DS18B20 与单片机接口电路如图 7.15 所示。数据线经 P0.5 输入，采用电源供电方式。

② 显示函数参考程序（参看主板原理图）：

```
#define   MAIN_Fosc   24000000L       //下载时设置的运行时钟
#include    "STC15Fxxxx.H"
#include <DS18B20.h>
void tempDisplay(int num);
void delay(u16 t);
void putout595(u8 dat);               //设定 74HC595 的控制引脚
sbit smgDat = P1^6;
sbit smgClk = P1^7;
sbit smgRck = P5^4;                   //共阴极数码管字形码
unsigned char  smgTable[] =
{0xfc,0x60,0xda,0xf2,0x66,0xb6,0xbe,0xe0,0xfe,0xf6};
void tempDisplay(int temp) {
 u32 num=0;
 u8 count=0;
    if(temp<0){
    num=-temp;                        ////////显示负号
      smgRck = 0;
    putout595(0Xdf);                  //第 3 位数码管位选
    putout595(0X02);                  //-号字形码
    smgRck = 1;
    delay(1);
    smgRck = 0;
    putout595(0X00);
    putout595(0X00);
    smgRck = 1;
    }
    else
        num=temp;
 for(count=0;count<4;count++){            //显示小数点前后各两位
    smgRck = 0;
```

```
    putout595(_crol_(0xfd, count));     //倒数第 2 位开始显示
     if(count==2)
    putout595(smgTable[num%10]|0x01);   //增加小数点
     else
     putout595(smgTable[num%10]);       //????????
    smgRck = 1;
    num= num/10;
    delay(1);
    smgRck = 0;
    putout595(0X00);
    putout595(0X00);
    smgRck = 1;

}
 ////////////////最后 1 位显示 C
      smgRck = 0;
    putout595(0Xfe);          //最后 1 位位选
    putout595(0x9c);          //C 的字形码
    smgRck = 1;
       delay(1);
       smgRck = 0;
    putout595(0X00);
    putout595(0X00);
    smgRck = 1;
}
```

③ 温度运算相关函数：

```
void main(void) {
    int temp_i=0;
    float temp=0;
    P1M1 = 0;   P1M0 = 0;         //设置为准双向口
    P5M1 = 0;   P5M0 = 0;         //设置为准双向口
      P2M1 = 0; P2M0 = 0;         //设置为准双向口
    while(1) {
            temp=0;
            temp_i=ReadyReadTemp();
      temp=temp_i*0.0625;         //根据技术手册分辨率为 0.0625 ℃
            temp=temp*100+0.5;   //为了获得最低位的四舍五入值，小于 1 都舍去
      tempDisplay((int)temp);    //实参传递数码管显示数值
    }
}
void delay(u16 t) {
     u16 i;
     do{
          i = 2000;
          while(--i);
     }while(--t);
```

```
    }
    void putout595(u8 dat) {
        u8 i;
        for(i=0; i<8; i++) {
            smgClk = 0;
            smgDat = dat&0x01;
            smgClk = 1;
            dat = _cror_(dat, 1);
        }
    }
```

④ 相关头文件：

```
#ifndef _DS18B20_H_
#define _DS18B20_H_
#include    "STC15Fxxxx.H"
typedef unsigned char uchar;
typedef unsigned int  uint;
sbit DQ=P0^5
bit Init_DS18B20(void);
int ReadyReadTemp(void);
void delayms(uchar t);
#endif
```

小知识：DS18B20 表示温度，有小数和整数两部分。常用带小数的数据处理方法有两种。①定义成浮点型直接处理；②定义成整型（定点运算），把小数和整数分离出来，在合适的位置上点上小数点。定点运算相对容易处理。

附录 A　增强型 PWM 波形发生器相关功能寄存器

符号	描述	地址	位址及符号								初始值
			B7	B6	B5	B4	B3	B2	B1	B0	
P_SW2	端口配置寄存器	BAH	EAXSFR	DBLPWR	P31PU	P30PU	—	S4_S	S3_S	S2_S	0000,0000
PWMCFG	PWM 配置	F1H	—	CBTADC	C7INI	C6INI	C5INI	C4INI	C3INI	C2INI	0000,0000
PWMCR	PWM 控制	F5H	ENPWM	ECBI	ENC7O	ENC6O	ENC5O	ENC4O	ENC3O	ENC2O	0000,0000
PWMIF	PWM 中断标志	F6H	—	CBIF	C7IF	C6IF	C5IF	C4IF	C3IF	C2IF	x000,0000
PWMFDCR	PWM 外部异常控制	F7H	—	—	ENFD	FLTFLIO	EFDI	FDCMP	FDIO	FDIF	xx00,0000
PWMCH	PWM 计数器高位	FFF0H	—	PWMCH[14:8]							x000,0000
PWMCL	PWM 计数器低位	FFF1H	PWMCL[7:0]								0000,0000
PWMCKS	PWM 时钟选择	FFF2H	—	—	—	SELT2	PS[3:]				xxx0,0000
PWM2T1H	PWM2T1 计数高位	FF00H	—	PWM2T1H[14:]							x000,0000
PWM2T1L	PWM2T1 计数低位	FF01H	PWM2T1L[7:]								0000,0000
PWM2T2H	PWM2T2 计数高位	FF02H	—	PWM2T2H[14:]							x000,0000
PWM2T2L	PWM2T2 计数低位	FF03H	PWM2T2L[7:]								0000,0000
PWM2CR	PWM2 控制	FF04H	—	—	—	—	PWM2_PS	EPWM2I	EC2T2SI	EC2T1SI	xxxx,0000
PWM3T1H	PWM3T1 计数高位	FF10H	—	PWM3T1H[14:]							x000,0000
PWM3T1L	PWM3T1 计数低位	FF11H	PWM3T1L[7:]								0000,0000
PWM3T2H	PWM3T2 计数高位	FF12H	—	PWM3T2H[14:]							x000,0000
PWM3T2L	PWM3T2 计数低位	FF13H	PWM3T2L[7:]								0000,0000
PWM3CR	PWM3 控制	FF14H	—	—	—	—	PWM3_PS	EPWM3I	EC3T2SI	EC3T1SI	xxxx,0000
PWM4T1H	PWM4T1 计数高位	FF20H	—	PWM4T1H[14:]							x000,0000
PWM4T1L	PWM4T1 计数低位	FF21H	PWM4T1L[7:]								0000,0000
PWM4T2H	PWM4T2 计数高位	FF22H	—	PWM4T2H[14:]							x000,0000
PWM4T2L	PWM4T2 计数低位	FF23H	PWM4T2L[7:]								0000,0000
PWM4CR	PWM4 控制	FF24H	—	—	—	—	PWM4_PS	EPWM4I	EC4T2SI	EC4T1SI	xxxx,0000
PWM5T1H	PWM5T1 计数高位	FF30H	—	PWM5T1H[14:]							x000,0000
PWM5T1L	PWM5T1 计数低位	FF31H	PWM5T1L[7:]								0000,0000
PWM5T2H	PWM5T2 计数高位	FF32H	—	PWM5T2H[14:]							x000,0000
PWM5T2L	PWM5T2 计数低位	FF33H	PWM5T2L[7:]								0000,0000
PWM5CR	PWM5 控制	FF34H	—	—	—	—	PWM5_PS	EPWM5I	EC5T2SI	EC5T1SI	xxxx,0000
PWM6T1H	PWM6T1 计数高位	FF40H	—	PWM6T1H[14:]							x000,0000
PWM6T1L	PWM6T1 计数低位	FF41H	PWM6T1L[7:]								0000,0000
PWM6T2H	PWM6T2 计数高位	FF42H	—	PWM6T2H[14:]							x000,0000
PWM6T2L	PWM6T2 计数低位	FF43H	PWM6T2L[7:]								0000,0000
PWM6CR	PWM6 控制	FF44H	—	—	—	—	PWM6_PS	EPWM6I	EC6T2SI	EC6T1SI	xxxx,0000
PWM7T1H	PWM7T1 计数高位	FF50H	—	PWM7T1H[14:]							x000,0000
PWM7T1L	PWM7T1 计数低位	FF51H	PWM7T1L[7:]								0000,0000
PWM7T2H	PWM7T2 计数高位	FF52H	—	PWM7T2H[14:]							x000,0000
PWM7T2L	PWM7T2 计数低位	FF53H	PWM7T2L[7:]								0000,0000
PWM7CR	PWM7 控制	FF54H	—	—	—	—	PWM7_PS	EPWM7I	EC7T2SI	EC7T1SI	xxxx,0000

附录B　STC15W系列单片机指令表

指令中所用符号和含义如下。

Rn——当前工作寄存器组的 8 个工作寄存器（n=0～7）。

Ri——可用于间接寻址的寄存器，只能是当前寄存器组中的 2 个寄存器 R0、R1（i=0、1）。

direct——内部 RAM 中的 8 位地址（包括内部 RAM 低 128 单元地址和专用寄存器单元地址）。

#data——8 位常数。

#data16——16 位常数。

addr16——16 位目的地址，只限于在 LCALL 和 LJMP 指令中使用。

addr11——11 位目的地址，只限于在 ACALL 和 AJMP 指令中使用。

rel——相对转移指令中的 8 位带符号偏移量。

DPTR——数据指针，16 位寄存器，可用作 16 位地址寻址。

SP——堆栈指针，用来保护有用数据。

bit——内部 RAM 或专用寄存器中的直接寻址位。

A——累加器。

B——专用寄存器，用于乘法指令、除法指令或暂存器。

C——进位标志或进位位，或者布尔处理机中的累加器。

@——间接寻址寄存器的前缀标志，如@Ri、@DPTR。

/——位操作数的前缀，表示对位操作数取反，如/bit。

（×）——以×的内容为地址的单元中的内容，X 为表示指针的寄存器 R*i*（*i*=0、1）、DPTR、SP（R*i*、DPTR、SP 的内容均为地址）或直接地址单元。例如，为了区别地址单元 30H 与立即数 30H，注释时，表述地址单元时用括号，如（30H），立即数直接表示 30H。

$——表示当前指令的地址。

<=>——表示数据交换。

→——箭头左边的内容传送给箭头右边。

十六进制代码	助记符		功能说明	字节数	传统 8051 单片机所需时钟	STC15W 系列单片机所需时钟	效率提升
算术操作类指令							
28～2F	ADD	A, Rn	A+ Rn→A	1	12	1	12 倍
25	ADD	A, direct	A+(direct)→A	2	12	2	6 倍
26, 27	ADD	A, @Ri	A+(Ri)→A	1	12	2	6 倍
24	ADD	A, #data	A+ data→A	2	12	2	6 倍
38～3F	ADDC	A, Rn	A+ Rn+CY→A	1	12	1	12 倍
35	ADDC	A, direct	A+(direct)+CY→A	2	12	2	6 倍
36, 37	ADDC	A, @Ri	A+(Ri)+CY→A	1	12	2	6 倍
34	ADDC	A, #data	A+ data +CY→A	2	12	2	6 倍
98～9F	SUBB	A, Rn	A−Rn−CY→A	1	12	1	6 倍

续表

十六进制代码	助记符		功能说明	字节数	传统 8051 单片机所需时钟	STC15W 系列单片机所需时钟	效率提升
95	SUBB	A, direct	A−(direct)−CY→A	2	12	2	6 倍
96, 97	SUBB	A, @Ri	A−(Ri)−CY→A	1	12	2	6 倍
94	SUBB	A, #data	A−data−CY→A	2	12	2	6 倍
04	INC	A	A+1→A	1	12	1	12 倍
08～0F	INC	Rn	Rn+1→Rn	1	12	2	6 倍
05	INC	direct	(direct)+1→(direct)	2	12	3	4 倍
06, 07	INC	@Ri	(Ri)+1→(Ri)	1	12	3	4 倍
A3	DEC	A	DPTR+1→DPTR	1	12	1	12 倍
14	DEC	Rn	A−1→A	1	12	2	6 倍
18～1F	DEC	direct	Rn−1→Rn	2	12	3	4 倍
15	DEC	@Ri	(direct)−1→(direct)	1	12	3	4 倍
16, 17	INC	DPTR	(Ri)−1→(Ri)	1	24	1	24 倍
A4	MUL	AB	A*B→BA	1	48	2	24 倍
84	DIV	AB	A/B→A…B	1	48	6	8 倍
D4	DA	A	对 A 进行十进制调整	1	12	3	4 倍
逻 辑 操 作 指 令							
58～5F	ANL	A, Rn	A∧ Rn→A	1	12	1	12 倍
55	ANL	A, direct	A∧(direct)→A	2	12	2	6 倍
56, 57	ANL	A, @Ri	A∧(Ri)→A	1	12	2	6 倍
54	ANL	A, #data	A∧data→A	2	12	2	6 倍
52	ANL	direct, A	(direct)∧A→(direct)	2	12	3	4 倍
53	ANL	direct, #data	(direct)∧ data→(direct)	3	24	3	8 倍
48～4F	ORL	A, Rn	A∨Rn→A	1	12	1	12 倍
45	ORL	A, direct	A∨(direct)→A	2	12	2	6 倍
46, 47	ORL	A, @Ri	A∨(Ri)→A	1	12	2	6 倍
44	ORL	A, #data	A∨data→A	2	12	2	6 倍
42	ORL	direct, A	(direct)∨A→(direct)	2	12	3	4 倍
43	ORL	direct, #data	(direct)∨data →(direct)	3	24	3	8 倍
68～6F	XRL	A, Rn	A⊕Rn→A	1	12	1	12 倍
65	XRL	A, direct	A⊕(direct)→A	2	12	2	6 倍
66, 67	XRL	A, @Ri	A⊕(Ri)→A	1	12	2	6 倍
64	XRL	A, #data	A⊕data→A	2	12	2	6 倍
62	XRL	direct, A	(direct)⊕A→(direct)	2	12	3	4 倍
63	XRL	direct, #data	(direct)⊕ data →(direct)	3	24	3	8 倍

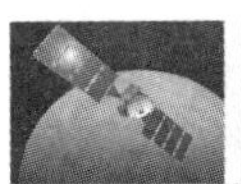

续表

十六进制代码	助记符		功能说明	字节数	传统8051单片机所需时钟	STC15W系列单片机所需时钟	效率提升
E4	CLR	A	0→A	1	12	1	12倍
F4	CPL	A	$\overline{A}$→A	1	12	1	12倍
23	RL	A	A循环左移一位	1	12	1	12倍
33	RLC	A	A带进位位循环左移一位	1	12	1	12倍
03	RR	A	A循环右移一位	1	12	1	12倍
13	RRC	A	A带进位位循环右移一位	1	12	1	12倍
C4	SWAP	A	A半字节交换	1	12	1	12倍
数据传送类指令							
E8～EF	MOV	A, Rn	Rn→A	1	12	1	12倍
E5	MOV	A, direct	(direct)→A	2	12	2	6倍
E6, E7	MOV	A, @Ri	(Ri)→A	1	12	2	6倍
74	MOV	A, #data	data→A	2	12	2	6倍
F8～FF	MOV	Rn, A	A→Rn	1	12	1	12倍
A8～AF	MOV	Rn, direct	(direct)→Rn	2	24	3	8倍
78～7F	MOV	Rn, #data	data→Rn	2	12	2	6倍
F5	MOV	direct, A	A→(direct)	2	12	2	6倍
88～8F	MOV	direct, Rn	direct→Rn	2	24	2	12倍
85	MOV	direct, direct	(direct2)→(direct1)	3	24	3	8倍
86, 87	MOV	direct, @Ri	(Ri)→(direct)	2	24	3	8倍
75	MOV	direct, #data	data→(direct)	3	24	3	8倍
F6, F7	MOV	@Ri, A	A→(Ri)	1	12	2	6倍
A6, A7	MOV	@Ri, direct	(direct)→(Ri)	2	24	3	8倍
76, 77	MOV	@Ri, #data	data→(Ri)	2	12	2	6倍
90	MOV	DPTR, #data16	data16→DPTR	3	24	3	8倍
93	MOVC	A, @A+DPTR	A+DPTR→A	1	24	5	4.8倍
83	MOVC	A, @A+PC	A+PC→A	1	24	4	6倍
E2, E3	MOVX	A, @Ri	(Ri)→A	1	24	3	8倍
E0	MOVX	@Ri, A	(DPTR)→A	1	24	4	8倍
F2, F3	MOVX	A, @DPTR	A→(Ri)	1	24	2	12倍
F0	MOVX	@DPTR, A	A→(DPTR)	1	24	3	8倍
E2, E3	MOVX	A, @Ri	(Ri)→A	1	24	5×N+2 N：表后说明	*Note1
E0	MOVX	@Ri, A	(DPTR)→A	1	24	5×N+3 N：表后说明	*Note1

续表

十六进制代码	助记符		功能说明	字节数	传统 8051 单片机所需时钟	STC15W 系列单片机所需时钟	效率提升
F2, F3	MOVX	A, @DPTR	A→(Ri)	1	24	5×N+1 N：表后说明	*Note1
F0	MOVX	@DPTR, A	A→(DPTR)	1	24	5×N+2 N：表后说明	*Note1
C0	PUSH	direct	SP+1→SP (direct)→SP	2	24	3	8 倍
D0	POP	direct	SP→(direct) SP−1→SP	2	24	2	12 倍
C8～CF	XCH	A, Rn	A<=>Rn	1	12	2	6 倍
C5	XCH	A, direct	A<=>(direct)	2	12	3	4 倍
C6, C7	XCH	A, @Ri	A<=>(Ri)	1	12	3	4 倍
D6, D7	XCHD	A, @Ri	A0~3<=>(Ri) 0~3	1	12	3	4 倍
布 尔 变 量 操 作 类 指 令							
C3	CLR	C	0→CY	1	12	1	12 倍
C2	CLR	bit	0→bit	2	12	3	4 倍
D3	SETB	C	1→CY	1	12	1	12 倍
D2	SETB	bit	1→bit	2	12	3	4 倍
B3	CPL	C	$\overline{CY}$ →CY	1	12	1	12 倍
B2	CPL	bit	$\overline{bit}$ →bit	2	12	3	4 倍
82	ANL	C, bit	CY∧bit→CY	2	24	2	12 倍
B0	ANL	C, /bit	CY∧ $\overline{bit}$ →CY	2	24	2	12 倍
72	ORL	C, bit	CY∨bit→CY	2	24	2	12 倍
A0	ORL	C, /bit	CY∨ $\overline{bit}$ →CY	2	24	2	12 倍
A2	MOV	C, bit	bit→CY	2	12	2	12 倍
92	MOV	bit, C	CY→bit	2	24	3	8 倍
	控 制 转 移 类 指 令						
*1	ACALL	addr11	PC+2→PC, SP+1→SP (PC)0～7→（SP）， SP+1→SP (PC)8～15→（SP） addr11→(PC)10～0	2	24	4	6 倍
12	LCALL	addr16	PC+3→PC, SP+1→SP (PC)0～7→（SP）， SP+1→SP (PC)8～15→（SP） addr16→PC	3	24	4	6 倍
22	RET		SP→(PC)8~15, SP−1→SP SP→(PC)0～7, SP−1→SP	1	24	4	6 倍

续表

十六进制代码	助记符		功能说明	字节数	传统8051单片机所需时钟	STC15W系列单片机所需时钟	效率提升
32	RETI		SP→(PC)8~15, SP−1→SP SP→(PC)0~7, SP−1→SP 中断返回	1	24	4	6倍
*1	AJMP	addr11	PC+2→PC addr11→(PC)10~0	2	24	3	8倍
02	LJMP	addr16	SP→$(PC)_{8\sim15}$, SP−1→SP SP→$(PC)_{0\sim7}$, SP−1→SP	3	24	4	6倍
80	SJMP	rel	PC+2→PC, rel→PC	2	24	3	8倍
73	JMP	@A+DPTR	A+ DPTR→PC	1	24	5	4.8倍
60	JZ	rel	A=0, rel→PC A≠0, PC+2→PC	2	24	4	6倍
70	JNZ	rel	A≠0, rel→PC A=0, PC+2→PC	2	24	4	6倍
40	JC	rel	PC+2→PC, rel→PC	2	24	3	8倍
50	JNC	rel	A+ DPTR→PC	2	24	3	8倍
20	JB	bit, rel	A=0, rel→PC A≠0, PC+2→PC	3	24	5	4.8倍
30	JNB	bit, rel	A≠0, rel→PC A=0, PC+2→PC	3	24	5	4.8倍
10	JBC	bit, rel	CY=1, rel→PC CY=0, PC+2→PC	3	24	5	4.8倍
B5	CJNE	A, direct, re1	A≠(direct), rel→PC A=(direct), PC+3→PC	3	24	5	4.8倍
B4	CJNE	A, #data, re1	A≠data, rel→PC A= data, PC+3→PC	3	24	4	6倍
B8~BF	CJNE	Rn, #data, re1	Rn≠data, rel→PC Rn = data, PC+3→PC	3	24	4	6倍
B6～B7	CJNE	@Ri, #data, re1	(Ri) ≠data, rel→PC (Ri)=data, PC+3→PC	3	24	5	4.8倍
D8～DF	DJNZ	Rn, re1	Rn−1≠0, rel→PC Rn−1=0, PC+2→PC	2	24	4	6倍
D5	DJNZ	direct, re1	(direct)−1≠0, rel→PC (direct)−1=0, PC+3→PC	3	24	5	4.8倍
00	NOP		空操作，PC+1→PC	1	12	1	12倍

当EXRTS[1:0]=[0,0]时，N=1；

当EXRTS[1:0]=[0,1]时，N=2；

当EXRTS[1:0]=[1,0]时，N=4；

当EXRTS[1:0]=[1,1]时，N=8。

EXRTS[1:0]为寄存器BUS_SPEED中的B1、B0。

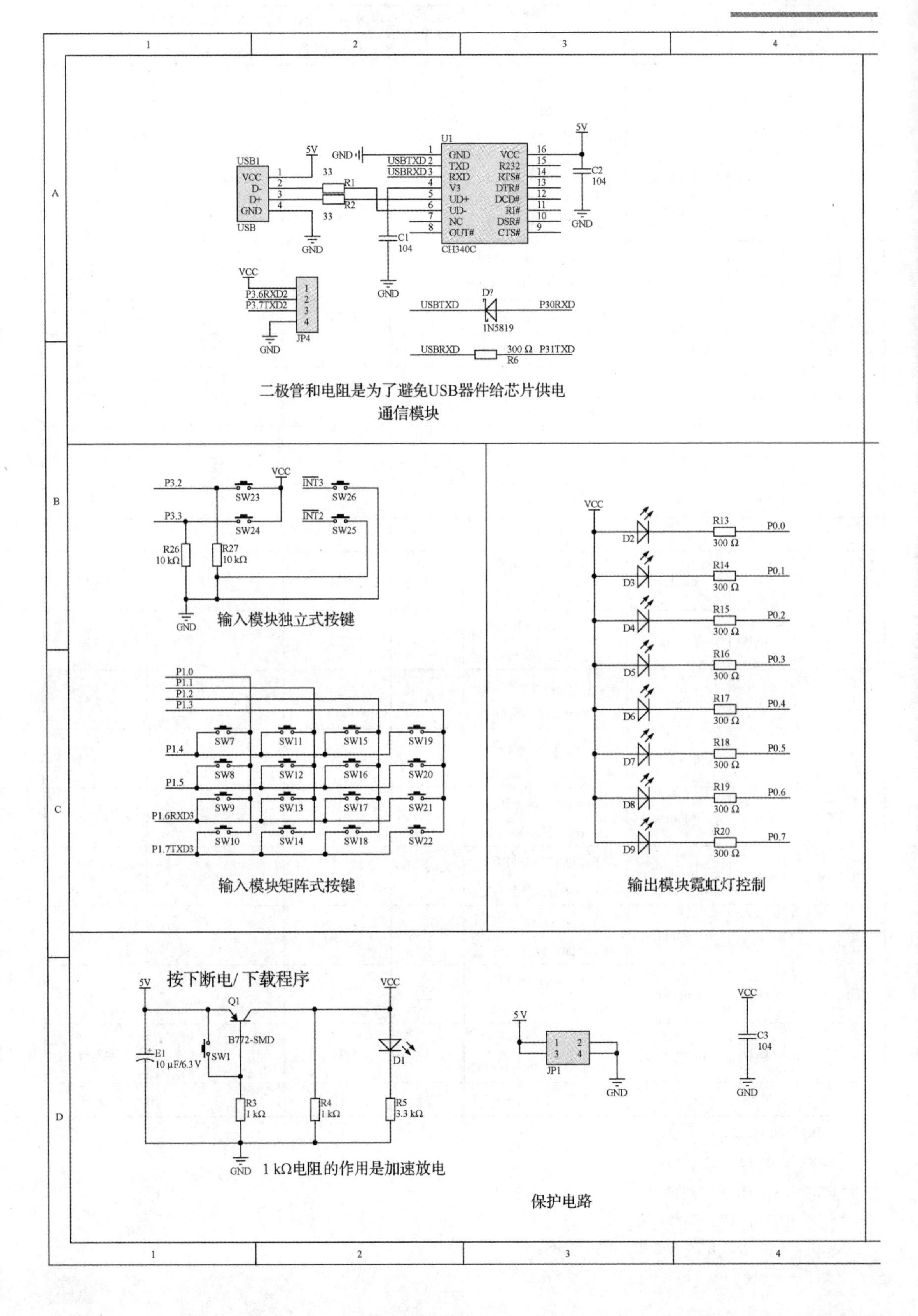

USB1
VCC
D-
D+
GND
USB
5V
33
R1
R2
GND
U1
GND
TXD
RXD
V3
UD+
UD-
NC
OUT#
VCC
R232
RTS#
DTR#
DCD#
RI#
DSR#
CTS#
USBTXD
USBRXD
CH340C
C1
104
C2
104
VCC
P3.6RXD2
P3.7TXD2
JP4
D?
1N5819
P30RXD
300 Ω
P31TXD
R6
二极管和电阻是为了避免USB器件给芯片供电
通信模块
P3.2
P3.3
SW23
SW24
INT3
INT2
SW26
SW25
R26
10 kΩ
R27
10 kΩ
输入模块独立式按键
P1.0
P1.1
P1.2
P1.3
P1.4
P1.5
P1.6RXD3
P1.7TXD3
输入模块矩阵式按键
R13
300 Ω
P0.0
P0.1
P0.2
P0.3
P0.4
P0.5
P0.6
P0.7
输出模块霓虹灯控制
按下断电/ 下载程序
Q1
B772-SMD
E1
10 μF/6.3 V
SW1
D1
R3
1 kΩ
R4
1 kΩ
R5
3.3 kΩ
1 kΩ电阻的作用是加速放电
JP1
C3
104
保护电路

学习板原理图

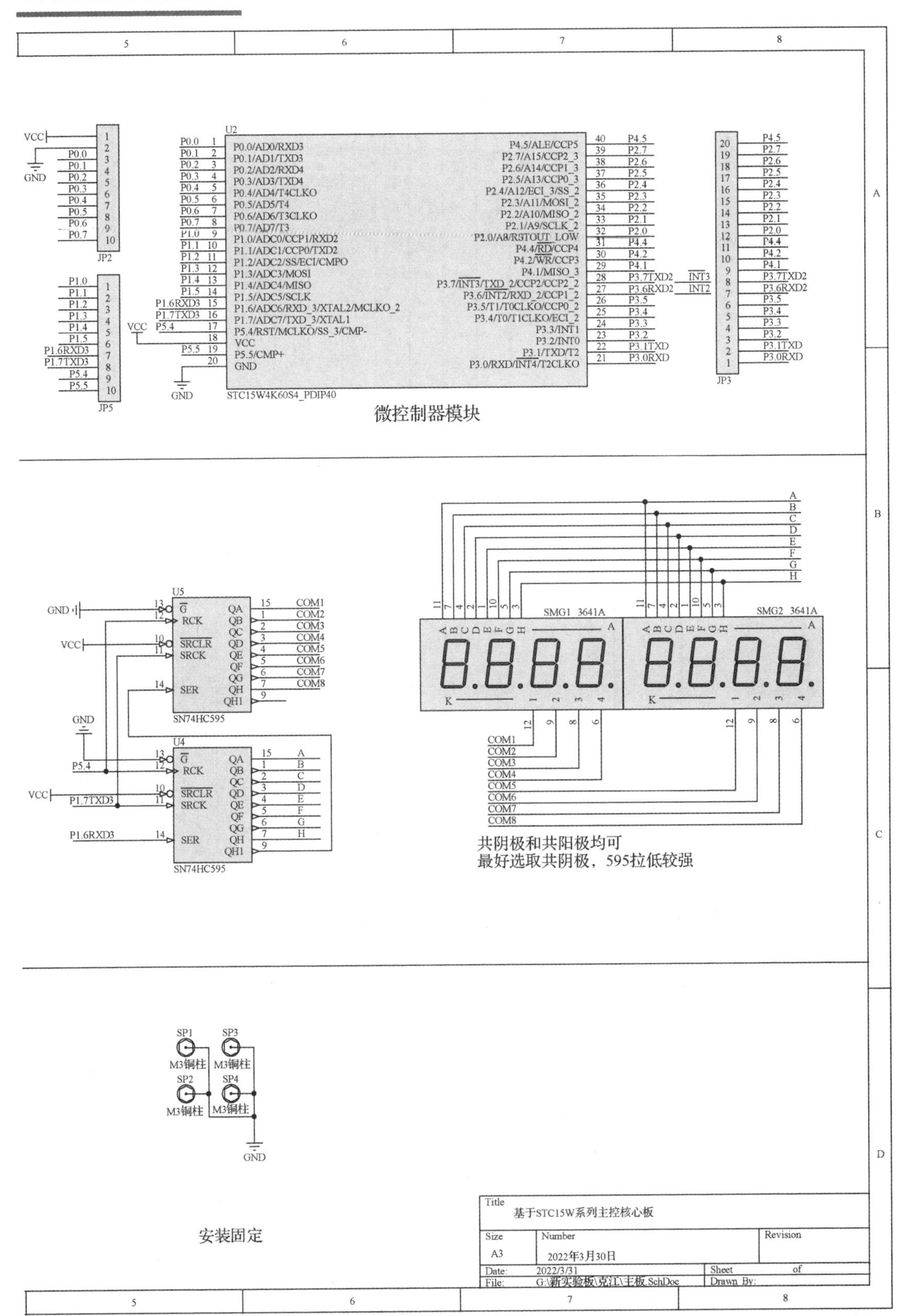
微控制器模块
STC15W4K60S4_PDIP40
SN74HC595
SMG1 3641A
SMG2 3641A
共阴极和共阳极均可
最好选取共阴极，595拉低较强
M3铜柱
安装固定
Title
基于STC15W系列主控核心板
Size
A3
Number
2022年3月30日
Revision
Date: 2022/3/31
Sheet of
File: G:\新实验板\克江\主板.SchDoc
Drawn By:

附录 D　STC15W 系列单片机特殊功能寄存器

序号	特殊功能寄存器	RAM 地址	位符号								功能	复位值
1	*P0	80H	P0.7	P0.6	P0.5	P0.4	P0.3	P0.2	P0.1	P0.0	I/O 接口，P0 口	1111 1111B
2	SP	81H									堆栈指针	0000 0111B
3	DPL	82H									数据指针（低）	0000 0000B
4	DPH	83H									数据指针（高）	0000 0000B
5	S4CON	84H	S4SM0	S4ST4	S4SM2	S4REN	S4TB8	S4RB8	S4TI	S4R	串行口 4 控制寄存器	0000 0000B
6	S4BUF	85H									串行口 4 数据缓冲器	xxxx xxxxB
7	PCON	87H	SMOD	SMOD0	LVDF	POF	GF1	GF0	PD	IDL	电源控制及波特率倍增寄存器	0011 0000B
8	*TCON	88H	TF1	TR1	TF0	TR0	IE1	IT1	IE0	IT0	定时器控制寄存器	0000 0000B
9	TMOD	89H	GATE	C/	M1	M0	GATE	C/	M1	M0	定时器工作方式选择寄存器	0000 0000B
10	TL0	8AH									定时器 0 低 8 位	0000 0000B
11	TL1	8BH									定时器 1 低 8 位	0000 0000B
12	TH0	8CH									定时器 0 高 8 位	0000 0000B
13	TH1	8DH									定时器 1 高 8 位	0000 0000B
14	AUXR	8EH	T0X12	T1X12	UART_M0X6	T2R	T2_C/	T2X12	EXTRAM	S1ST2	辅助寄存器	0000 0001B
15	INT_CLKO AUXR2	8FH		EX4	EX3	EX2	MCKO_S2	T2CLKO	T1CLKO	T0CLKO	外部中断允许和时钟输出寄存器	x000 0000B
16	*P1	90H	P1.7	P1.6	P1.5	P1.4	P1.3	P1.2	P1.1	P1.0	I/O 接口，P1 口	1111 1111B
17	P1M1	91H									P1 口模式配置寄存器 1	0000 0000B
18	P1M0	92H									P1 口模式配置寄存器 0	0000 0000B
19	P0M1	93H									P0 口模式配置寄存器 1	0000 0000B
20	P0M0	94H									P0 口模式配置寄存器 0	0000 0000B

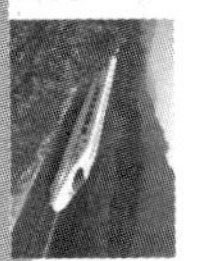

续表

序号	特殊功能寄存器	RAM 地址	位符号								功能	复位值
21	P2M1	95H									P2 口模式配置寄存器 1	0000 0000B
22	P2M0	96H									P2 口模式配置寄存器 1	0000 0000B
23	CLK_DIV PCON2	97H	MCKO_S1	MCKO_S1	ADRJ	Tx_Rx	MCLKO_2	CLKS2	CLKS1	CLKS0	时钟分频寄存器	0000 0000B
24	*SCON	98H									串行口 1 控制寄存器	0000 0000B
25	SBUF	99H									串行口 1 数据缓冲器	xxxx xxxxB
26	S2CON	9AH	S2SM0		S2SM2	S2REN	S2TB8	S2RB8	S2TI	S2RI	串行口 2 控制寄存器	0100 0000B
27	S2BUF	9BH									串行口 2 数据缓冲器	xxxx xxxxB
28	P1ASF	9DH	P17ASF	P16ASF	P15ASF	P14ASF	P13ASF	P12ASF	P11ASF	P10ASF	P1 口模拟功能控制寄存器	0000 0000B
29	*P2	A0H	P2.7	P2.6	P2.5	P2.4	P2.3	P2.2	P2.1	P2.0	I/O 接口，P2 口	1111 1111B
30	BUS_SPEED	A1H								EXRTS[1:0]	总线速度控制	xxxx xx10B
31	AUXR1P_SW1	A2H	S1_S1	S1_S0	CCP_S1	CCP_S0	SPI_S1	SPI_S0	0	DPS	辅助寄存器 1	0000 0000B
32	*IE	A8H									中断允许寄存器	0000 0000B
33	SADDR	A9H									从机地址控制寄存器	0000 0000B
34	WKTCL WKTCL_CNT	AAH									掉电唤醒专用定时器控制寄存器低 8 位	1111 1111B
35	WKTCH WKTCH_CNT	ABH	WKTEN								掉电唤醒专用定时器控制寄存器高 8 位	0111 1111B
36	S3CON	ACH	S3SM0	S3ST3	S3SM2	S3REN	S3TB8	S3RB8	S3TI	S3RI	串行口 3 控制寄存器	0000 0000B
37	S3BUF	ADH									串行口 3 数据缓冲器	xxxxxxxxB
38	IE2	AFH		ET4	ET3	ES4	ES3	ET2	ESPI	ES2	中断允许寄存器	x000 0000B
39	*P3	B0H	P3.7	P3.6	P3.5	P3.4	P3.3	P3.2	P3.1	P3.0	I/O 接口，P3 口	1111 1111B
40	P3M1	B1H									P3 口模式配置寄存器 1	0000 0000B

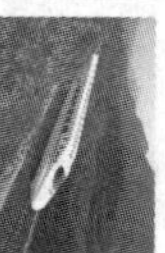

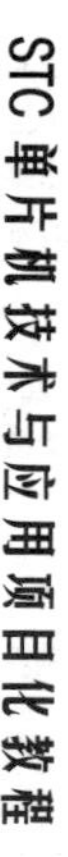

续表

序号	特殊功能寄存器	RAM 地址	位符号								功能	复位值
41	P3M0	B2H									P3 口模式配置寄存器 0	0000 0000B
42	P4M1	B3H									P4 口模式配置寄存器 1	0000 0000B
43	P4M0	B4H									P4 口模式配置寄存器 0	0000 0000B
44	IP2	B5H				PX4	PPWMFD	PPWM	PSPI	PS2	第二中断优先级低字节寄存器	xxx0 0000B
45	*IP	B8H	PPCA	PLVD	PADC	PS	PT1	PX1	PT0	PX0	中断优先级寄存器	0000 0000B
46	SADEN	B9H									从机地址掩模寄存器	0000 0000B
47	P_SW2	BAH						S4_S	S3_S	S2_S	外围设备功能切换控制寄存器	xxxx x000B
48	ADC_CONTR	BCH	ADC_POWER	SPEED1	SPEED0	ADC_FLAG	ADC_START	CHS2	CHS1	CHS0	A/D 转换控制寄存器	0000 0000B
49	ADC_RES	BDH									A/D 转换结果高 8 位寄存器	0000 0000B
50	ADC_RESL	BEH									A/D 转换结果低 2 位寄存器	0000 0000B
51	*P4	C0H	P4.7	P4.6	P4.5	P4.4	P4.3	P4.2	P4.1	P4.0	I/O 接口，P4 口	1111 1111B
52	WDT_CONTR	C1H	WDT_FLAG		EN_WDT	CLR_WDT	IDLE_WDT	PS2	PS1	PS0	看门狗控制寄存器	0x00 0000B
53	IAP_DATA	C2H									ISP/IAP 数据寄存器	1111 1111B
54	IAP_ADDRH	C3H									ISP/IAP 高 8 位地址寄存器	0000 0000B
55	IAP_ADDRL	C4H									ISP/IAP 低 8 位地址寄存器	0000 0000B
56	IAP_CMD	C5H							MS1	MS0	ISP/IAP 命令寄存器	xxxx xx00B
57	IAP_TRIG	C6H									ISP/IAP 命令触发寄存器	xxxx xxxxB
58	IAP_CONTR	C7H	IAPEN	SWBS	SWRST	CMD_FAIL		WT2	WT1	WT0	ISP/IAP 控制寄存器	0000 x000B
59	*P5	C8H			P5.5	P5.4	P5.3	P5.2	P5.1	P5.0	I/O 接口，P5 口	xx11 1111B
60	P5M1	C9H									P5 口模式配置寄存器 1	xxx0 0000B
61	P5M0	CAH									P5 口模式配置寄存器 0	xxx0 0000B
62	P6M1	CBH									P6 口模式配置寄存器 1	xxx0 0000B

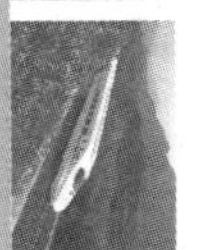

续表

序号	特殊功能寄存器	RAM 地址	位符号								功能	复位值
63	P6M0	CCH									P6 口模式配置寄存器 0	xxx0 0000B
64	SPSTAT	CDH		SPIF	WCOL						SPI 状态寄存器	00xx xxxxB
65	SPCTL	CEH	SSIG	SPEN	DORD	MSTR	CPOL	CAPHA	SPR1	SPR0	SPI 控制寄存器	0000 0100B
66	SPDAT	CFH									SPI 数据寄存器	0000 0000B
67	*PSW	D0H	CY	AC	F0	RS1	RS0	OV		P	程序状态字	0000 00x0B
68	T4T3M	D1H	T4R	T4_C/	T4x12	T4CLKO	T3R	T3_C/	T3x12	T3CLKO	定时器 4 和 3 的控制寄存器	0000 0000B
69	T4H	D2H									定时器 4 高 8 位寄存器	0000 0000B
70	T4L	D3H									定时器 4 低 8 位寄存器	0000 0000B
71	T3H	D4H									定时器 3 高 8 位寄存器	0000 0000B
72	T3L	D5H									定时器 3 低 8 位寄存器	0000 0000B
73	T2H	D6H									定时器 2 高 8 位寄存器	0000 0000B
74	T2L	D7H									定时器 2 低 8 位寄存器	0000 0000B
75	*CCON	D8H	CF	CR			CCF3	CCF2	CCF1	CCF0	PCA 控制寄存器	00xx 0000B
76	CMOD	D9H	CIDL					CPS1	CPS0	ECF	PCA 模式寄存器	0xxx x000B
77	CCAPM0	DAH		ECOM0	CAPP0	CAPN0	MAT0	TOG0	PWM0	ECCF0	PCA 模块 0 比较/捕获寄存器	x000 0000B
78	CCAPM1	DBH		ECOM1	CAPP1	CAPN1	MAT1	TOG1	PWM1	ECCF1	PCA 模块 1 比较/捕获寄存器	x000 0000B
79	CCAPM2	DCH		ECOM2	CAPP2	CAPN2	MAT2	TOG2	PWM2	ECCF2	PCA 模块 2 比较/捕获寄存器	x000 0000B
80	*ACC	E0H									累加器	0000 0000B
81	P7M1	E1H									P7 口模式配置寄存器 1	xxx0 0000B
82	P7M0	E2H									P7 口模式配置寄存器 0	xxx0 0000B
83	*P6	E8H									I/O 接口，P6 口	1111 1111B
84	CL	E9H									PCA 的 16 位计时器，低 8 位 CL	0000 0000B

续表

序号	特殊功能寄存器	RAM 地址	位符号								功能	复位值
85	CCAP0L	EAH									PCA 模式 0 的捕获/比较寄存器	0000 0000B
86	CCAP1L	EBH									PCA 模式 1 的捕获/比较寄存器	0000 0000B
87	CCAP2L	ECH									PCA 模式 2 的捕获/比较寄存器	0000 0000B
88	*B	F0H									B 寄存器	0000 0000B
89	PWMCFG	F1H		CBTADC	C7INI	C6INI	C5INI	C4INI	C3INI	C2INI	PWM 配置	0000,0000B
90	PCA_PWM0	F2H	EBS0_1	EBS0_0					EPC0H	EPC0L	PCA 模式 0 的 PWM 寄存器	xxxx xx00B
91	PCA_PWM1	F3H	EBS1_1	EBS1_0					EPC1H	EPC1L	PCA 模式 1 的 PWM 寄存器	xxxx xx00B
92	PCA_PWM2	F4H	EBS2_1	EBS2_0					EPC2H	EPC2L	PCA 模式 2 的 PWM 寄存器	xxxx xx00B
93	PWMCR	F5H	ENPWM	ECBI	ENC7O	ENC6O	ENC5O	ENC4O	ENC3O	ENC2O	PWM 控制	0000,0000B
94	PWMIF	F6H		CBIF	C7IF	C6IF	C5IF	C4IF	C3IF	C2IF	PWM 中断标志	x000,0000
95	PWMFDCR	F7H			ENFD	FLTFLIO	EFDI	FDCMP	FDIO	FDIF	PWM 外部异常控制	xx00,0000
96	*P7	F8H									I/O 接口，P7 口	1111 1111B
97	CH	F9H									PCA 的 16 位计时器，高 8 位	0000 0000B
98	CCAP0H	FAH									PCA 模式 0 的捕获/比较寄存器，高 8 位	0000 0000B
99	CCAP1H	FBH									PCA 模式 1 的捕获/比较寄存器，高 8 位	0000 0000B
100	CCAP2H	FCH									PCA 模式 2 的捕获/比较寄存器，高 8 位	0000 0000B